最高水準
問題集

高校
入試

JN014513

理科

文英堂

本書のねらい

　この問題集は,「最高水準問題集」シリーズの総仕上げ用として編集したものです。特に，国立大附属や有名私立などの難関高校を受験しようとするみなさんのために，最高の実力がつけられるよう，次のように構成し，特色をもたせました。

1 全国の難関高校の入試問題から良問で高水準のものを精選し，実際の入試に即して編集した。

　▶入試によく出る問題には **頻出**，特に難しい問題には **難** の印をつけた。また，近年出題が増加しているものや，これから出題が増えそうな問題には **新傾向** をつけた。

2 単元別・テーマ別に問題を分類し，学習しやすいように配列して，着実に力をつけられるようにした。

　▶各自の学習計画に合わせて，どこからでも学習できる。
　▶すべての問題に「内容を示すタイトル」をつけたので，頻出テーマの研究や弱点分野の補強，入試直前の重点演習などに役立てることができる。

3 国立・難関私立高校受験の総仕上げのために，模擬テストを2回設けた。

　▶時間と配点を示したので，各自の実力が判定できる。

4 解答は別冊にし，どんな難問でも必ず解けるように，くわしい解説をつけた。

　▶類題にも応用できる，くわしくてわかりやすい **解説** をつけるとともに，**入試メモ** では，出題傾向の分析などの入試情報を載せた。

もくじ

001 〈生物の観察①〉

（長崎・青雲高）

光学顕微鏡に関する次の文章を読み，あとの問いに答えなさい。

　顕微鏡を持ち運ぶときは，一方の手でアームをにぎり，他方の手で（　①　）を支える。顕微鏡は（　②　）日光の当たらない明るく（　③　）な場所に置き，（　④　）内にほこりが入らないよう，接眼レンズ，対物レンズの順に取り付ける。レボルバーを回して最低倍率にしたあと，しぼりを開き，反射鏡を動かして視野の全体が明るく見えるようにする。プレパラートの観察物が対物レンズの真下にくるように，ステージの上に置き，クリップでとめる。横から見ながら（　⑤　）ねじを回し，対物レンズとプレパラートをできるだけ近づける。接眼レンズをのぞきながら（　⑤　）ねじを反対方向にゆっくりと回してピントを合わせる。高倍率にすると，見える範囲はせまくなり，視野の明るさは暗くなる。

　顕微鏡に使用している対物レンズは焦点距離の短い凸レンズ，接眼レンズは焦点距離の長い凸レンズである。まず，対物レンズが，焦点のa（内側・外側）にある観察物の拡大された倒立の（　⑥　）を（　④　）内につくる。この像は接眼レンズの焦点のb（内側・外側）に位置するので，接眼レンズを通して見ると，さらに拡大された正立の（　⑦　）が観察される。その結果，上下左右が逆に見える。

(1)　文章中の（　①　）〜（　⑦　）にあてはまる適当な語句を2字で答えよ。

　①〔　　　　　　　〕　②〔　　　　　　　〕　③〔　　　　　　　〕　④〔　　　　　　　〕

　⑤〔　　　　　　　〕　⑥〔　　　　　　　〕　⑦〔　　　　　　　〕

(2)　文章中のa，bにあてはまる適当な語句をそれぞれ（　）内から選び答えよ。

　　　　　　　　　　　　　　　　　　　a〔　　　　　　　〕　b〔　　　　　　　〕

(3)　下線部に関して説明した次の文章中の空欄〔　X　〕，〔　Y　〕にあてはまる適当な整数または分数を答えよ。　　　　　　　　　　　X〔　　　　　　　〕　Y〔　　　　　　　〕

　　　縦横均等に配置された小さな光の集まりを顕微鏡で観察する場合を考える。接眼レンズ10倍，対物レンズ10倍のとき，光の粒が80個見えていたとする。レボルバーを回し，対物レンズを40倍にすると，見える範囲の広さは〔　X　〕倍となるので，見える光の粒子は〔　Y　〕個となる。見える光の粒子が少なくなるので，視野の明るさは暗くなることがわかる。

頻出 002 〈生物の観察②〉

（東京・筑波大附駒場高）

生物の観察に用いる器具について，次の問いに答えなさい。

(1)　双眼実体顕微鏡の特徴として正しいものを次のア〜エから1つ選び，記号で答えよ。〔　　　　　〕

　ア　プレパラートを必要としない。　　　　　　イ　見える像の上下左右が逆になる。

　ウ　しぼりを調節することでより見えやすくなる。　エ　反射鏡を調節して光を取り入れる。

(2)　ルーペの使い方として正しいものを次のア〜オからすべて選び，記号で答えよ。　〔　　　　　〕

　ア　ルーペを持った手を前後に動かす。

　イ　ルーペを目に近づけたまま，葉を動かさずに頭を前後に動かす。

　ウ　ルーペを目に近づけたまま，手に持った葉を前後に動かす。

エ　ルーペを持った手と葉の両方を前後に動かす。

オ　ルーペを葉に近づけたまま，頭を前後に動かす。

頻出　003　〈花と実〉　　　　　　　　　　　　　　　　　　　　　（京都教育大附高）

右の図は，カラスノエンドウの花のつくりを示したものである。

これに関する次の問いに答えなさい。

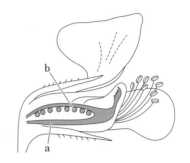

(1)　a ■・b ▨ の部分の名称を答えよ。

　　　　　　　　a〔　　　　　　　〕　b〔　　　　　　　〕

(2)　カキの果実において，図の a ■ に対応する部分を示している

　　ものは次のうちどれか。ア～オから1つ選び，記号で答えよ。

　　　　　　　　　　　　　　　　　　　　　　　　　〔　　　　　　　〕

ア　　　　　　イ　　　　　　ウ　　　　　　エ　　　　　　オ

頻出　004　〈茎のつくりとはたらき〉　　　　　　　　　　　　　（熊本・真和高）

葉のついたホウセンカの茎を切り，赤インクを加えた水の中にしばらく

つけておいた。30分後，その茎をうすく切って顕微鏡で観察し，模式

図にした（図1）。次の問いに答えなさい。

図1

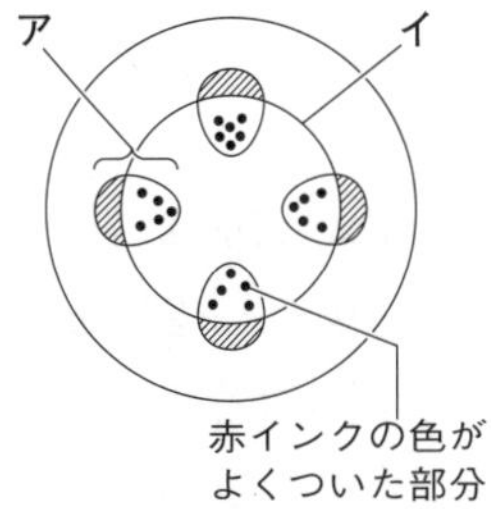

ア　　　　　　イ

赤インクの色が
よくついた部分

(1)　図1のア，イの名称を答えよ。

　　　　　　　　　　ア〔　　　　　　　〕　イ〔　　　　　　　〕

(2)　ホウセンカに最も縁の近い植物を次のア～クから2つ選び，記号で

　　答えよ。　　　　　　　　　　　　　　〔　　　　〕〔　　　　〕

ア　イ ネ　　　イ　タンポポ　　　ウ　スギゴケ　　　エ　イチョウ

オ　ユ リ　　　カ　ツユクサ　　　キ　マ ツ　　　　ク　サクラ

(3)　(2)のア～クの植物で，この植物に最も縁の近い2種の植物に次いで縁の近い植物が3種ある。そ

　　の3種を含めた5種の植物は，何という分類のグループに所属するか，グループ名を答えよ。

　　　　　　　　　　　　　　　　　　　　　　　　　〔　　　　　　　　　　　〕

　野外に植えていた同じ種類の植物4本の苗木を

用いて，図2の①～④のように点線のところで茎

の一部の周囲を切り取り，それぞれのようすを観

察した。また，①～③の茎の切り口を調べると，

③では，切り口に少し甘みのある液がにじみ出て

いた。

図2　①　　　②　　　③　　　④

表皮だけを
切り取った。

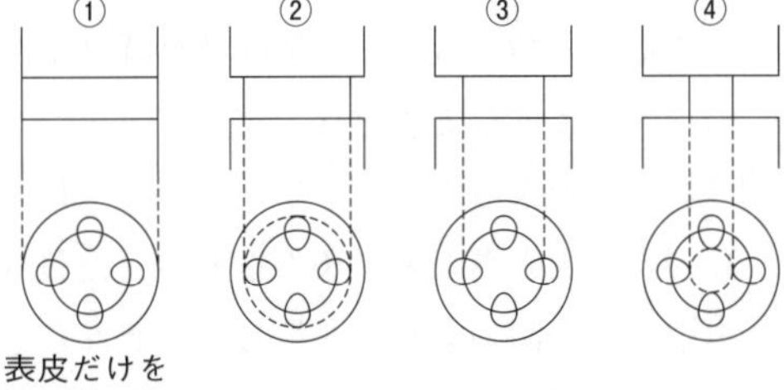

難　(4)　①～④の結果を次のア～ウからそれぞれ1つ

　　ずつ選び，記号で答えよ。　　①〔　　　　〕②〔　　　　〕③〔　　　　〕④〔　　　　〕

ア　切ると翌日までにはしおれてしまった。　　　イ　数日間観察したが，しおれることはなかった。

ウ　切り口から数日後，芽が出始めた。

005 〈葉のつくりとはたらき〉　　　　　　　　　　　　　　　　　　　　　　　　　　（大阪・明星高）

植物は細胞の中の葉緑体で，光のエネルギーを利用して$_a$水と$_b$二酸化炭素からデンプンをつくり出す。次の問いに答えなさい。

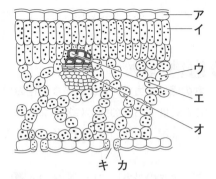

（1）デンプンをつくるはたらきを何というか。

〔　　　　　　　　　　〕

（2）デンプンをつくるはたらきは右の図のア～カのどの細胞で行われているか。適当なものをすべて選び，記号で答えよ。

〔　　　　　　　　　　〕

（3）デンプンをつくるために下線部aの水，bの二酸化炭素は，葉のどこを通って，（2）の細胞に取り入れられるか。上の図のア～キからそれぞれ1つずつ選び，記号で答えよ。

a〔　　　　　〕　b〔　　　　　〕

（4）植物や動物などの生物は，植物がつくったデンプンからエネルギーを取り出して生きている。デンプンからエネルギーを取り出すことを何というか。　　　　　　　　　　　　　　　　　〔　　　　　　　　　　〕

頻出 **006** 〈植物のつくりとはたらき①〉　　　　　　　　　　　　　　　　　　（宮城・東北学院高改）

植物について，次の問いに答えなさい。

（1）右の写真は，ムラサキツユクサの葉の表皮を顕微鏡で観察したものである。Aのすき間とBの細胞の名前をそれぞれ漢字で答えよ。

A〔　　　　　　　　〕　B〔　　　　　　　　〕

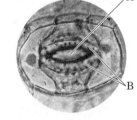

（2）次の文章は，Aのすき間のはたらきについて説明したものである。文章中の①～③にあてはまる語句を下のア～エから1つずつ選び，それぞれ記号で答えよ。　　①〔　　　〕②〔　　　〕③〔　　　〕

「光合成に必要な（　①　）を大気中から取り入れ，光合成でできた（　②　）を大気中へ出している。根から吸い上げられた水は，（　③　）の状態で大気中へ出している。」

ア　二酸化炭素　　　イ　酸素　　　ウ　液体　　　エ　気体

（3）ツユクサはどの植物のグループに分類されるか。次のア～エから1つ選び，記号で答えよ。

〔　　　　　　　　　　〕

ア　シダ植物　　　イ　裸子植物　　　ウ　被子植物の単子葉類　　　エ　被子植物の双子葉類

ある植物の葉や茎からの蒸散量を調べるため，次のような実験を行った。

〔実験〕水の入ったメスシリンダーA～Eに，葉の数や大きさなどの条件をそろえた枝5本を，右の図のように準備した。それらを明るく風通しのよい場所に置き，数時間経

A　　　　B　　　　C　　　　D　　　　E

過したあと，それぞれの水の減少量を測定した。実験の結果，Bの水の減少量はAの約5倍，Cの水の減少量はBの約5倍，Dの水の減少量はBの約13倍，Eの水の減少量はBの約17倍であった。なお，ワセリンをぬったところでは，ほとんど蒸散が行われないものとする。

A　葉をすべて取り，全体にワセリンをぬった茎を差したメスシリンダー

B　葉をすべて取り，何もぬらない茎だけを差したメスシリンダー

C　葉の裏側だけにワセリンをぬった枝を差したメスシリンダー

D　葉の表側だけにワセリンをぬった枝を差したメスシリンダー

E　そのままで何もぬらない枝を差したメスシリンダー

難(4)　実験の結果から判断して，誤っているものを次のア～カから2つ選び，記号で答えよ。なお，A
で水が減少するのは，水面から水が蒸発するからである。　　〔　　　〕〔　　　〕

ア　葉の表側からの蒸散量は，茎からの蒸散量の約5倍である。

イ　葉の裏側からの蒸散量は，茎からの蒸散量の約15倍である。

ウ　葉の裏側からの蒸散量は，葉の表側からの蒸散量の約3倍である。

エ　葉全体の蒸散量は，茎からの蒸散量の約17倍である。

オ　葉全体の蒸散量は，水面からの水の蒸発量の約80倍である。

カ　葉と茎の蒸散量は，水面からの水の蒸発量の約94倍である。

007 〈植物のつくりとはたらき②〉　　　　　　　　　　　　　　（群馬・前橋育英高）

植物が生活する上で水のはたらきはとても重要である。たとえば，植物が成長するためには光合成を
行う必要がある。そのために必要な水はア根から吸収され，植物のイ茎の内部を通り，葉へと運搬さ
れウ光合成に利用されている。また，体内の水分量が多すぎたり，気温が高い場合には，エ水を体外
へ出すなどして水分量を調節している。このことについて，次の問いに答えなさい。

(1)　下線部アで，根が水や土中の養分を効率よく吸収するためにもつ構造は何か，名称を答えよ。

〔　　　　　　　　　〕

(2)　下線部イで，根から吸収された水が通る部分は何か，名称を答えよ。　　〔　　　　　〕

(3)　下線部ウで，次の①～④の文のうち正しいものを1つ選び，番号で答えよ。　　〔　　　〕

　①　光合成に必要な気体は，炭酸水素ナトリウムを加熱したときに生じる気体と同じ気体である。

　②　光合成に必要な気体は，火のついた線香を近づけると勢いよく線香が燃える。

　③　光合成によって発生した気体は，石灰水を白くにごらせる。

　④　光合成によって発生した気体は，水を電気分解したときに陰極側に発生する気体と同じである。

(4)　下線部エで，葉の大きさと枚数が同じアジサイの
枝を4本用意し，それぞれ水の入った試験管に差し，
油を水面に落とす。葉の裏側にワセリンをぬったも
のをA，表側にぬったものをB，両面にぬったもの
をC，どちらにもぬらないものをDとして，午前
10時から午後2時まで試験管内の水の体積変化を
調べ，右のグラフⅠ～Ⅳにまとめた。Ⅰ～Ⅳのグラ
フはA～Dのどの実験結果と考えられるか，それぞ
れ記号で答えよ。

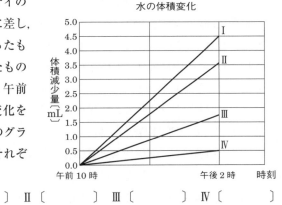

水の体積変化

Ⅰ〔　　　〕Ⅱ〔　　　〕Ⅲ〔　　　〕Ⅳ〔　　　〕

(5)　(4)の実験結果より，葉の裏側にワセリンをぬったアジサイの午後1時における水の体積減少量は
何mLになると予想できるか，小数第2位を四捨五入して答えよ。　　　〔　　　　　〕

頻出 **008** 〈光合成の実験①〉 （北海道・駒澤大附苫小牧高改）

次の文章を読み，あとの問いに答えなさい。

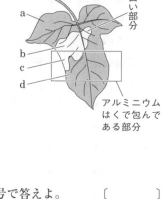

右の図のふ入りのアサガオの葉を使って（　①　）の実験をした。実験の方法は，前日の夕方に葉の一部をアルミニウムはくでおおい，翌日の日中十分に光が当たってから葉を取り，熱い湯に浸してから，温めたエタノールの中に入れたのちに水につけた。しばらくしてその葉を（　②　）に浸して，そのときの反応を調べた。

(1)　①，②にあてはまる適当な語を次のア～カから1つずつ選び，記号で答えよ。　　　　　　　①〔　　　〕②〔　　　〕

　　ア　呼吸　　　　　イ　光合成　　　　　ウ　蒸散作用

　　エ　BTB溶液　　　オ　ベネジクト液　　カ　ヨウ素液

(2)　②は何を検出するために用いたか。次のア～オから1つ選び，記号で答えよ。　　　　〔　　　〕

　　ア　脂肪　　　イ　二酸化炭素　　　ウ　酸素　　　エ　デンプン　　　オ　タンパク質

(3)　②に反応したのは図のa～dのどの部分か。　　　　　　　　　　　　　　　〔　　　〕

(4)　この実験からわかることを次のア～カから2つ選び，記号で答えよ。〔　　〕〔　　〕

　　ア　蒸散作用は温度の変化による。　　　イ　呼吸により二酸化炭素が生成する。

　　ウ　光合成には葉緑体が必要である。　　エ　蒸散作用により植物は老廃物を体外に出している。

　　オ　呼吸には酸素が必要である。　　　　カ　光合成には光が必要である。

(5)　②に反応した葉は何色になるか。次のア～オから1つ選び，記号で答えよ。　　〔　　　〕

　　ア　赤色　　　イ　緑色　　　ウ　青色　　　エ　黄色　　　オ　青紫色

009 〈光合成の実験②〉 （大阪・四天王寺高改）

「植物が光合成を行うためには光が必要である」ことを調べるために，次の実験計画を立てた。あとの問いに答えなさい。

〔操作1〕　青色のBTB溶液に息を吹き込み緑色にし，2本の試験管A，Bに緑色のBTB溶液とオオカナダモをそれぞれ入れ，Bの試験管だけをアルミニウムはくでおおう。

〔操作2〕　2本の試験管を日の当たる場所に1日置いて，試験管内の溶液の色の変化を調べる。

　この実験計画書を先生に見てもらったところ，この実験計画には対照実験が不足していると指摘を受けた。そこで，対照実験を追加して新しい実験計画を作成した。

(1)　対照実験のために，新たな試験管C，Dを用意し，操作1，2を行った。操作1において，試験管C，Dの中に入れるものと行う処理の組み合わせとして正しいものを右のア～カから2つ選び，記号で答えよ。なお，操作2は試験管A～Dすべてで同じ内容とする。〔　　　〕

	溶液	オオカナダモ	アルミニウムはく
ア	蒸留水	あり	おおう
イ	蒸留水	あり	おおわない
ウ	青色のBTB溶液	あり	おおう
エ	青色のBTB溶液	あり	おおわない
オ	緑色のBTB溶液	なし	おおう
カ	緑色のBTB溶液	なし	おおわない

(2)　操作2の前後で，試験管Aと試験管B内のどちらのBTB溶液も色が変化していた。操作2のあとの各試験管内のBTB溶液の色を次のア～エから1つずつ選び，記号で答えよ。

　　ア　赤色　　　イ　青色　　　ウ　黄色　　　エ　無色　　　　　A〔　　　〕B〔　　　〕

頻出　010〈光合成と呼吸①〉　　　　　　　　　　　　　　　　　　　　　　　　　　　（東京学芸大附高）

次の文章を読み，あとの問いに答えなさい。

　学くんは，オオカナダモの光合成と呼吸による二酸化炭素の出入りを比較する**実験**を，次の**方法**で行い，以下の**結果**を得た。

〔方法〕

1. 青色のBTB溶液にストローを差して息を吹き込み，二酸化炭素で溶液を緑色に変化させた。

2. 1.の溶液を6本の試験管に分けた。A，B，Cはオオカナダモを入れてゴム栓で密閉した。D，E，Fはオオカナダモを入れずにゴム栓で密閉した。

3. 下の図のように，AとDは光の当たるところに，BとEはうす暗いところに，CとFは暗室に，それぞれ4時間置いた。また，溶液の温度はすべて同じ温度で一定に保った。

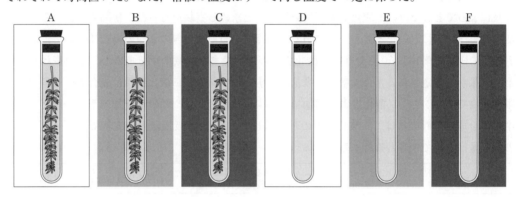

〔結果〕

試験管	A	B	C	D	E	F
溶液の色	青色	緑色	黄色	緑色	緑色	緑色

(1) オオカナダモの光合成のはたらきによって，試験管中の溶液の色が変化することを確かめた。比較する試験管の組み合わせとして，正しいものはどれか。次の**ア～カ**から1つ選び，記号で答えよ。　　　　　　　　　　　　　　　　　〔　　　　〕

ア　AとD　　　　　　　**イ**　AとF　　　　　　**ウ**　BとD
エ　BとF　　　　　　　**オ**　CとD　　　　　　**カ**　CとF

(2) 試験管Bの溶液の色は変化せず，緑色のままであった。その理由として，正しいものはどれか。次の**ア～ウ**から1つ選び，記号で答えよ。　　　　　　　　　　　　　〔　　　　〕

ア　うす暗いところでは，オオカナダモが光合成によって吸収した二酸化炭素の量が，呼吸で放出した二酸化炭素の量と等しかったから。

イ　うす暗いところでは，オオカナダモが光合成によって吸収した酸素の量が，呼吸で放出した二酸化炭素の量と等しかったから。

ウ　うす暗いところでは，オオカナダモが光合成によって吸収した二酸化炭素の量が，呼吸で放出した酸素の量と等しかったから。

難(3) 青色に変化した試験管Aの溶液にうすい酢を加え，再び緑色にした。この試験管Aをもう一度光の当たるところに4時間置いたが，この実験では青色に変化することはなかった。再びオオカナダモの光合成によって青色に変化させるためには，どのような操作が必要か，簡単に答えよ。ただし，うすい酢はオオカナダモに影響しない。

〔　　　　　　　　　　　　　　　　　　　　　　　　　　　　　　　　　　　　　〕

011 〈光合成と呼吸②〉 　　　　　　　　　　　　　　　　　　　　　　　　　　　　　　　　（大阪星光学院高）

植物に関する次の文章を読み，あとの問いに答えなさい。

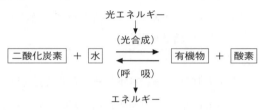

　植物は，光合成でつくった①有機物をもとに生きている。光合成とは葉の細胞の中にある②葉緑体で，光のエネルギーを利用して二酸化炭素と水から有機物と酸素をつくることである。呼吸とは細胞の中で，酸素を用いて有機物を二酸化炭素と水に分解しエネルギーを取り出すことである。したがって，光合成と呼吸では上の図のようにちょうど逆向きに反応が進む。

〔実験〕　一定体積の密閉された容器内に植物を置き，③容器内の二酸化炭素濃度を調べて，光合成や呼吸によってどれだけの二酸化炭素が増減したかを求める実験を行った。植物の葉にいろいろな温度条件で，暗黒に置いたときと一定の明るさの照明を当てたときの２つの場合について，それぞれ１時間で植物の葉100 cm² あたりの二酸化炭素の増加量または減少量を求めた。下の表はその結果と，結果から推定される光合成量と呼吸量を示すものである。二酸化炭素は光合成の材料であり呼吸の産物であるから，二酸化炭素の増加量や減少量は光合成量や呼吸量を知る手がかりとなる。表中の光合成量や呼吸量は，二酸化炭素の量で示してある。（呼吸量は光の有無で変化せず，葉以外の呼吸量は無視できるものとする。）

温度	暗黒に置いたときの二酸化炭素増加量〔mg〕	一定の明るさの照明を当てたときの二酸化炭素減少量〔mg〕	光合成量〔mg〕	呼吸量〔mg〕
10℃	2.5	8.5	11.0	2.5
15℃	3.5	12.5		
20℃	5.0	15.0		
25℃	7.0	13.5		
30℃	10.0	10.0		
35℃	13.0	5.0		
40℃	16.0	0.0		

(1)　下線部①について，光合成によってつくられる有機物の物質名を１つ書け。〔　　　　　〕

(2)　下線部②について，次のア〜オから正しいものを１つ選び，記号で答えよ。　　　〔　　　　　〕

　ア　葉緑体はすべての植物細胞にある。

　イ　葉緑体は細胞の中に１つずつある。

　ウ　葉緑体を顕微鏡で観察するときは，酢酸オルセイン溶液で染色する必要がある。

　エ　葉緑体は細胞質の１つである。

　オ　葉緑体はアマガエルなどの動物細胞にも見られる。

(3)　右の図は，下線部③で二酸化炭素の濃度を調べるときに用いた器具である。矢印で指し示された部分を何というか。　　　〔　　　　　　　　　〕

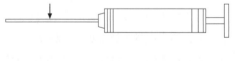

難 (4)　一定の明るさの照明を当てたとき，この植物の光合成量が最大になるのは何℃のときか。また，照明を当て続けたとき，植物が最もよく育つ（有機物が蓄積する）と予想されるのは何℃のときか。表に示された温度で答えよ。

　　　光合成量が最大になる温度〔　　　　　　　〕　植物が最もよく育つ温度〔　　　　　　　〕

難 (5) 40℃で照明下の二酸化炭素吸収量が0.0になった理由を，「光合成量」と「呼吸量」を用いて20字以内で説明せよ。〔　　　　　　　　〕

難 (6) 20℃でこの植物を育てるとき，毎日24時間のうち少なくとも何時間以上，この実験の照明下に置けばよいか。〔　　　　　　　　〕

難 **012** 〈光の強さと光合成〉 （愛媛・愛光高）

植物は光合成でデンプンを合成するが，同時に呼吸によってデンプンを分解・消費して生活のためのエネルギーを取り出している。光の強さと光合成量の関係を調べる目的で，オオカナダモを用いて次のような実験を行った。あとの問いに答えなさい。

〔実験〕　オオカナダモの茎の中ほどから，大きさのそろった葉を10枚切り取り，その10枚の質量を測定したあと，右の図に示すような装置に入れていろいろな強さの光を当てた。水には炭酸水素ナトリウム（注）を溶かし水温を20℃に保っ

注：炭酸水素ナトリウムは水中の二酸化炭素濃度を一定に保つはたらきがある。

た。光を当て始めてから6時間後に葉を装置から取り出し，10枚の質量を測定した結果，その増減は次の表のようになった。質量の減少は−で，増加は＋で示してある。ただし，実験に用いた葉はどれも同じ質量で，葉の質量の増減はすべてデンプンによるものとし，水中に酸素は十分に溶け込んでいるものとする。

光の強さ〔ルクス〕	0	500	1000	2000	3000	4000
質量の増減〔mg〕	− 1.2	0	+ 1.2	+ 3.6	+ 4.8	+ 4.8

(1) 光の強さが0ルクスのとき，葉の質量が減少した理由として最も適当なものを次のア〜カから1つ選び，記号で答えよ。〔　　　　　　　〕

ア　呼吸を行わず，光合成のみを行ったから。

イ　光合成を行わず，呼吸のみを行ったから。

ウ　呼吸も光合成も行わなかったから。

エ　光合成量よりも呼吸量のほうが大きかったから。

オ　呼吸量よりも光合成量のほうが大きかったから。

カ　光合成量と呼吸量が等しかったから。

(2) 光の強さが500ルクスのとき，葉の質量に変化が見られなかった理由として最も適当なものを(1)のア〜カから1つ選び，記号で答えよ。〔　　　　　　　〕

(3) 光の強さをある値以上に強くしても光合成量が増加しなくなるときの光の強さを光飽和と呼ぶ。この実験結果から光飽和点はどこにあるといえるか。最も適当なものを次のア〜クから1つ選び，記号で答えよ。〔　　　　　　　〕

ア　1000ルクス　　　イ　1000ルクスから2000ルクスの間　　　ウ　2000ルクス

エ　2000ルクスから3000ルクスの間　　　オ　3000ルクス　　　カ　3000ルクスから4000ルクスの間

キ　4000ルクス　　　ク　4000ルクスよりも大きい

(4) 光の強さが4000ルクスのとき，葉1枚が1時間あたりに光合成で合成したデンプンは何mgか。〔　　　　　　　〕

頻出　013 〈植物の分類①〉　　　　　　　　　　　　　　　　　　　　　　　　　　　　（佐賀・東明館高改）

次の表は，植物の特徴をまとめたものである。あとの問いに答えなさい。

	種子植物			シダ植物	コケ植物
	被子植物		裸子植物		
	双子葉類	単子葉類			
ふえ方	種　子			①	
維管束	あ　る				な　い
胚珠のようす	②の中にある		②の中にない		
子　葉	2　枚	1　枚			
植物例	アブラナ	イ　ネ	マ　ツ	イヌワラビ	ゼニゴケ

(1)　表中の①，②にあてはまる語句を，漢字で答えよ。

　　　　　　　　　　　　　　　　　　　①〔　　　　　　　〕　②〔　　　　　　　　〕

(2)　次の文の（　a　），（　b　）にあてはまる語句を，漢字で答えよ。

　　　　　　　　　　　　　　　　　a〔　　　　　　　　〕　b〔　　　　　　　　〕

　　表の植物のなかまはどれも細胞に（　a　）があり，（　a　）で（　b　）を行い自分で栄養分をつ
くっている。

(3)　イネ以外の単子葉類を次のア～エから1つ選び，記号で答えよ。　　　　　　　　〔　　　　　　〕

　　ア　タンポポ　　　イ　エンドウ　　　ウ　ツユクサ　　　エ　シロツメクサ

頻出　014 〈植物の分類②〉　　　　　　　　　　　　　　　　　　　　　　　　（大阪・早稲田摂陵高）

植物のなかま分けに関して，あとの問いに答えなさい。

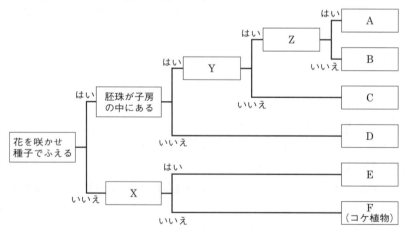

(1)　図のX，Y，Zにあてはまる観点を，それぞれ次のア～オから1つずつ選び，記号で答えよ。

　　　　　　　　　　　　　　　　X〔　　　　〕　Y〔　　　　〕　Z〔　　　　〕

　　ア　子葉が2枚で網状脈である。　　イ　子葉が1枚でひげ根である。

　　ウ　花弁が1枚1枚離れている。　　エ　根・茎・葉の区別がある。

　　オ　陸上で生活する。

(2)　図のB，Cは，その特徴からそれぞれ何というなかまに分類されるか。

　　　　　　　　　　　　　　　　　　B〔　　　　　　　〕　C〔　　　　　　　〕

(3)　図のDは，その特徴から何植物に分類されるか。〔　　　　　　　　〕

(4)　「花を咲かせ，種子でふえる」の観点で「いいえ」の植物は，何をつくってふえるか。

〔　　　　　　　　〕

(5)　図のF（コケ植物）は，水や養分をどこから吸収するか。簡単に答えよ。

〔　　　　　　　　　　　　　　　　　　　　　〕

(6)　タンポポ，スギは，図のどのグループに属するか。A〜Fからそれぞれ1つずつ選び，記号で答えよ。　　　　　　　　　タンポポ〔　　　　〕　スギ〔　　　　〕

015　〈植物の分類③〉　　（東京・筑波大附駒場高）

次の文章を読み，次の問いに答えなさい。

　道ばたに生えていたエノコログサを抜いてきて，双眼実体顕微鏡で穂の部分を，ルーペで葉の部分を観察した。図1は穂の部分を20倍で観察したときのスケッチ，図2は葉の部分を10倍で観察したときのスケッチである。スケッチから，エノコログサはどのような分類の植物であると考えられるか。次のア〜クからあてはまるものをすべて選び，記号で答えよ。

〔　　　　　　　　　〕

図1　穂の部分のスケッチ

図2　葉の部分のスケッチ

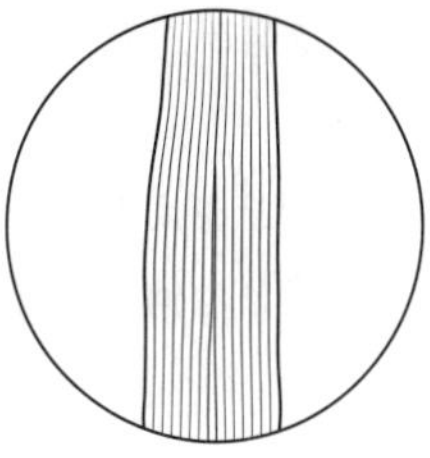

ア　シダ植物　　　　イ　コケ植物　　　ウ　種子植物　　　エ　胞子植物
オ　単子葉類　　　　カ　双子葉類　　　キ　裸子植物　　　ク　被子植物

016　〈シダ植物・コケ植物〉　　（東京・筑波大附駒場高）

次の文章を読み，あとの問いに答えなさい。

　学校の校舎のまわりなど土のあるところを観察すると，シダ植物やコケ植物のなかまがよく観察される。シダ植物であるイヌワラビの繁殖方法は2種類あり，地下茎によってふえる場合と（　X　）でふえる場合がある。（　X　）はしめった場所に落ちると発芽し，前葉体と呼ばれるものになり，そののち，新しい個体が前葉体から成長する。コケ植物であるゼニゴケにおいても繁殖方法は2種類あり，葉のようなからだの部分の表面から体細胞の一部がこぼれ落ちてそれが新しい個体に成長する場合と，（　X　）でふえる場合がある。

(1)　文章中の（　X　）に入る最も適当な語句を漢字で答えよ。〔　　　　　　　　〕

(2)　次のア〜オからゼニゴケについて述べた文として正しいものをすべて選び，記号で答えよ。

〔　　　　　　　　〕

ア　根のようなつくりがあり，水はおもにそこから吸収する。
イ　維管束が存在しない。
ウ　葉脈のようなつくりが存在する。
エ　有機物の分解によって栄養分を得るため，光合成を行わない。
オ　しめった場所に好んで生育する。

(3)　文章中の2か所の下線部のようななかまのふやし方を一般に何というか。〔　　　　　　　　〕

▶解答→別冊 p.4

頻出 017 〈消化器官〉 （鹿児島純心女子高）

右の図は，ヒトの消化に関係する器官を示したものである。次の問いに
答えなさい。

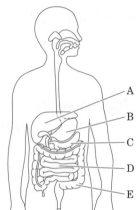

(1) 図中の器官Aの名称を答えよ。 〔　　　　　　　〕

(2) 炭水化物，タンパク質，脂肪の3つの栄養分を分解する消化液を分
泌するのはどの器官か。図中のA～Eから1つ選び，記号で答えよ。
また，その名称も答えよ。

記号〔　　　〕 名称〔　　　　　　　〕

(3) 分解された栄養分は，どの器官で吸収されるか。図中のA～Eから
1つ選び，記号で答えよ。また，その名称も答えよ。

記号〔　　　〕 名称〔　　　　　　　〕

(4) (3)で答えた器官で吸収された栄養分のうち，リンパ管に入り，首のつけ根付近で血管に送られる
栄養分は何か。その名称を答えよ。 〔　　　　　　　〕

018 〈消化〉 （広島・崇徳高改）

右の図は，ヒトのデンプン・タンパク
質・脂肪の消化について模式的に示し
たものである。次の問いに答えなさい。

(1) タンパク質が多く含まれている食
品と脂肪が多く含まれている食
品はどれか。次のア～ウから1つずつ選
び，それぞれ記号で答えよ。

タンパク質〔　　　〕
脂肪〔　　　〕

ア　木綿どうふ
イ　サツマイモ
ウ　ホイップクリーム

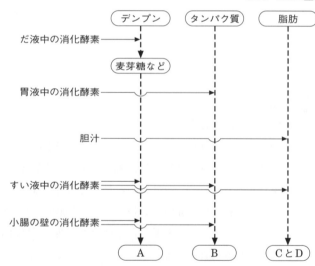

※A～Dの有機物は小腸で吸収されるものとする。

(2) デンプンがだ液によって麦芽糖な
どに変化することを確かめるために，次のような実験を行った。この実験の結果として，正しいも
のをア～オから1つ選び，記号で答えよ。 〔　　　〕

〔実験〕

① 試験管4本に同量のデンプン溶液をそれぞれ入れ，試験管a～dとした。試験管a，bにはそ
れぞれうすめただ液を加えて，試験管c，dにはそれと同量の水をそれぞれ加えた。

② 試験管a～dを40℃の湯で温めた。

③ 試験管aとcには，ヨウ素液を加えた。

④ 試験管bとdには，ベネジクト液を加えて加熱した。

〔結果〕

　ア　試験管は4本とも変化しなかった。

　イ　試験管aは青紫色に変化し，試験管dは赤褐色に変化した。

　ウ　試験管cは青紫色に変化し，試験管bは赤褐色に変化した。

　エ　試験管dは青紫色に変化し，試験管cは赤褐色に変化した。

　オ　試験管bは青紫色に変化し，試験管aは赤褐色に変化した。

(3)　胆汁は，どの器官でつくられているか。次のア～オから1つ選び，記号で答えよ。　〔　　　　〕

　ア　胆のう　　　イ　肝臓　　　ウ　すい臓　　　エ　小腸　　　オ　十二指腸

(4)　図中のA～Dに該当する有機物を次のア～エから1つずつ選び，記号で答えよ（C，Dは順不同）。

　　　　　　　　　　　　　　　A〔　　　〕B〔　　　〕C〔　　　〕D〔　　　〕

　ア　アミノ酸　　　イ　脂肪酸　　　ウ　ブドウ糖　　　エ　モノグリセリド

(5)　図中のA～Dの有機物が小腸の柔毛で吸収されたあとの説明として正しいものはどれか。次のア～オから1つ選び，記号で答えよ。　〔　　　　〕

　ア　AとBの有機物は毛細血管に入る。CとDの有機物はリンパ管に入る。

　イ　Aの有機物は毛細血管に入る。B～Dの有機物はリンパ管に入る。

　ウ　AとBの有機物は毛細血管に入る。CとDの有機物は1つは毛細血管に入り，もう1つはリンパ管に入る。

　エ　A～Dの有機物はすべて毛細血管に入る。

　オ　A～Dの有機物はすべてリンパ管に入る。

019　〈肺のつくりとはたらき〉

（鹿児島・樟南高図）

右の図は，ヒトの肺の一部の断面図であるが，**血管Aは心臓から肺へ，血管Bは肺から心臓へと血液が流れており，その血液によって物質Xと物質Yは体内を循環している**ものとして，次の問いに答えなさい。

(1)　赤血球の中には鉄を含んだ物質があるが，この物質を何というか。

　　　　　　　　　　　　　　　　　　〔　　　　　　　　〕

(2)　血管Aの名称と流れている血液について，次のア～カから正しい組み合わせを1つ選び，記号で答えよ。　〔　　　　〕

　ア　名称…大動脈，流れている血液…動脈血で酸素量が少ない。

　イ　名称…大動脈，流れている血液…静脈血で酸素量が多い。

　ウ　名称…大静脈，流れている血液…動脈血で赤血球量が多い。

　エ　名称…肺動脈，流れている血液…静脈血で酸素量が少ない。

　オ　名称…肺動脈，流れている血液…動脈血で酸素量が多い。

　カ　名称…肺静脈，流れている血液…静脈血で赤血球量が多い。

(3)　物質Xと物質Yは何か。次のア～ウから1つずつ選び，それぞれ記号で答えよ。

　　　　　　　　　　　　　　　　X〔　　　〕Y〔　　　〕

　ア　酸素　　　イ　炭素　　　ウ　二酸化炭素

(4)　体内で循環する血液は，細胞にとって必要な栄養分や物質Yを与え，物質Xを受け取るが，このとき細胞で行われているはたらきを何というか。　〔　　　　　　　　〕

新傾向 **020** 〈消化の実験〉   （愛知・東海高）

教科書に書いてある「デンプンに対するだ液のはたらき」を参考に次の実験を行った。あとの問いに
答えなさい。

だ液を用意し，水でうすめた。（以下，これを「だ液」とする。）次に，Ⅰの試験管にデンプン溶液と
だ液，Ⅱの試験管にデンプン溶液と水をそれぞれ同量入れてよく混ぜ，36℃の水に10分間入れた。
10分後，Ⅰ，Ⅱの試験管の液体を半分に分けて，それぞれ次の**実験1，2**の操作を行った。

〔**実験1**〕Ⅰ，Ⅱの試験管に，ヨウ素液を数滴加えて色の変化を見た。

〔**実験2**〕Ⅰ，Ⅱの試験管に，ベネジクト液を数滴加えて加熱したあと，色の変化を見た。

(1) だ液や胃液などの消化液がデンプンやタンパク質を分解することができるのは，消化液の中にあ
る物質が含まれているからである。ある物質とは何かを答えよ。

〔   〕

(2) ①タンパク質，②脂肪は，消化されて小腸で吸収されるときには，それぞれどのような形になっ
ているかを分解されたあとの物質名ですべて答えよ。

①〔   〕 ②〔   〕

(3) A君は問題文と同様の手順で実験操作を行ったが，**実験2**のⅡの試験管は，教科書の記述から予
想されるものと異なる結果であった。再度，実験して確かめたかったが，ちょうど実験室の可溶性
デンプンがなくなってしまったので，家でかたくり粉を用いてデンプン溶液を準備し，翌日，実験
室で同じ器具と試薬を用いて再挑戦した。その結果，**実験1，実験2**ともに教科書の記述と同様で
あった。

　これについて，この結果の違いはデンプン溶液の違いによるものだと考えた。

① A君は，どのような実験をすれば，実験結果の違いの原因が時刻や天候ではなく，デンプン溶
液であると明確にすることができるか，説明せよ。ただし，実験の説明には，「問題文と同様の
手順で，実験操作を行う。」という文を用いて答えよ。

〔   〕

 ② A君は①で正しく実験を行い，実験結果の違いの原因がデンプン溶液であると明確にすること
ができた。今回の結果をふまえた科学（理科）における姿勢として望ましいものを次のア〜オから
すべて選び，記号で答えよ。   〔   〕

ア 実験を行う際の，時刻や天候によって，温度や湿度は変わるので，あらゆる実験は日によって
異なる結果になることが多いと考えておくべきである。

イ 教科書は検定済みで記述に誤りはないので，教科書と同じ結果が得られるようになるまで訓練
する。

ウ 可溶性デンプンで教科書と異なる結果が得られたことは，操作の失敗によるものではないこと
を確認することができた。今後は，可溶性デンプンとかたくり粉のデンプンとの違いを調べて理
解を深める。

エ ベネジクト液が古くて反応しにくい状態であったと考えられるので，新しいベネジクト液を購
入する。

オ かたくり粉を用いてデンプン溶液を用意した場合は，実験が予想通りになった事実をふまえる
と，教科書の「デンプン」という記述は，すべて「かたくり粉」に変えるのが望ましい。

頻出 021 〈からだのつくりとはたらき〉

次の文章を読み，あとの問いに答えなさい。

　ヒトは，食事などを通して他の生物がつくった有機物を得て生命活動を営んでいる。

　食事で得た食物は，ₐさまざまな消化液に含まれる酵素のはたらきで分解され，最終的にᵦ毛細血管や（　　　　）から体内へ吸収される。こうして得られた栄養分は，血液循環により全身に運ばれ，からだのさまざまな場所で利用される。図は，ヒトの血液循環の模式図である。A～Dは体内に見られる各器官を示しており，血液は栄養分の他に，ᵪ酸素や二酸化炭素などの気体やₔ体内で生じた不要物などを含み，全身をめぐっている。

(1)　文章中の空欄にあてはまる語句を答えよ。

〔　　　　　　　〕

(2)　下線部 a について，消化酵素の特徴として正しい文を次のア～オからすべて選び，記号で答えよ。　〔　　　　　　　〕

　ア　決まった物質を一度だけ分解することができる。

　イ　体外でもはたらくことができる。

　ウ　周囲の温度が高ければ高いほどよくはたらく。

　エ　タンパク質の分解に関わる消化酵素は複数存在する。

　オ　三大栄養素の分解に関わる酵素はすべて中性の環境で最もよくはたらく。

(3)　下線部 b について，デンプンは最終的に何という物質まで分解されてから吸収されるか，物質の名称を答えよ。また，この物質は図のどの部位から吸収されるか，A～Dから1つ選び，記号で答えよ。　　　名称〔　　　　　　　〕　部位〔　　　　〕

(4)　図の心臓について，心臓内の構造として最も適当なものを次のア～エから1つ選び，記号で答えよ。　　　〔　　　　　〕

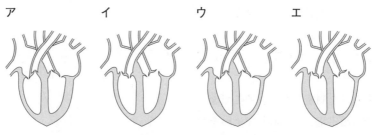

(5)　下線部 c について，酸素と二酸化炭素のガス交換は肺で行われている。肺静脈を流れる血液は $100\,cm^3$ あたり $18\,cm^3$ の酸素を含んでおり，肺動脈を流れる血液は $100\,cm^3$ あたり $7\,cm^3$ の酸素を含んでいる。心臓の1分間の拍動数が80回のとき，1分間でからだ全体に供給される酸素の量は何 cm^3 か。ただし，心臓が1回拍動すると，$70\,cm^3$ の血液が送り出されるものとする。

〔　　　　　　　〕

難 (6)　下線部 d について，体内で生じたアンモニアは有毒な物質であるため，尿素につくり変えられてから体外に排出される。脳で生じたアンモニアが，尿素となって体外に排出されるまでの間に，アンモニアおよびつくり変えられた尿素を運ぶ血液は，心臓を最低何回通過することになるか。

〔　　　　　　　〕

022 〈血液と酸素〉

(三重・高田高改)

右の図のように，水の入ったポリエチレンの袋にメダカを入れて密閉した。
尾びれの一部を顕微鏡で観察すると，毛細血管の中を赤く小さい粒がたくさ
ん流れているのが見えた。次の問いに答えなさい。

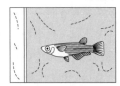

(1)　赤く小さい粒の名前とはたらきを答えよ。

名前〔　　　　　　　〕　はたらき〔　　　　　　　　　　　　　〕

(2)　ヒトのヘモグロビンは，酸素の多いところでは酸素と結びつき，酸素の少ないところでは酸素を
放す性質をもっている。血液 1000 cm^3 中にヘモグロビンが 140 g 存在し，1 g のヘモグロビンは酸
素を 150 cm^3 運搬することができる。いま，肺ですべてのヘモグロビンが酸素と結びつき，酸素が
必要な細胞で 60 ％のヘモグロビンが酸素を放すとすると，血液 1000 cm^3 あたり何 cm^3 の酸素が，
肺から細胞に運ばれたことになるか。　　　　　　　　　　　　　〔　　　　　　　〕

023 〈刺激と反応①〉

(奈良・東大寺学園高)

次の文章を読み，あとの問いに答えなさい。

　生物は常に変化のある環境に適応しながら生活をしている。動物はその変化を刺激として受容して
いる。刺激を受容する器官を感覚器官という。たとえばヒトの場合，空気の振動は　あ　で受容して
おり，光は　い　で受容している。受容したこれらの刺激は　う　を通して　え　に伝えられる。そ
して　え　で　お　や　か　といった感覚が生じる。

(1)　文章中の空欄にあてはまる語句を次のア〜ソからそれぞれ１つずつ選び，記号で答えよ。ただし，
　お　には　あ　から，　か　には　い　から伝えられた感覚を答えよ。

あ〔　　　　〕い〔　　　　〕う〔　　　　〕
え〔　　　　〕お〔　　　　〕か〔　　　　〕

ア　目　　　　イ　耳　　　　ウ　鼻　　　　エ　舌　　　　オ　運動神経　　　カ　嗅神経
キ　感覚神経　　ク　小脳　　ケ　大脳　　コ　脳幹　　サ　触覚　　　　シ　視覚
ス　味覚　　　　セ　嗅覚　　ソ　聴覚

(2)　図１は刺激を受容してから反応するまでのようすを示
している。脊髄や　え　と区別して，　う　や　き
を総称して何というか。　　　　〔　　　　　　　〕

(3)　刺激が伝わる速さを測定したい。そこで図１に示した
Ａ〜Ｆにそれぞれ測定電極を設置して実験を行った。図
２はＡ〜Ｆを示す拡大図である。刺激は電気信号として
神経を伝わっていくので，刺激が経路上を通過すると電
気的な変化が観測される。皮膚に刺激を加えてから電
気的な変化が観測されるまでの時間と，Ａ〜Ｆの地点間の
各距離を計測すると表のような結果になった。また，Ｂ
Ｃ間とＤＥ間の距離はごくわずかで，10 nm（ナノメー
トル）ほどしかない。

　ただし，表中の１ミリ秒とは1000分の１秒のことで
あり，１nmは100万分の１mmである。

図１

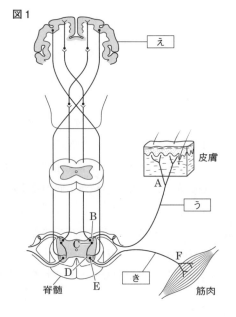

	A	B	C	D	E	F
距離〔cm〕	75.4		19.6		34.2	
刺激を加えてから電気的な変化が観測されるまでの時間〔ミリ秒〕	2.1	12.8	12.9	15.7	15.8	20.7

図2

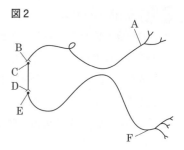

① 刺激は A→B→C→D→E→F と伝わったとする。A点からF点までの平均の速さは何 m/s と考えられるか。小数第2位を四捨五入して小数第1位まで答えよ。

〔　　　　　　　〕

② A点からB点まで刺激が伝わる速さは何 m/s か。小数第2位を四捨五入して小数第1位まで答えよ。

〔　　　　　　　〕

③ B点からC点まで刺激が伝わる速さとして最も適当なものを次のア～オから1つ選び，記号で答えよ。　　　　〔　　　〕

ア 10000 m/s　　イ 100 m/s　　ウ 1 m/s　　エ $\frac{1}{100}$ m/s　　オ $\frac{1}{10000}$ m/s

④ ①で示した経路のように □え□ を経由しない反応を何というか。　　〔　　　　　　　〕

---

024 〈刺激と反応②〉　　　　　　　　　　　　　　　　　　　　　（福岡大附大濠高）

刺激に対するヒトの反応を調べるために次の実験を行った。あとの問いに答えなさい。

〔方法〕

1. 2人1組になり，1人はものさしの上端を持ち，もう1人はものさしの下端の0の目盛りのところにふれないように指をそえて，いつでもものさしがつかめるように準備する。

2. ものさしを持っている人は何も言わずにものさしを手放す。ものさしが落ち始めるとすぐに，もう1人はそえていた指でものさしをつかむ。

3. ものさしをつかんだところの目盛りを読み，その値を記録する。

〔結果〕

回　数	1	2	3	4	5	6	7	8	9	10
目盛りの値〔cm〕	13.5	20.9	17.7	18.4	22.7	13.3	18.5	18.5	19.9	20.5

この実験で起こった刺激に対する反応の経路は次の通りである。

刺激 → □目□ → □a□ → □脳□ → □b□ → □運動神経□ → □筋肉□ →反応

(1) □目□ について，右の図はヒトの右目の水平断面を模式的に表している。図中のア，イの各部分の名称を答えよ。

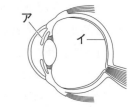

ア〔　　　　　　　〕 イ〔　　　　　　　〕

(2) □a□，□b□ に入る適当な語句を答えよ。

a〔　　　　　　　〕 b〔　　　　　　　〕

(3) この実験を10回行った結果について，目盛りの値の平均値を求めよ。ただし，小数第2位を四捨五入して答えよ。　　〔　　　　　　　〕

難 025 〈肝臓と腎臓のはたらき〉   (鹿児島・ラ・サール高)

ヒトの肝臓と腎臓について，あとの問いに答えなさい。

　肝臓は，血液中のブドウ糖を（　ア　）につくり変えて一時的に蓄えたり，タンパク質の分解で生じる有害な（　イ　）を害の少ない尿素に変える。また，（　ウ　）を（　ウ　）酸とモノグリセリドに消化する酵素である（　エ　）のはたらきを助ける（　オ　）をつくったり，古くなった赤血球中の赤色の物質である（　カ　）を黄褐色の物質に変える。これらの他，さまざまな化学反応で発生した熱により（　キ　）を保持する。

(1) 文章中の（　ア　）〜（　キ　）にあてはまる最も適当な語句を答えよ。

ア〔　　　　　　　　〕　イ〔　　　　　　　　　　〕　ウ〔　　　　　　　　　　〕　エ〔　　　　　　　　　　〕

オ〔　　　　　　　　〕　カ〔　　　　　　　　　　〕　キ〔　　　　　　　　〕

　腎臓は，腎臓の中にある約100万個の単位構造(右図)を通して，血液中にある余分な水分や塩分(ナトリウムイオン)，尿素などの不要物を尿として体外へ排出する。

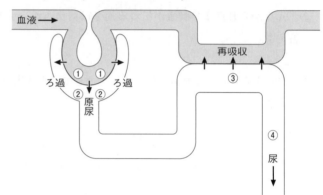

　この不要物の排出のしくみを説明する。血液が①へ流れると，タンパク質以外の血しょうの成分が②へろ過される。ろ過された液を原尿と呼ぶ。原尿が③を流れる間，血液の塩分濃度に応じて水と塩分が適切に再吸収される。尿素はあまり再吸収されないが，ブドウ糖はすべて再吸収される。再吸収されなかった不要物は，④に集められ，尿として体外へ排出される。

　イヌリンは，ヒトの血液に含まれない糖類である。また，ヒトはイヌリンを分解できない。このイヌリンを血液中に注射すると，②へろ過されたあと，再吸収されずに尿としてすべて体外へ排出される。そこで，血液中にイヌリンを注射し，一定時間後に，②の原尿と④の尿を採取し，そこに含まれるイヌリン，タンパク質，塩分，尿素，ブドウ糖の濃度を測定した。表は，結果をまとめたものである。なお，1分間につくられた尿の量は，1mLであった。

	原尿中の濃度〔mg/mL〕	尿中の濃度〔mg/mL〕
イヌリン	1	120
タンパク質	0	0
塩　分	3	3.5
尿　素	0.3	21
ブドウ糖	1	0

注意) 1mg/mLは，原尿あるいは尿1mLに物質1mgが含まれているということである。

(2) 原尿が尿になるとき，イヌリンの濃度は何倍に濃縮されるか。　　　　　　　　　　〔　　　　　　　　〕

(3) 1分間につくられた原尿の量は何mLか。　　　　　　　　　　　　　　〔　　　　　　　　〕

(4) 1分間につくられた原尿に含まれる尿素の量は何mgか。　　　　　　　〔　　　　　　　　〕

(5) 1分間につくられた尿に含まれる尿素の量は何mgか。　　　　　　　　〔　　　　　　　　〕

(6) 1分間に再吸収された尿素の量は何mgか。　　　　　　　　　　　　　〔　　　　　　　　〕

　ブドウ糖は，原尿中の濃度が正常である場合，すべて再吸収されて尿として体外へ排出されない。しかし，ブドウ糖の再吸収量に限界があるため，ある濃度以上になると，尿として体外へ排出され始める。表は，原尿中のブドウ糖の濃度と尿中のブドウ糖の濃度をまとめたものである。

原尿中のブドウ糖の濃度〔mg/mL〕	1.5	2	2.5	3	3.5	4	…	(B)
尿中のブドウ糖の濃度〔mg/mL〕	0	0	(A)	50	110	170	…	290

(7) 1分間に再吸収されるブドウ糖の量の最大値は何mgか。　　〔　　　　　〕

(8) 表のA，Bはそれぞれ何mg/mLか。　　A〔　　　　〕　B〔　　　　〕

頻出 026 〈動物の分類〉 （京都・東山高）

動物の分類について，次の文章を読み，あとの問いに答えなさい。

　表中の動物は，生活のしかたや子の生まれ方，からだのつくりなどの特徴A〜Iによって分類したものである。

	A	B	C	D	E	F	G	H	I
イカ	○								
ザリガニ	○								
クロオオアリ	○								
フナ		○	○		○		○		
イモリ		○	○		○			○	
カメ		○	○		○				○
ハト		○	○			○			○
ウマ		○		○	○				○

(1) 表のザリガニやクロオオアリのように，外骨格をもち，いくつかの節に分かれる動物を何動物というか。漢字2字で答えよ。
　〔　　　　〕動物

(2) 表のイカに見られないからだのつくりを次のア〜エから1つ選び，記号で答えよ。

　　ア　肝臓　　　　　イ　えら　　　　　ウ　出水管　　　　　エ　外とう膜

(3) 表のG，H，Iは呼吸の特徴を示したものである。Hの呼吸のしかたの特徴として最も適当なものを次のア〜エから1つ選び，記号で答えよ。　　〔　　　　〕

　　ア　えら呼吸　　　　イ　子は肺呼吸と皮膚呼吸で，親はえら呼吸と皮膚呼吸

　　ウ　肺呼吸　　　　　エ　子はえら呼吸と皮膚呼吸で，親は肺呼吸と皮膚呼吸

(4) 特定の生物に共通する特徴に注目することで，進化にもとづいた分類をすることができる。たとえば，背骨をもつ鳥類，は虫類，両生類，魚類の進化の道筋は，図のようになると考えられている。あとの問いに答えよ。

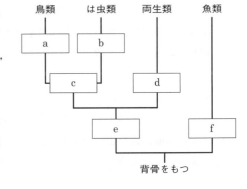

① 図のa，c，fにあてはまる生物の特徴として最も適当なものを次のア〜カからそれぞれ1つずつ選び，記号で答えよ。

　　a〔　　　〕　c〔　　　〕　f〔　　　〕

　　ア　四肢をもつ。　　　　　　　イ　四肢をもたない。

　　ウ　羽毛をもつ。　　　　　　　エ　からだにかたいうろこやこうらをもつ。

　　オ　陸上に殻のある卵を産む。　カ　水中または陸上に殻のない卵を産む。

② 図より，鳥類，は虫類，両生類，魚類は背骨をもつ共通の祖先から進化してきたため，相同器官をもつことが知られている。次のア〜エから起源が同じであると考えられる相同器官を2つ選び，記号で答えよ。　　〔　　　〕〔　　　〕

　　ア　ハトの翼　　　　　イ　カメの後ろあし

　　ウ　フナの胸びれ　　　エ　サケの背びれ

027 〈無脊椎動物の特徴〉   (大阪女学院高改)

無脊椎動物のからだの構造を知るために，イカとアサリを解剖してスケッチをした。また，エビは外形のスケッチをした。解剖をするとイカの肝臓は内臓の大きな部分を占めていた。ヒトのからだでも肝臓は最大の臓器である。アサリはあしの部分が非常に大きな割合を占めていた。また，エビでは図のXの位置にほとんどの内臓が含まれている。あとの問いに答えなさい。

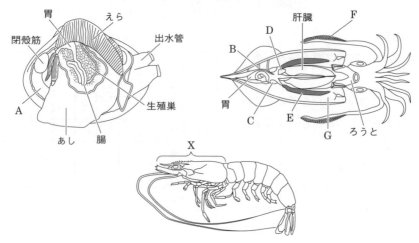

(1) 無脊椎動物の分類に関する次の文の空欄にあてはまる語句を，それぞれ答えよ。

①〔   〕 ②〔   〕 ③〔   〕

　無脊椎動物のうち，イカやアサリは（ ① ）動物に分類され，エビは（ ② ）動物の（ ③ ）類に分類される。

(2) アサリの解剖図のうち，Aの部分の名称を答えよ。   〔   〕

(3) アサリの解剖図のAと同じ由来の器官をイカの解剖図のB〜Gから1つ選び，記号で答えよ。

〔   〕

(4) イカのえらをB〜Gから1つ選び，記号で答えよ。   〔   〕

(5) エビの内臓が含まれるXの部分を何というか。名称を答えよ。   〔   〕

(6) 細胞の呼吸に関する次の文章の空欄にあてはまる語句を，それぞれ答えよ。

①〔   〕 ②〔   〕

　アサリやエビなどはえらで外呼吸をする。これによって得た物質と有機物である（ ① ）をもとにして，からだを動かす（ ② ）をつくり出すはたらきをしている。

(7) イカの血液は銅を含む青色の色素によって酸素を運ぶ。それに対して，ヒトの血液は鉄を含む赤色の色素によって酸素を運ぶ。このヒトの色素の名称を答えよ。   〔   〕

028 〈進化〉   (奈良・東大寺学園高改)

現在の地球上には200万種を超える生物種が存在するが，それらは長い年月をかけて進化してきたものであり，脊椎動物は魚類→両生類→は虫類・哺乳類と進化してきたと考えられている。生物進化の歴史は化石からたどることができ，どのような生物が繁栄していたかによって，古生代，中生代，新生代などの地質年代に区別される。次の問いに答えなさい。

(1) 『種の起源』を著して進化論を唱えたイギリスの学者は誰か。

〔   〕

(2)　次の①〜③の時代にあてはまる年代を，下のア〜ウからそれぞれ１つずつ選び，記号で答えよ。
　　ただし，同じ記号を何度用いてもよい。　　　　①〔　　　　〕②〔　　　　〕③〔　　　　〕

　①　は虫類が最も繁栄した時代

　②　裸子植物が出現した時代

　③　陸上で呼吸することができる脊椎動物が出現した時代

　　ア　古生代　　　　イ　中生代　　　　ウ　新生代

(3)　脊椎動物は進化するにつれて，子を保護するしくみが備わるようになった。

　①　受精してできた卵がふ化するまでに，親が卵のそばから離れてしまうことがほとんどであるも
　　のを次のア〜オから１つ選び，記号で答えよ。　　　　　　　　　　　　　　　　　〔　　　　〕

　　ア　魚類　　　　　イ　魚類と両生類　　　　　ウ　魚類と両生類とは虫類

　　エ　魚類と両生類とは虫類と鳥類　　　　オ　魚類と両生類とは虫類と鳥類と哺乳類

　②　うんだ卵がふ化するまで親がそばにいる動物を次のア〜オからすべて選び，記号で答えよ。
　　　　　　　　　　　　　　　　　　　　　　　　　　　　　　　　　　　　　　　〔　　　　〕

　　ア　アメリカザリガニ　　　イ　アシナガバチ　　　ウ　クロオオアリ

　　エ　モンシロチョウ　　　オ　アブラゼミ

(4)　脊椎動物は進化するにつれ，
　　心臓がより効率よく酸素を全身
　　に運搬できるつくりに変化した。
　　右の図は，そのようすを示した
　　模式図である。血液に含まれる
　　赤血球は肺で酸素と結合し，全
　　身に運ばれて酸素を放すことで
　　酸素を運搬する。いずれの動物
　　も肺から心臓に入る動脈血は赤

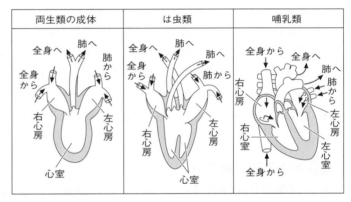

血球の95％が酸素と結合しており，全身から心臓に入る静脈血では赤血球の35％が酸素と結合し
ているものとして次の①〜④の問いに答えよ。ただし，肺動脈と大動脈に出ていく血液量は等しい
ものとする。

　①　哺乳類では全身で酸素を放すのは大動脈を通ったすべての赤血球のうち何％か。
　　　　　　　　　　　　　　　　　　　　　　　　　　　　　　　　　　　　　　　〔　　　　〕

　②　両生類の成体では動脈血と静脈血が心室で混ざってしまう。完全に混ざり合うものとすると，
　　大動脈を通った赤血球のうち何％が酸素と結合しているか。　　　　　〔　　　　〕

　③　両生類の成体では動脈血と静脈血が心室で混ざるため，哺乳類と比べて酸素を運ぶ効率が悪い。
　　一方，両生類の成体には哺乳類に比べて呼吸器として機能の高い部分がある。それはからだのど
　　の部分か。　　　　　　　　　　　　　　　　　　　　　　　　　　　　〔　　　　〕

　④　は虫類も両生類の成体と同じ２心房１心室だが，心室の中央には部分的に壁があり，動脈血と
　　静脈血は少し混ざりにくくなっている。いま，大静脈から心室に入った血液は大動脈と肺動脈に
　　１：４の割合で出ていき，肺静脈から心室に入った血液は大動脈と肺動脈に４：１の割合で出てい
　　くものとすると，大動脈を通る赤血球の何％が酸素と結合しているか。

　　　　　　　　　　　　　　　　　　　　　　　　　　　　　　　　　　　　　　　〔　　　　〕

3 ≫生物分野 生物の細胞とふえ方

▶解答→別冊 p.7

---

029 〈細胞と生物〉　　　　　　　　　　　　　　　　　　　　　　　　　　　　　（大阪・早稲田摂陵高）

次の文章を読み，あとの問いに答えなさい。

　すべての生物は，構造的・機能的単位としての細胞からできている。多細胞生物では，同種の細胞が集まって（　X　）をつくり，いくつかのXが集まって肝臓や小腸などの（　Y　）ができ，いくつかのYが集まって個体が形成される。

(1)　文章中のX，Yにあてはまる適当な語句を答えよ。

　　　　　　　　　　　　　　　　　　　　　　X〔　　　　　　　　　〕Y〔　　　　　　　　　〕

(2)　植物でYにあたる部分を3つ答えよ。

　　　　　　　　　　　　　〔　　　　　　　〕〔　　　　　　　〕〔　　　　　　　〕

(3)　多細胞生物を次のア～オからすべて選び，記号で答えよ。　　　　〔　　　　　　　〕

　ア　アオミドロ　　　イ　ゾウリムシ　　　ウ　ミジンコ

　エ　ミカヅキモ　　　オ　アメーバ

(4)　多細胞生物の成長について，適当なものを次のア～オから1つ選び，記号で答えよ。〔　　　　　〕

　ア　多細胞生物は，細胞の肥大によってのみ成長する。

　イ　多細胞生物は，細胞分裂による細胞数の増加によってのみ成長する。

　ウ　多細胞生物は，細胞分裂による細胞数の増加とその細胞の肥大によって成長する。

　エ　多細胞生物が成長しても，細胞の数は受精卵のときと変わらない。

　オ　多細胞生物が成長しても，細胞の構造や機能はどの細胞も同じである。

頻出 030 〈植物の成長と細胞分裂〉　　　　　　　　　　　　　　　　　　　　　　（大阪・開明高）

タマネギの細胞分裂を調べるため，以下のような実験をした。これについて，あとの問いに答えなさい。

〔実験〕

　タマネギを水栽培した。根が伸びてから，①その一部分を切り取り，②うすい塩酸に入れて約60℃で数分間加熱した。その後，これをスライドガラスにのせ，③染色液で染めてから顕微鏡で観察した。

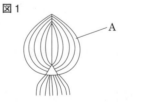 図1

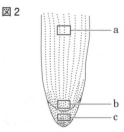 図2

(1)　図1で，タマネギの食用にするAの部分は何か。ア～ウから1つ選び，記号で答えよ。

　ア　根　　イ　茎　　ウ　葉　　　　　　　　　　　　　　　　　〔　　　　　〕

(2)　下線部①について，どの部分を切り取るのがよいか。最も適当な部分を，図2のa～cから1つ選び，記号で答えよ。　　　　　　　　　　　　　　　　　　　　　〔　　　　　〕

(3)　下線部②のようにするのはどのような目的のためか。最も適当なものをア～エから1つ選び，記号で答えよ。　　　　　　　　　　　　　　　　　　　　　〔　　　　　〕

　ア　細胞をこわして，見やすくするため。　　　イ　核をこわして，見やすくするため。

　ウ　細胞を長く生かして，見やすくするため。　エ　細胞を離して，見やすくするため。

(4)　下線部③で用いる染色液の名称を答えよ。　　　　　　　　　　〔　　　　　　　　　〕

(5)　染色してから顕微鏡で見るまでに，ある操作をしないと細胞分裂の像をうまく見ることができない。どのような操作をすべきか。簡単に説明せよ。

〔　　　　　　　　　　　　　　　　　　　　　　　　　　　　　　　　　〕

031 〈細胞分裂の観察〉　　　　　　　　　　　　　　　　　　　　　　　　（大阪・清風高改）

次の文章を読み，あとの問いに答えなさい。

　タマネギの細胞分裂を観察するために，根の先端部のプレパラートを次のようにしてつくった。

　はじめに，塩酸処理をしたタマネギの根をスライドガラスにのせ，柄つき針で軽くつぶした。続いて染色液を1，2滴落とし，3分間静置したのち，ゆっくりとカバーガラスをかけた。さらに，カバーガラスの上からろ紙をかぶせて根を押しつぶすように広げてプレパラートをつくった。

　右の図は，つくったプレパラートを顕微鏡で観察し，スケッチしたものである。また，A～Fの文は，分裂の過程の各時期の特徴を書きとめたものである。

A　分裂前の細胞（染色体が複製される）の時期。

B　分かれた染色体が細胞の両端に移動する時期。

C　染色体が中央に集まり，それぞれが縦に2等分される時期。

D　核の中に染色体が何本か現れる時期。

E　移動した染色体がしだいに見えなくなって，新しい2個の核になり細胞質も2つに分かれる時期。

F　分裂後の細胞の時期。

(1)　タマネギの根に塩酸処理をしたのはなぜか。その理由を簡単に答えよ。

〔　　　　　　　　　　　　　　　　　　　　　　　　　　　　　　　　　〕

(2)　細胞分裂をスケッチしたときの顕微鏡の倍率として最も適当なものを次のア～ウから1つ選び，記号で答えよ。　　　　　　　　　　　　　　　　　　　　　〔　　　　〕

　ア　40倍　　　　イ　100倍　　　ウ　400倍

(3)　Aをはじめとして，細胞分裂の順にA～Fを並べ替えよ。

〔　A　→　　　　→　　　　→　　　　→　　　　→　　　　〕

(4)　図中の①～④の細胞の時期に対応する文をA～Fから1つずつ選び，それぞれ記号で答えよ。

　　①〔　　　　〕　②〔　　　　〕　③〔　　　　〕　④〔　　　　〕

(5)　A～Fの各時期の細胞数を調べたところ，右の表のようになった。タマネギの細胞分裂の周期（分裂が開始して次の分裂が開始されるまで）を24時間として，Bの時期の長さは何分か。ただし，細胞分裂の1周期の長さに対する各分裂時期の長さの比は，観察された全細胞数に対するその時期の細胞数の比に一致するものとする。

〔　　　　　　　　　　〕

時期	細胞数
AとF	540
B	5
C	10
D	30
E	15
全細胞数	600

032 〈動物の受精と発生〉
（京都教育大附高改）

右の図は，トノサマガエルの精子と卵が受精して受精卵となり，発生し
て8個の細胞になったところを示している。受精卵には26本の染色体
が含まれていた。これについて，次の問いに答えなさい。

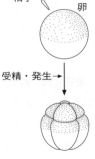

(1) トノサマガエルの精子1個に含まれている染色体は何本か。

〔   〕

(2) 8個の細胞に分裂する直前の細胞の数は，何個であったか。

〔   〕

(3) 8個の細胞になったとき，1個の細胞に含まれている染色体は何本か。

〔   〕

頻出 033 〈植物の受精と発生〉
（大阪女学院高改）

図1は被子植物の花の断面を，図2は図1の植物の果実の断面を示したものである。あとの問いに答
えなさい。

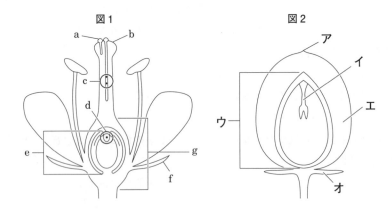

(1) 図1のa〜gの名称を答えよ。

a〔   〕 b〔   〕 c〔   〕 d〔   〕
e〔   〕 f〔   〕 g〔   〕

(2) 図2のイは，図1のa〜gのどれとどれからできたものか。記号で答えよ。

〔   と   〕

(3) 図2のア，ウ，エ，オは，それぞれ図1のa〜gのどれからできたものか。記号で答えよ。

ア〔   〕 ウ〔   〕 エ〔   〕 オ〔   〕

(4) aがbにつくことを何というか。

〔   〕

(5) 生物の形や性質を形質というが，細胞の核に含まれている染色体の中にある形質を伝えるものを
何というか。

〔   〕

(6) 図1のdにN本の染色体が含まれているとき，図2のイの細胞の核には何本の染色体が含まれて
いるか。次のA〜Eから1つ選び，記号で答えよ。

〔   〕

A N本の半分   B N本   C N本の2倍   D N本の3倍   E N本の4倍

(7) ジャガイモは花が咲くが，ふつう，イモから芽を出して子孫をつくる。そのような受精を行わな
い生殖を何というか。

〔   〕

034 〈ヒトの受精と発生〉

（大阪・清風南海高改）

次の文章を読み，あとの問いに答えなさい。

　　ヒトの一生は，受精卵という1個の細胞から始まる。卵巣内で成熟した卵が輸卵管に排卵されたあとに精子と出会い，受精が起こる（図1）。

　　その後，受精卵は分裂をくり返しながら子宮に達し，受精後約7日目には胚盤胞といわれる状態（図2）で子宮の壁に付着し，妊娠が成立する。さらに，胚の発生は進み，受精後8週間が過ぎると体重は約1gとなって，胎児（図3）と呼ばれるようになる。その後，子宮内で胎児は成長を続け，受精後20週で約250g，28週で約1kg，そして38週で約3kgになって出産を迎える。

　　1998年，図2の胚盤胞の内部の細胞からヒトの[　①　]細胞（胚性幹細胞）がつくられた。この細胞は，神経や骨，筋肉などあらゆる細胞になることができるため，病気やけがで損傷した組織を修復する[　X　]医療の材料として注目されている。

　　その後，京都大学の山中伸弥教授が[　①　]細胞の遺伝子を解析し，2006年マウスの，翌年ヒトの体細胞から[　②　]細胞（人工多能性幹細胞）をつくることに成功した。

図1　　　　　　図2　　　　　　図3

(1)　上の文章中の[　①　]・[　②　]にあてはまる語句を次のア〜シから1つずつ選び，記号で答えよ。

①〔　　　　　〕　②〔　　　　　〕

　ア　EP　　　イ　PE　　　ウ　SP　　　エ　PS　　　オ　ES　　　カ　SE
　キ　iEP　　ク　iPE　　ケ　iSP　　コ　iPS　　サ　iES　　シ　iSE

(2)　上の文章中の[　X　]にあてはまる語句を漢字2文字で答えよ。　〔　　　　　　　〕

(3)　次のA〜Dは，図1の受精卵から図2の胚盤胞に至るまでの胚を示したものである。ただし，これらの胚の大きさはほぼ同じである。これについて，あとの①と②の問いに答えよ。

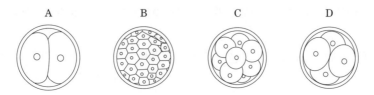

A　　　　　　B　　　　　　C　　　　　　D

①　A〜Dを発生の早いものから順に並べ替えよ。　〔　　　→　　　→　　　→　　　〕

②　受精卵から胚盤胞に至るまでの，胚を構成する1つ1つの細胞に関して，分裂後の細胞の体積や染色体の本数は，分裂前と比べてそれぞれどのようになるか。

体積〔　　　　　　　　〕　染色体の数〔　　　　　　　〕

(4)　図2の胚盤胞から図3の胎児に至るまでの細胞分裂について，分裂後の1つ1つの細胞の体積や染色体の本数は，分裂前と比べてそれぞれどのようになるか。

体積〔　　　　　　　　〕　染色体の数〔　　　　　　　〕

頻出 035 〈染色体のモデルと遺伝〉 （福岡大附大濠高）

ウシの生殖と遺伝に関する次の文章を読み，あとの問いに答えなさい。

　ウシの体細胞に含まれる染色体数は60本であり，それぞれの染色体にはさまざまな形質を決める遺伝子が含まれている。遺伝子は染色体を通して親から子へと伝わっており，それぞれの形質は染色体に含まれる遺伝子によって現される。

　ウシの <u>I 毛の色</u>には黒毛と赤毛があり，これらは対立形質であることが知られている。黒毛の純系どうしのかけ合わせからは黒毛の個体しか生まれず，赤毛の純系どうしのかけ合わせからは赤毛の個体しか生まれない。また，黒毛の純系と赤毛の純系をかけ合わせると，黒毛の個体しか生まれず，その黒毛どうしをかけ合わせると，黒毛と赤毛の個体が3：1の割合で現れる。

　一方，<u>II 角の有無</u>に関しても対立形質であることが知られている。角のある純系どうしのかけ合わせからは角のある個体しか生まれず，角のない純系どうしのかけ合わせからは角のない個体しか生まれない。また，角のある純系と角のない純系をかけ合わせると，角のない個体しか生まれない。

　毛の色に関する顕性形質を伝える遺伝子をB，潜性形質を伝える遺伝子をbとし，角の有無に関する顕性形質を伝える遺伝子をD，潜性形質を伝える遺伝子をdとする。これらの遺伝子は右の体細胞の模式図のように同じ染色体上に存在するものとする。

(1)　ウシが精子や卵をつくるために行う細胞分裂を何というか。漢字で答えよ。〔　　　　〕

(2)　ウシの精子に含まれる染色体数を答えよ。　　　　　　　　　　〔　　　　〕

(3)　ウシの体細胞の染色体を模式的に左下の図のように表す。次のア～エから卵の模式図として適当なものを1つ選び，記号で答えよ。　　　　　　　　　　　〔　　　　〕

体細胞　　　　ア　　　　　　イ　　　　　　ウ　　　　　　エ

(4)　<u>I 毛の色</u>に関して顕性形質，<u>II 角の有無</u>に関して顕性形質を次のア～エから1つずつ選び，それぞれ記号で答えよ。　　　　　　　　　I〔　　　〕II〔　　　〕

　　ア　黒毛　　　　イ　赤毛　　　　ウ　角あり　　　エ　角なし

(5)　角のない赤毛の純系の雌に，角のある黒毛の純系の精子を人工受精させて雌の子ウシが生まれた。

　①　生まれた子ウシの，<u>I 毛の色</u>，<u>II 角の有無</u>それぞれについて次のア～コから1つずつ選び，記号で答えよ。　　　　　　　　　　　I〔　　　〕II〔　　　〕

　　ア　黒毛のみ　　　　　　　イ　赤毛のみ

　　ウ　黒毛：赤毛＝1：1

　　エ　黒毛：赤毛＝3：1

　　オ　黒毛：赤毛＝1：3

　　カ　角ありのみ　　　　　　キ　角なしのみ

　　ク　角あり：角なし＝1：1

　　ケ　角あり：角なし＝3：1

　　コ　角あり：角なし＝1：3

②　生まれた子ウシの体細胞に含まれる染色体と遺伝子について，最も適当な模式図を次のア〜ク
から選び，記号で答えよ。〔　　　　〕

ア　　　　　　　　イ　　　　　　　　ウ　　　　　　　　エ

（B/D　B/D）　　（B/d　B/D）　　（B/D　b/D）　　（B/D　b/d）

オ　　　　　　　　カ　　　　　　　　キ　　　　　　　　ク

（B/d　b/D）　　（B/d　b/d）　　（b/D　b/D）　　（b/d　b/d）

難　③　生まれた雌の子ウシが成長したあと，角のある黒毛の純系の精子を人工受精させると，どのような個体が生まれてくるか。I 毛の色，II 角の有無それぞれについて，①のア〜コから1つずつ選び，記号で答えよ。　　　　　　　　　　　　　I 〔　　　　〕　II 〔　　　　〕

---

036 〈染色体のモデルと発生〉　　　　　　　　　　　　　　　　　　　　（愛知・滝高）

次の文章を読み，あとの問いに答えなさい。

　動物のからだをつくっている細胞は，1個の（　①　）が細胞分裂してふえることでつくられる。
（　①　）は精子と卵が出合い，それらの核が合体することでできる。このことを（　②　）という。
（　②　）によって（　①　）の核に含まれる染色体の数は精子や卵の染色体の数の2倍になるので，親
のもつ染色体の数と子のもつ染色体の数が同じになるためには，精子や卵をつくるときに（　③　）分
裂を行わなければならない。

　（　②　）を行わずに新しい個体をふやすことを（　④　）生殖といい，（　②　）を行って新しい個体
をふやすことを（　⑤　）生殖という。

(1)　文章中の（　①　），（　③　），（　⑤　）にあてはまる適当な語句を答えよ。

①〔　　　　　　　〕　③〔　　　　　　　〕　⑤〔　　　　　　　〕

(2)　文章中の（　②　）が体外で行われる生物を次のア〜オから1つ選び，記号で答えよ。〔　　　〕

ア　ニホンヤモリ　　イ　アマガエル　　ウ　シオカラトンボ

エ　アカウミガメ　　オ　トノサマバッタ

難 (3)　文章中の（　④　）生殖は短期間に新しい個体をふやすことができ，この方法で生殖を行う生物も
多い。一方，（　⑤　）生殖では環境の変化に適応できる個体が生まれる可能性がある。（　⑤　）生
殖でそのような可能性が生じる理由を「遺伝子」という語句を使って説明せよ。

〔　　〕

難 (4)　右の図はキイロショウジョウバエのからだをつくる細胞の核に含ま
れる染色体を模式的に示したものである。キイロショウジョウバエの
卵に染色体Iが含まれる確率は何％か。また，染色体IとIIIとVとVII
が同時に含まれる確率は何％か。

I 〔　　　　　　〕

IとIIIとVとVII 〔　　　　　　〕

頻出 037 〈遺伝の法則〉 （福岡・西南女学院高）

エンドウには子葉の色が黄色の種子をつけるものと，緑色の種子をつけるものがある。黄色の種子をつける純系のエンドウのめしべに，緑色の種子をつける純系のエンドウの花粉を受粉させると，子はすべて黄色の種子をつけた。右の図は，そのようすを図示したものである。これについて，次の問いに答えなさい。なお，種子の色に関する顕性形質を伝える遺伝子を**A**，潜性形質を伝える遺伝子を**a**で表すものとする。

親… 黄色 ── 緑色
子… 黄色
孫… 黄色 ─ 緑色

(1) 黄色と緑色のように，どちらかしか現れない形質どうしを何というか。〔　　　　　〕

(2) 黄色と緑色のうち，顕性形質はどちらか。〔　　　　　〕

(3) 両親と子の遺伝子型を，それぞれA・aの記号を用いて答えよ。

黄色の親〔　　　　　〕　緑色の親〔　　　　　〕　子〔　　　　　〕

(4) 子がつくる生殖細胞の遺伝子型をすべて答えよ。〔　　　　　〕

(5) 子の自家受粉によって孫ができたとき，孫の遺伝子型にはどのような種類のものがあるか。黄色の種子をつけるものと，緑色の種子をつけるものについて，それぞれすべて答えよ。

黄色の種子〔　　　　　〕　緑色の種子〔　　　　　〕

(6) (5)のとき，孫の代での黄色と緑色の比はどうなるか。

黄色：緑色〔　　　：　　　〕

(7) 遺伝の法則について発見したのは，オーストリアで司祭をしていたメンデルであった。メンデルはエンドウを用いて遺伝の研究を行って，遺伝に関するいくつかの法則を発見した。このうち分離の法則とはどのような法則か。簡単に説明せよ。

〔　　　　　　　　　　　　　　　　　　　　　　　　　　　　　　　　　　　　　　　〕

(8) メンデルの遺伝の法則が世に認められるようになったあと，遺伝の研究が急速に進み，やがて遺伝子の本体が解明された。遺伝子の本体は何という物質か。〔　　　　　〕

038 〈血液型〉 （大阪桐蔭高）

次の文章を読み，あとの問いに答えなさい。

多くの血液が失われたときには，同じ血液型の血液を輸血する。ABO式血液型を決めている物質は赤血球の細胞表面にあり，この物質をどのようにもつかは遺伝子によって決まっている。遺伝子AはA物質を，遺伝子BはB物質をつくる。一方，遺伝子Oはどちらもつくらない。これらの遺伝子は両親から受け継ぐため，2つの遺伝子をもつことになる。表は，遺伝子の組み合わせと血液型の関係を示したものであり，両親から遺伝子Aを受け継ぐとA型に，遺伝子Aと遺伝子Bを受け継ぐとAB型になることを表している。なお，遺伝子Aの伝える形質と遺伝子Bの伝える形質は，ともに遺伝子Oの伝える形質に対して顕性であることが知られている。

	遺伝子A	遺伝子B	遺伝子O
遺伝子A	A型	AB型	A型
遺伝子B	AB型	B型	（ ① ）
遺伝子O	A型	（ ① ）	O型

(1) 表の空欄①にあてはまる血液型を答えよ。

〔 　　　　　〕

難(2) ある薬品を用いて，100人の赤血球を調べたところ，55人はA物質をもち，35人はB物質をもっていた。また，両方とももっている人と，両方とももっていない人の合計は40人だった。A型の人数を答えよ。

〔 　　　　　〕

039 〈特殊な遺伝〉　　　　　　　　　　　　　　　　　　　　　　　　　　　　　　　　（兵庫・灘高）

次の文章を読み，あとの問いに答えなさい。

　あるアサガオについて，黄色の子葉をつける純系のアサガオの花粉を，緑色の子葉をつける純系のアサガオのめしべと受粉させた。すると，すべて黄色の子葉をつけるアサガオが得られた。つまり，黄色の子葉の形質が顕性形質である。このようにしてできた子の代の花を自家受粉させ，孫の代のアサガオを得た。黄色の子葉に対応する遺伝子をY，緑色の子葉に対応する遺伝子をyとする。一方，同じアサガオについて，顕性形質である赤色の花をつける純系のアサガオの花粉を，潜性形質である白色の花をつける純系のアサガオのめしべと受粉させると，子の代にはすべてピンク色の花をつけるアサガオが得られた。このような現象を不完全顕性という。赤色の花に対応する遺伝子はR，白色の花に対応する遺伝子はrとする。ただし，YとR，yとrはそれぞれ別々の染色体上に位置しているものとする。

(1) 下線部について，孫の代に現れる「黄色の子葉」：「緑色の子葉」の比率と，YY：Yy：yyの比率を，それぞれ答えよ。

「黄色の子葉」：「緑色の子葉」〔　　　：　　　〕

YY：Yy：yy〔　　　：　　　：　　　〕

(2) このアサガオについて，遺伝子の組み合わせがYYRRで（右図参照），黄色の子葉をつけ赤色の花をつけるアサガオと，遺伝子の組み合わせがyyrrで，緑色の子葉と白色の花をつけるアサガオを受粉させた。このとき，子の代にできるアサガオの遺伝子の組み合わせ（1種類に限られる）と，子葉の色および花の色の形質を，それぞれ答えよ。

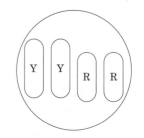

遺伝子の組み合わせ〔　　　　　　〕

子葉の色〔　　　　　　〕

花の色〔　　　　　　〕

(3) (2)で得られた子の代のアサガオが，減数分裂して生殖細胞をつくると，遺伝子Y・yと遺伝子R・rについて分離の法則を適用することで，4種類の生殖細胞が同じ比率で生じる。4種類の生殖細胞がもつ，遺伝子の組み合わせをすべて答えよ。

〔 　　　　　〕

難(4) (2)で得られた子の代のアサガオどうしで自家受粉させてできる孫の代について，子葉と花の形質の比率を，以下の順で答えよ。

〔黄色の子葉／赤色の花〕：〔黄色の子葉／ピンク色の花〕：〔黄色の子葉／白色の花〕：〔緑色の子葉／赤色の花〕：〔緑色の子葉／ピンク色の花〕：〔緑色の子葉／白色の花〕

〔　　　：　　　：　　　：　　　：　　　：　　　〕

040 ▶〈食物連鎖〉　　　　　　　　　　　　　　　　　　　　　　　　　　（千葉・東邦大付東邦高）

次の文章Ⅰ，Ⅱを読み，あとの問いに答えなさい。

Ⅰ　殺虫剤などに含まれる人工的につくられた物質Ⅹは，水に溶けにくく体内で分解されにくいため，生物の体内に蓄積する。

ある湖に物質Ⅹが流入したところ，しばらくすると魚が死に始めた。死んだ魚の体内の物質Ⅹの濃度は湖水中の物質Ⅹの濃度よりもずっと高かった。くわしく調査した結果，この現象は食物連鎖と密接な関係があり，上位の捕食者になるほど物質Ⅹの濃度が高くなっていくことがわかった。

この湖における食物連鎖を模式的に表すと右図のようになる。なお，図以外の食物連鎖は考えないものとする。

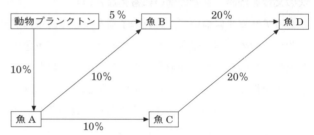

図中の数値は，食べた重量のうち，体重として獲得される割合を表している。たとえば魚Aの場合，100 gの動物プランクトンを食べると，その10％である10 g体重が増加する。

(1)　動物プランクトンにあてはまる生物，魚Bにあてはまる淡水魚として適当なものを選んだ組み合わせを次のア～オから1つ選び，記号で答えよ。　　　　　　　　　　　　　　　〔　　　　　〕

	動物プランクトン	魚Bにあてはまる淡水魚
ア	ゾウリムシ	サバ
イ	クロレラ	ワカサギ
ウ	フナムシ	カツオ
エ	ゴカイ	メダカ
オ	ミジンコ	コイ

(2)　魚Cは動物プランクトンを直接食べることはないが，魚Aを食べているので，間接的に動物プランクトンを食べていることになる。魚Cの体重が100 g増加したとき，魚Cが間接的に食べた動物プランクトンは何kgか。　　　　　　　　　　　　　　　　　　　　　〔　　　　　〕

(3)　魚Bは動物プランクトンと魚Aを重量比2：1の割合で食べる。魚Bの体重が100 g増加したとき，魚Bが直接および間接的に食べた動物プランクトンは全部で何kgか。　〔　　　　　〕

Ⅱ　Ⅰの調査において，この湖の動物プランクトンには物質Ⅹが0.03 ppm含まれていることがわかった。1 ppmは1 kg中に1 mgの物質が含まれていることを示している。

魚A体内の物質Ⅹの濃度が何ppmになるかを次のように考える。魚Aの体重が10 gになるためには動物プランクトンを100 g食べなければならない。魚Aの体重10 gの中に，動物プランクトン100 g分の物質Ⅹが蓄積することになるので，魚A体内の物質Ⅹの濃度は動物プランクトンの10倍の0.3 ppmとなる。同様のことを，他の魚についても考えることができる。

ただし，物質Ⅹはそれを食べた生物の体内にすべて蓄積されているものとし，図の食物連鎖以外からは生物体内に獲得されないものとする。また，魚Bは動物プランクトンと魚Aを重量比2：1

の割合で食べるものとし，魚Dは魚Bと魚Cを重量比1：1の割合で食べるものとする。

(4) 魚C体内の物質Xの濃度は何ppmか。体重100gの魚Cが間接的に食べたはずの動物プランクトンの重量を考えることによって計算せよ。　　　　　　　　　　〔　　　　　　　〕

(難) (5) 魚D体内の物質Xの濃度は何ppmか。体重100gの魚Dが間接的に食べたはずの動物プランクトンの重量を考えることによって計算せよ。　　　　　　　　　〔　　　　　　　〕

(頻出) **041** 〈生態系と物質の循環〉　　　　　　　　　　　　　　　　　　　　（佐賀・弘学館高）

右の図は，生態系における炭素および酸
素の循環を示したものである（矢印には
炭素のみの移動，酸素のみの移動を示す
矢印も含まれている）。次の問いに答え
なさい。

(1) 図のAは，生態系において無機物か
ら有機物をつくり出す生物である。こ
のような生物を何というか。
〔　　　　　　　〕

(2) 図のA～Dが表すものとして，最も適当なものを次のア～キからそれぞれ1つずつ選び，記号で
答えよ。　　　　　　　　　　A〔　　　　〕B〔　　　　〕C〔　　　　〕D〔　　　　〕

　　ア　草食動物　　　　イ　肉食動物　　　　ウ　菌類，細菌類　　　　エ　植物
　　オ　化石燃料　　　　カ　石灰岩　　　　キ　鉄鉱石

(3) 図のCは，生態系におけるはたらきから特に何と呼ばれているか。　　　　〔　　　　　　　〕

(4) 図の矢印aに関して次の問いに答えよ。

　① 図の矢印aが酸素を示しているとき，Aが行っているはたらきは何か。　〔　　　　　　　〕

　② 図の矢印aが炭素を示しているとき，Aが行っているはたらきは何か。　〔　　　　　　　〕

(5) 図のBに出入りする矢印c～fのうち炭素の移動を示しているものをすべて選べ。答えは，矢印
の記号で答えよ。　　　　　　　　　　　　　　　　　　　　　　　　　　〔　　　　　　　〕

(6) 地球温暖化と二酸化炭素に関する次の問いに答えよ。

　① 近年，地球の気温が上昇しており，地球温暖化が問題となっている。地球温暖化の原因として
　　考えられている大気中の二酸化炭素濃度の増加について述べた次の文中の空欄にあてはまる矢印
　　の記号として，最も適当なものを図中の矢印a～hからそれぞれ1つずつ選び，記号で答えよ。
　　　　　　　　　　　　　　　　　　　　　　あ〔　　　　　〕い〔　　　　　〕

　　図が炭素の循環を示した図であるとき，現在の大気中の二酸化炭素濃度の増加は，図中の矢印
　　（　あ　）の減少と矢印（　い　）の増加によるものと考えられる。

　② 大気中の二酸化炭素濃度の増加が地球温暖化に関係する理由として，最も適当なものを次のア
　　～エから1つ選び，記号で答えよ。　　　　　　　　　　　　　　　　　〔　　　　　〕

　　ア　大気中の二酸化炭素が，地表から放射される熱を増加させるため。

　　イ　大気中の二酸化炭素が，地表から放射される熱を吸収し，その一部を再び地表面に放出する
　　　ため。

　　ウ　大気中の二酸化炭素が，太陽から放射される熱を吸収し続けているため。

　　エ　大気中の二酸化炭素が，太陽から放射される熱を増幅し，地表面に放出しているため。

042 〈土の中の小動物〉 　　　　　　　　　　　　　　　　　　　　　　　　　　　　　　〔茨城高改〕

次の問いに答えなさい。

(1) 右の図で，おもに落ち葉やくさった植物を食べ
る小動物はどれか。次のア～オから適当なものを
2つ選び，記号で答えよ。

　　　　　　　　　　　〔　　　〕〔　　　　〕

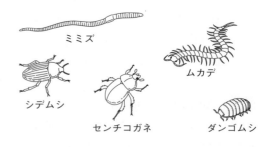

　ア　ムカデ　　　　　イ　ミミズ
　ウ　シデムシ　　　　エ　センチコガネ
　オ　ダンゴムシ

(2) (1)のような小動物や土の中の微生物である菌類と細菌類は，生物の死がいや動物の排出物などの
有機物を栄養分として取り入れ，無機物に変える。このようなはたらきをしている(1)のような小動
物や菌類，細菌類は，何と呼ばれているか答えよ。　　　　　　　　　　　〔　　　　　　　　〕

043 〈土の中の微生物のはたらき〉 　　　　　　　　　　　　　　　　　　　　　　〔東京学芸大附高〕

次の文章を読み，あとの問いに答えなさい。

　校庭のよく茂った林の下の土と落葉をコップに1杯取り，これを木綿の袋に入れて実験室に持ち帰
った。$300\ cm^3$ の水を入れたビーカーの中にこの袋を浸し，中身をよく水と混ぜてから袋をしぼり，
水をこし取った。しばらく置いたあと，その上澄み液をビーカーPに $40\ cm^3$ 入れた。また，別のビー
カーQには水を $40\ cm^3$ 入れた。PとQのビーカーに1%デンプンのりを $40\ cm^3$ ずつ入れ，ゴミが入ら
ないようにアルミホイルでおおい，実験室内で室温(28℃)に2日間置いたあとに，ビーカー内の液体
の性質を調べた。

　4本の試験管A～Dを用意し，AとCにはビーカーPの液を，BとDにはビーカーQの液を同量ず
つ入れ，それぞれに下の表に示す処理を行った。

試験管の記号	A	B	C	D
加えた液	ヨウ素液		ベネジクト液	
行った操作	軽くふってしばらく置く		ガスバーナーで十分に加熱する	
反応の結果	ごくうすい青紫色となった	濃い青紫色となった	黄褐色の沈殿が生じた	変化なし

(1) 次の文のうち，AとBの試験管の反応を比べてわかることはどれか。1つ選び，記号で答えよ。
　ア　AとBの試験管の中には，麦芽糖などが生じている。　　　　　　　　　〔　　　　〕
　イ　Aにはデンプンが多く，Bにはデンプンが少ないことがわかる。
　ウ　Aにはデンプンが少なく，Bにはデンプンが多いことがわかる。
　エ　Aには酸素が少なく，Bには酸素が多いことがわかる。
　オ　Aには二酸化炭素が少なく，Bには二酸化炭素が多いことがわかる。

(2) 次の文のうち，CとDの試験管の反応を比べてわかることはどれか。1つ選び，記号で答えよ。
　ア　Cにはデンプンがあるが，Dにはデンプンがないことがわかる。　　　　〔　　　　〕
　イ　Cには麦芽糖などがあるが，Dには麦芽糖などがないことがわかる。
　ウ　Cには麦芽糖などがないが，Dには麦芽糖などがあることがわかる。
　エ　Cにはタンパク質があるが，Dにはタンパク質がないことがわかる。
　オ　Cには酸素があるが，Dには酸素がないことがわかる。

(3)　次の文のうち，この実験から導き出せる結論として最も適当なものはどれか。1つ選び，記号で答えよ。　　〔　　　〕

ア　デンプンは，水に溶けると自然に分解して麦芽糖などに変化する。

イ　土や落葉を混ぜてろ過した水は，デンプンと麦芽糖などの両方を増加させる。

ウ　土や落葉を混ぜてろ過した水は，デンプンを増加させる。

エ　土や落葉を混ぜてろ過した水は，麦芽糖などをデンプンに変化させる。

オ　土や落葉を混ぜてろ過した水は，デンプンを麦芽糖などに変化させる。

(4)　この実験でBとDの試験管を用意した理由として正しいものはどれか。1つ選び，記号で答えよ。

〔　　　〕

ア　水の中で，麦芽糖などが自然にデンプンに変わるかどうかを調べるため。

イ　土や落葉の中で，麦芽糖などからデンプンができるかどうかを調べるため。

ウ　デンプンが酸素のはたらきで，二酸化炭素となるかどうかを調べるため。

エ　水の中で，デンプンが自然に麦芽糖などに変わるかどうかを調べるため。

オ　土や落葉の中には，デンプンがもともとあるかどうかを調べるため。

044　〈生物のつながりと環境破壊〉　　　　　　　　　　　　　　　　　　　　　　（千葉・成田高改）

次の文章を読み，あとの問いに答えなさい。

　生物集団とそれを取り巻く環境とは一体になっていて，その中で炭素や窒素などの物質の循環やエネルギーの移動が行われている。このように，ある地域で生活するさまざまな生物の集団とそれを取り巻く環境を1つのまとまりとしてとらえたものを（　①　）という。また，水，大気，光，土など生物の生活に影響を与えるものを（　②　）と呼ぶ。

　近年日本では，人間の活動が（　①　）に悪影響を与えている例がある。ある湖で，フナなど一部の魚類が以前と比べ減少した。この原因として，ブルーギルやオオクチバスなどの（　③　）の増加と，この湖への工業排水の流入が考えられた。また，この湖では，窒素化合物を多く含む農業用水が流入したことにより（　④　）プランクトンが大量発生し，アオコと呼ばれる現象が起こった。これにより，魚が大量死し，漁業に大きな被害を与えた。

(1)　（　①　），（　②　）にあてはまる語句として最も適当な組み合わせを1つ選べ。　　〔　　　〕

	ア	イ	ウ	エ	オ	カ
①	食物連鎖	食物連鎖	生態系	生態系	生態	生態
②	限定要因	環境要因	限定要因	環境要因	限定要因	環境要因

(2)　（　③　），（　④　）にあてはまる語句として最も適当な組み合わせを1つ選べ。　　〔　　　〕

	ア	イ	ウ	エ	オ	カ
③	近隣種	近隣種	在来種	在来種	外来種	外来種
④	動物	植物	動物	植物	動物	植物

(3)　下線部の工業排水に自然界では分解されない物質が含まれていた場合，この物質が生物体内に高濃度に蓄積される現象を何というか。また，この物質は，食物連鎖によってさらに高濃度に蓄積されていくが，食物連鎖に組み込まれている生物のなかで，この物質の体内の濃度が最も高くなる生物は，「緑色植物」「草食動物」「肉食動物」のどれだと考えられるか。

現象〔　　　　　〕　生物〔　　　　　〕

頻出　045　〈環境問題〉 （大阪教育大附高池田）

次の環境問題に関する文を読み，あとの問いに答えなさい。

　ア　河川などに有機物が多すぎて浄化しきれず，有毒ガスが発生する。

　イ　ある気体の大量使用により（　①　）層が破壊され，（　②　）が増える。

　ウ　工場や車などからの排出ガスに含まれる物質が水に溶け，（　③　）雨となる。

　エ　化石燃料の大量消費で放出される気体による（　④　）効果で，地球（　⑤　）が進む。

⑴　上の文中の（　①　）～（　⑤　）にあてはまる語句を答えよ。

　　　　　　　　　　　①〔　　　　　　　〕②〔　　　　　　　　　〕③〔　　　　　　　〕

　　　　　　　　　　　④〔　　　　　　　〕⑤〔　　　　　　　　　〕

⑵　二酸化炭素に関係のある文は，上のア～エのどれか。1つ選び，記号で答えよ。　　〔　　　　　〕

⑶　⑵の環境変化の理由として，考えられているものを次のア～オから1つ選び，記号で答えよ。

　　　　　　　　　　　　　　　　　　　　　　　　　　　　　　　　　　　〔　　　　　〕

　ア　大気中の二酸化炭素は，空気より密度が大きいので大気の対流が弱まるから。

　イ　大気中の二酸化炭素は，地表から宇宙空間に放出される熱を吸収するから。

　ウ　大気中の二酸化炭素は，原子力発電で発生した放射性物質と反応して熱を発生するから。

　エ　大気中の二酸化炭素は，太陽からの紫外線を吸収して，気温を上げるから。

　オ　大気中の二酸化炭素は，工場や車などからの排出ガスと反応して熱を発生させるから。

難⑷　最近バイオマス燃料が導入され実用化されている。バイオマス燃料には，サトウキビやトウモロ
　　コシからつくられたバイオエタノールなどがあるが，その使用により二酸化炭素の削減が期待され
　　ている。化石燃料でもバイオマス燃料でも，どちらを燃焼させても二酸化炭素は発生するが，空気
　　中の二酸化炭素の総量は後者では増えないとされている。その理由を答えよ。

〔

　　〕

難　046　〈生物多様性〉 （愛知・滝高）

次の文章を読み，あとの問いに答えなさい。

　生物多様性とは，生態系あるいは地球全体に，多様な生物が存在していることを指す言葉である。
ある一定の区域内における種の多様性は，生物多様性の1つの指標とされる。これを数値化したもの
に「多様度指数」がある。多様度指数にはさまざまな計算方法があるが，ここでは簡略化して次のよ
うに定義する。

多様度指数＝1－（各種の頻度の2乗の和）

　ただし頻度は，全生物の合計個体数を1としたとき，それに対する各種の個体数を割合で示したも
のである。

　花子さんがある一定区域内に生えているすべての植物の個体数を調べたところ，次の表のように5
種類の植物が200本ずつ生えていることがわかった。この結果に基づいて多様度指数を計算すると，
下のように0.8となった。

	植物A	植物B	植物C	植物D	植物E
個体数	200	200	200	200	200

多様度指数 $= 1 - (0.2^2 + 0.2^2 + 0.2^2 + 0.2^2 + 0.2^2) = 0.8$

(1) 表の植物A〜Eのうち, いくつかが絶滅し, 他の種の個体数に変化がないとすると, 多様度指数はどうなるか。最も適当なものを次のア〜ウから1つ選び, 記号で答えよ。〔　　　〕

　ア　絶滅する植物が多くなるほど, 多様度指数は大きくなる。

　イ　絶滅する植物が多くなるほど, 多様度指数は小さくなる。

　ウ　絶滅する植物が多くなっても, 多様度指数は変わらない。

(2) 花子さんが調べた区域内で, 多様度指数が最も小さくなるのは, どのようになった場合か。簡潔に答えよ。

〔　　〕

(3) あるとき, この区域内に新たな植物Fが侵入した結果, 植物A〜Eの個体数が半減し, 植物Fの頻度が0.5になった。このときの多様度指数を計算して求めよ。〔　　　　　　〕

(4) 一般に, ある地域の生物多様性が低下する原因として考えられることを, 新たな生物の侵入以外に1つあげよ。

〔　　〕

047 〈個体数の増減〉 （佐賀・弘学館高図）

次の文章を読み, あとの問いに答えなさい。

　水の中の生物の死がい, あるいは水の中に流れ込んできた地上の生物の死がいなどは, 水の中のいろいろな生物のはたらきで, 無機物まで分解される。これにより, 川や湖の水は浄化されている。

　右の図は, ゆっくりと流れるきれいな川に死がいなどの有機物を含んだ水(汚水)が流入したときのよう

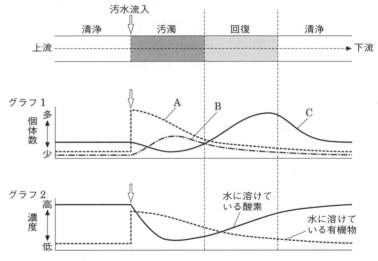

すを表したものである。流入した汚水は図のように下流に行くにつれて浄化されていく。また, 図中のグラフ1は汚水が流入した場所からその下流における生物の個体数の変化を, グラフ2は水に溶けている酸素および有機物の濃度の変化を示したものである。

(1) グラフ1で, A〜Cにあてはまる生物を次のア〜エから1つずつ選び, 記号で答えよ。

A〔　　　〕 B〔　　　〕 C〔　　　〕

　ア　ゾウリムシ　イ　細菌類　　ウ　フナ　　エ　植物プランクトン

(2) (1)でCの生物を選んだ理由を, 「Cの増加にともなって」に続けて25字以内で答えよ。

〔Cの増加にともなって　　　　　　　　　　　　　　　　　　　　　　　　　　　　　　　〕

(3) グラフ2で, 流入した有機物は下流に行くほど減少している。これは, グラフ1のどの生物のはたらきによるものか。A〜Cから1つ選び, 記号で答えよ。〔　　　〕

(4) (3)のような生物は, 生態系の中の役割から, 何と呼ばれているか。〔　　　〕

火山と地層

▶解答→別冊 p.11

頻出 **048** 〈火山と火成岩〉

（鹿児島純心女子高）

火山について，あとの問いに答えなさい。

図1

P   Q   R

(1) 火山には図1のように3つの形がある。雲仙普賢岳は火山P～Rのどの形にあてはまるか。

〔   〕

(2) 図1のPのような傾斜のゆるやかな火山がつくられるときのようすを示すものとして，最も適当な組み合わせを下のア～エから1つ選び，記号で答えよ。　　　　　　　　〔   〕

〔溶岩の性質〕　　　　〔噴火のようす〕

ア　ねばりけが大きい　　　比較的おだやかな噴火

イ　ねばりけが大きい　　　激しい爆発をともなう噴火

ウ　ねばりけが小さい　　　比較的おだやかな噴火

エ　ねばりけが小さい　　　激しい爆発をともなう噴火

(3) 図1のPのような，傾斜のゆるやかな火山を構成する火成岩には，どのような鉱物が多く含まれるか。鉱物名を3つ答えよ。

図2

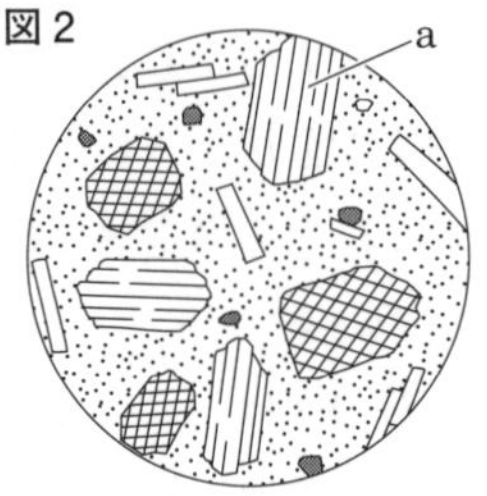

〔   〕〔   〕〔   〕

(4) 図2は，ある火成岩をルーペで観察し，スケッチしたものである。aの部分を何というか。名称を答えよ。　　　〔   〕

(5) 図2の火成岩のつくりは[   ]組織と呼ばれている。空欄にあてはまる語句を答えよ。　　　〔   〕

049 〈鉱物〉

（栃木・作新学院高）

右の図は，ある火山灰の中に含まれていた鉱物を双眼実体顕微鏡で観察したときのスケッチで，それぞれの粒の特徴は次のとおりであった。あとの問いに答えなさい。

A　無色で不規則な形をしていた。

B　黒色で，うすい層が重なっているように見えた。

C　白色で割れ口が平らであった。

D　緑黒色で長い柱状であった。

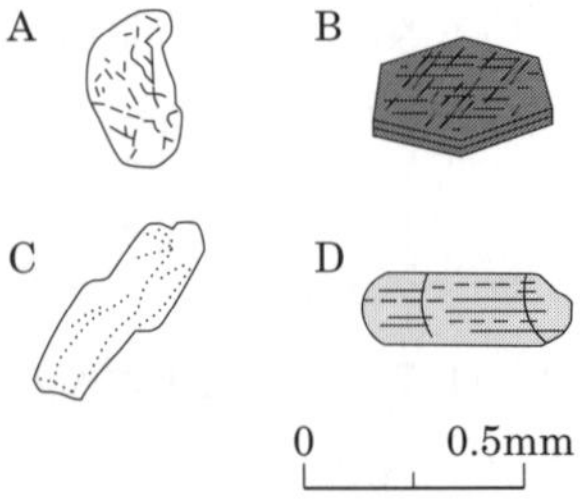

(1) Dの鉱物は何か。次のア～エから1つ選び，記号で答えよ。

〔   〕

0   0.5mm

ア　長石　　　イ　石英　　　ウ　黒雲母　　　エ　角セン石

(2) AやCの鉱物を多く含むマグマのねばりけと，そのマグマからできる岩石の正しい組み合わせを次のア～エから1つ選び，記号で答えよ。　　　　　　　　　　〔   〕

ア　マグマのねばりけ…大きい　　　　岩石…花こう岩

イ　マグマのねばりけ…大きい　　　　岩石…斑れい岩

ウ　マグマのねばりけ…小さい　　　　岩石…流紋岩

エ　マグマのねばりけ…小さい　　　　岩石…玄武岩

頻出 050 〈火山と火山噴出物〉　　　　　　　　　　　　　　　　　　　　（三重・高田高）

次の文章は，修学旅行で桜島を訪れた高田くんと本山さんの会話である。あとの問いに答えなさい。

> 高田くん：さあ，桜島に着いた。それにしてもずいぶんほこりっぽいな。さっきから目が痛い。
> 　　　　　道路に積もっているこの砂のせいかな。これは何だろう。
>
> 本山さん：ガイドさんの話を聞いてなかったの。これは（　　　）よ。最近，桜島の火山活動が活発
> 　　　　　だから，特に多いみたい。
>
> 高田くん：本当だ。近くで見ると噴煙が上がっているのがよく見えるね。見て。1つ1つのお墓
> 　　　　　に屋根がつくってあるよ。
>
> 本山さん：それもさっきガイドさんが言ってたわ。（　　　）からお墓を守るためにつくってあるそ
> 　　　　　うよ。
>
> 高田くん：一面に広がっているごつごつした茶色の岩は<u>溶岩</u>かな。
>
> 本山さん：そうね。この道路は「溶岩道路」というそうよ。大正3年の大噴火では，5つの集落
> 　　　　　が溶岩で埋まったみたい。
>
> 高田くん：こんな岩だらけのきびしい環境でも，木が生えているね。植物の力はすごいなあ。

(1)　文章中の（　　　）には同じ語句が入る。この語句について説明した次の文で正しいものはどれか。
　　ア〜エから1つ選び，記号で答えよ。　　　　　　　　　　　　　　　　〔　　　　〕

　ア　チョークの材料になり，うすい塩酸の中に入れると気体が発生する。

　イ　木が燃やされてできた灰が，火山の爆発の勢いで飛ばされたものである。

　ウ　過酸化水素水の中に入れると，酸素が発生する。

　エ　顕微鏡で観察すると，ガラスのかけらのようなものや色のついたものが混ざっている。

(2)　文章中の下線部の「溶岩」について説明した次の文で正しいものはどれか。ア〜エから1つ選び，
　　記号で答えよ。　　　　　　　　　　　　　　　　　　　　　　　　　〔　　　　〕

　ア　細かい穴がたくさん見られるものもある。

　イ　鉱物の結晶が同じような大きさで集まってできた，等粒状組織となっている。

　ウ　上流で侵食作用を受けた岩石が下流で堆積し，長い年月をかけて岩石となったものである。

　エ　岩石が酸性雨によって溶かされ，再び固まったものである。

(3)　火山について説明した次の文で正しいものはどれか。ア〜エから1つ選び，記号で答えよ。
　　　　　　　　　　　　　　　　　　　　　　　　　　　　　　　　　〔　　　　〕

　ア　マグマのねばりけが大きい火山ほど，激しい噴火が起こりやすい。

　イ　マグマのねばりけが大きい火山ほど，桜島や浅間山のようにきれいな円すい形になりやすい。

　ウ　マグマのねばりけが小さい火山ほど，火口付近に溶岩ドームができやすい。

　エ　マグマのねばりけが小さい火山ほど，溶岩が白っぽい。

頻出 051 〈火山噴出物と火成岩〉   (大阪・履正社高)

火山噴出物と火成岩について，次の問いに答えなさい。

(1) 火山の噴出物のうち，火山ガスに最も多く含まれているものの名称を答えよ。

〔   〕

(2) 次の文章中の（　）にあてはまる適当な語句を漢字で答えよ。

① 〔   〕 ② 〔   〕 ③ 〔   〕

　マグマが冷えて固まった岩石を（　①　）岩という。（　①　）岩のうちマグマが地下の浅いところ
で冷え固まったものは（　②　）岩と呼ばれる。また，地下の深いところで固まったものは（　③　）
岩と呼ばれる。

(3) 安山岩と花こう岩はそれぞれ，(2)の（　②　）岩と（　③　）岩のどちらか。②，③の数字で答えよ。

安山岩〔   〕 花こう岩〔   〕

新傾向 052 〈地層の重なりと過去のようす〉   (京都・同志社高)

理科の授業で学校の近くにある図1のような小高い丘のボーリング調査を行い，その結果を図2に示
した。実線は100mごとの等高線を表している。この丘はa，b，c3つの地層からなっていることが
わかった。地層の逆転はなく，地層の境界はほぼ平面を成しているとして，あとの問いに答えなさい。

図1
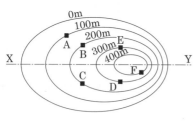

図2
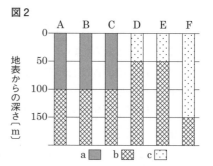

(1) この丘を図中のX－Yで切った断面を図の下方から見た図として最も適当なものを次のア～オか
ら1つ選び，記号で答えよ。

〔   〕

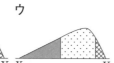
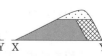

(2) a，b，cのできた順番として最も適当なものを次のア～カから1つ選び，記号で答えよ。

〔   〕

ア　a→b→c　　　イ　a→c→b　　　ウ　b→a→c

エ　b→c→a　　　オ　c→a→b　　　カ　c→b→a

難 (3) D，E，Fで見られるbとcの層の境界は凸凹していて，この境界面のすぐ上には多くのれきが
含まれている。この境界はどのような出来事が起きたことを教えているか，最も適当なものを次の
ア～オから1つ選び，記号で答えよ。

〔   〕

ア　この部分を境にして両側の岩盤がずれ動き，地震を起こした。

イ　この場所は最後に隆起して，現在の姿になるまでは常に海底にあって，堆積が中断することなく進行した。

ウ　昔海底であったこの場所は一度隆起して陸になり，再び沈降して海底になったことがある。

エ　この境界が形成された前後で，堆積物を運搬してきた河川の流速が大きく変化した。

オ　この境界が形成された前後で，堆積物を運搬してきた風の向きが大きく変化した。

頻出 053 〈地層の観察と柱状図〉　　　　　　　　　　　　　　　　　（大阪・四天王寺高）

道路工事が行われている場所や，がけなどを調べると，大地には地層が広がっていることがわかる。地層を調べてみると，地層が割れてずれたり，地層が波打つように曲がっているようすが観察される。また，地層には化石が含まれていることもあり，化石を調べることでさまざまなことがわかる。次の問いに答えなさい。

(1)　下線部を何というか。　　　　　　　　　　　　　　　　　　　　〔　　　　　　　　〕

(2)　堆積岩について，次の問いに答えよ。

　①　ある堆積岩にうすい塩酸をかけると気体が発生した。この気体の化学式を書け。

　　　　　　　　　　　　　　　　　　　　　　　　　　　　　　　〔　　　　　　　　〕

　②　火山の噴出物が堆積してできた岩石の名称を答えよ。　　　　〔　　　　　　　　〕

難 (3)　図1のように道路工事が行われている地点A，B，Cに垂直に切り立ったがけが見られた。工事中の道路上の地点A，B，Cと，この山の地点Dの標高はそれぞれ356 m，348 m，348 m，372 mであった。

　　図2は図1を真上から見たものであり，地点A，D，Cは一直線上にある。

　　また，図3は地点A，B，Cのがけに見られた地層の重なりを，柱状図で表したものである。図3の砂岩の層からはビカリアの化石が見つかっている。なお，この地域では地層が割れてずれたり，波打つように曲がっていることはない。また，地層の厚さは同じ地層であればどこでも同じであり，地層の傾きや向きは変わらないものとする。

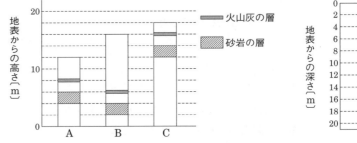

　①　ビカリアの化石が含まれていることから，この砂岩の層はどの年代のものか。　　　　　　　　　　　　　　　　〔　　　　　　　　〕

　　ア　古生代　　　イ　中生代　　　ウ　新生代

　②　地点Dでボーリング調査を行った。その結果を，図3を参考に砂岩の層と火山灰の層の厚みに注意して，図4に柱状図で示せ。

054 〈地層の観察〉

（京都教育大附高）

次の図は，あるがけのスケッチである。**b**の地層はフズリナが，**c**の地層はアンモナイトが生息した時代の地層である。また，**X−Y**で地層はずれている。あとの問いに答えなさい。

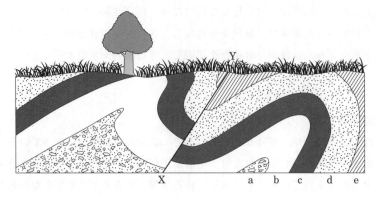

(1) 図のような地層の曲がりを何というか。〔　　　　　　　　　〕

(2) 地層が図のように曲げられたのは，どのような力がはたらいたからか。

〔　　　　　　　　　　　　　　　　　　　〕

(3) X−Yのような地層のずれを何というか。〔　　　　　　　　　〕

(4) ビカリアの化石が見つかる可能性がある地層を，a〜eからすべて選び，記号で答えよ。

〔　　　　　　　　　〕

(5) フズリナとビカリアの化石は，それぞれどの年代を代表する化石か。

フズリナ〔　　　　　　〕　ビカリア〔　　　　　　〕

(6) 次のア〜ウのできごとは，どのような順番で起こったと考えられるか。起こった順に並べ，記号で答えよ。〔　　→　　→　　〕

ア　dの地層が堆積した。　　イ　X−Yの地層のずれが起こった。　　ウ　地層が曲げられた。

055 〈堆積岩と化石〉

（東京・筑波大附駒場高）

東京都奥多摩地域の山中では，さまざまな堆積岩を見ることができる。次の問いに答えなさい。

難(1) 奥多摩地域の本仁田山から川乗山に行く途中に鋸尾根（のこおね）と称するけわしいところがある。そこに見られるのはチャートという固い岩石である。チャートという岩石の特徴と成分はそれぞれどれか。1つずつ選び，記号で答えよ。　　特徴〔　　　〕　成分〔　　　〕

〔特徴〕ア　うすい塩酸をかけると泡が出る。

イ　プランクトンの死がいが集積・固化したものである。

ウ　粒の大きさが2mm以上である。

エ　火山噴出物が固化したものである。

〔成分〕オ　塩化ナトリウム　　カ　炭酸カルシウム

キ　二酸化ケイ素　　ク　炭素

(2) チャートをはさむ泥岩（でいがん）から中生代を示す微化石が発見されている。中生代に生息していた生物はどれか。適当なものを次のア〜カからすべて選び，記号で答えよ。〔　　　　　　　　　〕

ア　サンヨウチュウ　　イ　恐竜　　ウ　フズリナ

エ　ビカリア　　オ　アンモナイト　　カ　ナウマンゾウ

056 〈化石〉

(高知・土佐高改)

46億年前に地球が誕生してから現在まで，地球環境の変化とともに，さまざまな生物が出現し，進化してきた。次の表は地球が誕生してから現在までの地球の時代を示したものである。この表は地層などが堆積した年代，すなわち地質年代を表す。この表について，あとの問いに答えなさい。

46億年前		5.4億年前	2.5億年前	0.66億年前	現在
		古生代	Z	新生代	

(1) この表は生物の移り変わりをもとにして決められている。地層の堆積した年代を決定するのに役立つ化石を何というか。 〔   〕

(2) (1)のような年代決定に有効な化石は，どのような生物の化石か。その生物がすんでいた範囲や栄えた年代の長さに注意して，簡単に説明せよ。

〔   〕

(3) 上の表のZにあてはまる年代名を答えよ。 〔   〕

(4) 恐竜が生きていた年代は次のア～ウのどの年代か。最も適当なものを1つ選び，記号で答えよ。
〔   〕

ア 古生代　　イ Zの年代　　ウ 新生代

(5) 地球の歴史46億年を1年とする。地球が誕生した日を1月1日とすると，サンヨウチュウなどかたい殻をもつ生物が出現したのは，いつになるか。最も適当なものを次のア～エから1つ選び，記号で答えよ。 〔   〕

ア 12月中旬　　イ 11月中旬　　ウ 10月中旬　　エ 9月中旬

057 〈岩石の観察〉

(兵庫・灘高)

理科室に図1のような岩石の古い標本があった。ラベルがなくなっていて，どういう種類の岩石かわからなかったが，その特徴を調べて種類を推定してみた。

外形はほぼ円筒形で断面が見えていた。断面から薄片を切り取り，プレパラートをつくり岩石用の顕微鏡で観察した。断面の中心付近は図2のような斑状組織であった。断面の周辺付近は図3のような斑状組織であったが，石基の部分が図2の石基の部分よりも細かい粒でできていた。次の問いに答えなさい。

図1

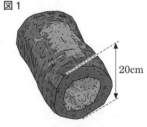

20cm

(1) この岩石の種類を次から選べ。 〔   〕

ア 石灰岩　　イ チャート

ウ れき岩　　エ 火山岩　　オ 深成岩

図2　　図3

(2) 断面の中心付近と周辺の違いはどうしてできたと推定されるか。次から選べ。 〔   〕

ア マグマの冷える速さの違い　　　　イ 風化の進み具合の違い

ウ 結晶ができるときの圧力の違い

(3) この岩石のできた場所として適当なものを次から選べ。 〔   〕

ア 海底火山　　イ 鍾乳洞　　ウ 扇状地

頻出 **058** 〈地震のゆれの伝わり方〉 (三重高改)

次の文章を読み、あとの問いに答えなさい。

　地震は突然起こるので、おどろくことが多い。地震のときは、①最初にカタカタと小さなゆれを感じ、続いてゆらゆらと大きなゆれを感じることが多い。日本は、地震が起こりやすい地域にあり、地震による大きな災害を何度も経験してきた。現在では、地震による被害をできるだけ小さくするため、地震が発生したら大きなゆれの到達時刻や②震度を予測し、可能な限りすばやく知らせるしくみが導入されている。

(1)　右の図中のA〜Cのうち、震央はどれか。A〜Cから1つ選び、記号で答えよ。　〔　　　　　〕

(2)　下線部①について、地震のはじめに観測されるゆれを何というか。　〔　　　　　〕

(3)　下線部②について、現在用いられている震度階級は、何階級あるか。　〔　　　　　〕

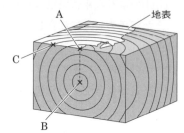

---

059 〈地震波の測定〉 (熊本マリスト学園高)

次の文章を読み、あとの問いに答えなさい。

　地震のときには、はじめカタカタと小さくゆれ、ついでユサユサと大きくゆれることが多い。はじめの小さなゆれを（　①　）、後の大きなゆれを（　②　）という。地震のゆれは地震計で記録される。

(1)　文中の（　①　）、（　②　）にあてはまる言葉を答えよ。

　　　①〔　　　　　　　　　〕②〔　　　　　　　　　〕

(2)　右の図は地震計を示している。地震のときほとんど動かないのは、地震計のどの部分か。図中のア〜ウから1つ選び、記号で答えよ。

　　　　　　　　　　　　　　　　〔　　　　　〕

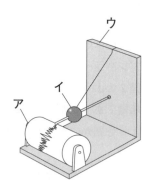

(3)　次のア〜オは、文章中の下線部に関係のある文である。正しい記述をすべて選び、記号で答えよ。

　　　　　　　　　　　　　〔　　　　　〕

　ア　地震のゆれの大きさはマグニチュードで表せる。

　イ　はじめの小さなゆれと次の大きなゆれがあるのは、地震のとき2種類の地震波が発生するためである。

　ウ　ゆれの大きさと地震のエネルギーは比例する。

　エ　各地の地震波の届き方を調べることで地球内部の構造を知ることができる。

　オ　日本付近の地震の震源は日本海側より太平洋側のほうが多い。

(4)　地震のとき地盤の軟らかい土地では、地面から土砂と水がふき出してくる現象が見られることがある。この現象を何というか。

　　　　　　　　　　　　　　　　　　　　　　〔　　　　　　　　　〕

(5) ある地震が午前8時49分58秒に発生した。その震源から24km離れた地点で，午前8時50分02秒にはじめの小さなゆれが観測され，その4秒後に大きなゆれが観測された。また，別の地点でははじめの小さなゆれが8時50分15秒，大きなゆれが8時50分32秒に観測された。この地点の震源からの距離を求めよ。 〔　　　　　　　〕

頻出 **060** 〈地震のゆれ〉 (京都・洛南高)

次の自由研究の要約を読み，あとの問いに答えなさい。

〈ひさのりくんの自由研究〉

> 地震について調べた。日本の地形を調べると，プレートの境界や断層がたくさんあり，地震が発生しやすいということがわかった。地震の観測には地震計が用いられ，地震が起こると右の図のような波形を示す。震源の深さが180kmの地点で起こった，ある地震におけるデータを下の表にまとめた。
>
>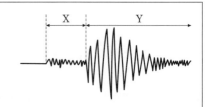
>
> | 地点 | 震央からの距離 | Xのゆれが始まった時刻 | Yのゆれが始まった時刻 |
> |---|---|---|---|
> | A | 75km | 12時20分49秒 | 12時21分15秒 |
> | B | ☐a☐ km | 12時20分55秒 | 12時21分25秒 |
> | C | 240km | 12時21分10秒 | 12時21分☐b☐秒 |
>
> この地震の発生時刻は12時☐c☐分☐d☐秒で，Yの波の速さは☐e☐km/sと考えられる。

(1) ひさのりくんの自由研究について，次の問いに答えよ。必要ならば，小数第1位を四捨五入して，整数で答えよ。

① この地震のA地点における初期微動継続時間は何秒か。 〔　　　　　　　〕

難 ② ☐a☐～☐e☐にあてはまる数を答えよ。

　　　　　a〔　　　　　〕 b〔　　　　　〕 c〔　　　　　〕
　　　　　d〔　　　　　〕 e〔　　　　　〕

(2) 地震のゆれについて述べた文として正しいものを次のア～エから1つ選び，記号で答えよ。

〔　　　　　　　〕

ア マグニチュードは1～7まで存在し，大きいほどゆれが大きい。
イ マグニチュードが大きくても，必ずしも最大震度は大きくならない。
ウ 震度は震央からの距離に関係なく，地盤が固いところでは大きい。
エ 震度はゆれの大きさを表すものであり，7段階で示される。

(3) 地震について述べた文として正しいものを次のア～エから1つ選び，記号で答えよ。

〔　　　　　　　〕

ア せまい湾では津波の高さは小さくなる。
イ 緊急地震速報はP波とS波の到達時刻の差を利用している。
ウ 地盤がやわらかいところでは断層による地震が多い。
エ 地震によるゆれで河川などの水が浸水した状況を液状化という。

頻出 061 〈地震波のグラフ〉   (三重・高田高改)

次のグラフは，ある地震について，2種類の地震波A，Bの到達時間と震源からの距離の関係を表したものである。あとの問いに答えなさい。

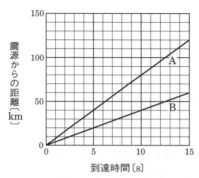

(1) 地震波Aと地震波Bの速さはそれぞれ何km/sか。

A〔   〕 B〔   〕

(2) ある地点では地震発生時，最初に小刻みな振動を感じ，この振動が5秒間続いたあとに大きなゆれを感じた。図の関係を用いると，この地点の震源からの距離は何kmか。

〔   〕

頻出 062 〈地震計の記録とプレート〉   (神奈川・法政大二高改)

次の問いに答えなさい。

(1) 図1は，A～Dの各地点で観測されたP波・S波の到達時刻と，震源までの距離との関係を示したグラフである。次の問いに答えよ。

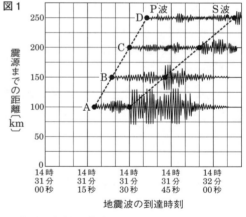

図1

① この地震が起きた時刻を求めよ。

〔   〕

② P波の速さは何km/sか。

〔   〕

③ 同じ震源で，この地震よりもマグニチュードが大きい地震が発生したとする。このとき，A～Dの各地点での観測結果はどのように変わると考えられるか。次のア～オから正しいものをすべて選び，記号で答えよ。

〔   〕

ア S波の速さが速くなり，初期微動継続時間が短くなる。

イ P波とS波の速さが両方とも速くなり，初期微動継続時間は変わらない。

ウ P波の速さが速くなり，初期微動継続時間が長くなる。

エ P波とS波の速さに変化はほとんどないため，初期微動継続時間もほとんど変わらない。

オ 主要動の振幅が大きくなる。

(2) 図2は，日本付近に分布するプレートを示した図である。

① 【 a 】～【 d 】にあてはまるプレートの名称を，それぞれ
答えよ。

図2

a 〔　　　　　　　　　〕プレート

b 〔　　　　　　　　　〕プレート

c 〔　　　　　　　　　〕プレート

d 〔　　　　　　　　　〕プレート

② 点線で囲んだ【 e 】の範囲は，過去に起きた巨大地震とそれ
にともなう余震の震央が多く集まっている地域である。この地域
の【 a 】プレートと【 d 】プレートの境界にある海底地形の
名称を漢字で答えよ。

〔　　　　　　　　　　　　　　　〕

---

063 〈地震のしくみ〉 (京都女子高改)

東北地方の太平洋沖で発生した地震について書かれた次の文章を読み，あとの問いに答えなさい。た
だし，同じ記号には同じ語句が入るものとする。

東北地方太平洋沖地震は，牡鹿半島の東南東約130km付近(三陸沖)の深さ約24kmを（ ① ）と
して発生した。太平洋 a と北アメリカ a の境界域(日本 b 付近)における b 型地震
で，地震の規模を示す（ ② ）は9.0を記録した。これは，日本国内においては観測史上最大である
とともに，1900年以降に発生した地震としては，世界でも4番目に大きな巨大地震であった。また，
地震動の強さの程度を表す（ ③ ）は，宮城県栗原市で7を観測した。

この地震によって，高さが8～9m(または，それ以上)に達する大規模な（ ④ ）が海から押し寄
せてきた。また，ゆれの大きかった関東地方では，埋め立て地などの水を含んだ砂地の地盤が急に軟
弱になる（ ⑤ ）現象が発生したり，東北から関東にかけての太平洋岸では，この地震の地殻変動に
ともなう地盤（ ⑥ ）により浸水被害が続いた。

(1) 文章中の（ ① ），（ ② ），（ ③ ）には，
地震に関する用語が入る。最も適当な用語を答
えよ。

① 〔　　　　　　　　〕

② 〔　　　　　　　　〕

③ 〔　　　　　　　　〕

(2) a ， b に入る最も適当な語句を答
えよ。

a 〔　　　　　　　　〕

b 〔　　　　　　　　〕

(3) 下線部の地震の原理を模式的に表した図とし
て最も正しいものを，右のア～オから1つ選び，
記号で答えよ。　　　　　〔　　　　　〕

(4) 文章中の（ ④ ），（ ⑤ ），（ ⑥ ）には，
地震による災害の名称が入る。それぞれ答えよ。

④ 〔　　　　　　　　〕

⑤ 〔　　　　　　　　〕

⑥ 〔　　　　　　　　〕

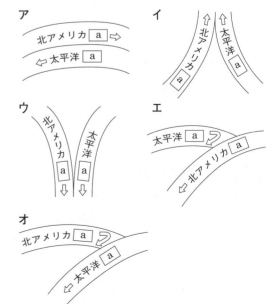

064 〈地震のしくみと伝わり方〉 （愛知・中京大附中京高）

次の文章を読み，あとの問いに答えなさい。

　地球の表面は（　A　）と呼ばれる数十枚の固い板でおおわれている。海の（　A　）は海底にそびえる海嶺でつくられ，海嶺の両側に1年間に（　B　）程度の速さで広がっていく。

　日本列島の下では，海の（　A　）が大陸の（　A　）の下に向かって斜めに沈み込んでいる。このような場所では，ときどき大きな地震が起こる。

　地震のエネルギーの大きさは（　C　）で表す。（　C　）の値が7の地震のエネルギーは，（　C　）の値が4の地震のエネルギーのおよそ（　D　）倍である。また，震源の位置は各観測地点の初期微動継続時間から求められる。

(1)　文章中の（　A　）に入る適当な語句を答えよ。　　　　　　　　　　　　　　　〔　　　　　〕

(2)　文章中の（　B　）に入る長さとして最も適当なものを次のア〜エから1つ選び，記号で答えよ。

　　ア　数mmから十数mm　　　　イ　数cmから十数cm　　　　　　　　　〔　　　　　〕

　　ウ　数mから十数m　　　　　エ　数kmから十数km

(3)　文章中の（　C　）に入る語句として最も適当なものを次のア〜カから1つ選び，記号で答えよ。

　　ア　圧力　　　イ　マグマ　　　　　ウ　マグニチュード　　　　　　　〔　　　　　〕

　　エ　震度　　　オ　マントル　　　　カ　ボーリング

難(4)　文章中の（　D　）に入る数値として最も適当なものを次のア〜ケから1つ選び，記号で答えよ。

　　ア　1.4　　　　イ　2　　　　　ウ　10　　　　　エ　32　　　　　オ　100　　〔　　　　　〕

　　カ　1000　　　キ　10000　　　ク　20000　　　ケ　30000

難(5)　ある地震が発生したとき，震央での初期微動継続時間は3.6秒であり，震央から40km離れたE地点での初期微動継続時間は6秒であった。この地震について，E地点から震源までの距離は何kmか。最も適当なものを次のア〜カから1つ選び，記号で答えよ。ただし，E地点と震央との高度差はないものとする。　　　　　　　　　　　　　　　　　　　　　　　　　　　　　　　〔　　　　　〕

　　ア　10km　　　イ　20km　　　ウ　30km　　　エ　40km　　　オ　50km　　　カ　60km

難(6)　(5)の地震が発生してから，P波が震央に5秒で到達した。P波の伝わる速さは何km/sか。最も適当なものを次のア〜カから1つ選び，記号で答えよ。　　　　　　　　　〔　　　　　〕

　　ア　2km/s　　　イ　4km/s　　　ウ　6km/s

　　エ　8km/s　　　オ　10km/s　　　カ　12km/s

難(7)　(5)の地震が発生してから，E地点には何秒でS波が到達するか。最も適当なものを次のア〜カから1つ選び，記号で答えよ。　　　　　　　　　　　　　　　　　　　　　〔　　　　　〕

　　ア　12秒　　　イ　14秒　　　ウ　20秒　　　エ　23秒　　　オ　29秒　　　カ　32秒

065 〈地震のゆれと伝わり方〉 （長崎・青雲高）

地震に関する次の文章〔Ⅰ〕，〔Ⅱ〕を読み，あとの問いに答えなさい。

〔Ⅰ〕　日本列島は地震が多く，地震によって起こるさまざまな災害の被害にあってきた。地震の震源が海底にある場合，海水が大きくゆれ，沿岸の地域に（　①　）の被害を起こすことがある。また，海岸の埋め立て地などでは地盤の（　②　）による被害も深刻である。

　地震は，その原因から a 火山性の地震と（　③　）境界型の地震に分類することができる。日本列島付近には4つの（　③　）が集まっており，その動きによって引き起こされる大地震にたびたび襲われ

ている。大陸の（　③　）に海洋の（　③　）がもぐり込む場所には（　④　）と呼ばれる地形ができる。

　地震を引き起こす波には，_b最初の小さなゆれ（初期微動）を引き起こす波と，それに続く大きなゆれ（主要動）を引き起こす波がある。

　ある地震がA，B，Cの3地点で下記のように観測された。地点Aは震源からの距離が320kmであることがわかっている。なお，震源からこれらの地点までの地盤はほぼ均一であり，地震波の到達にかかる時間と震源からの距離は正比例するものとして考えよ。

　地点A：9時00分22秒から40秒間初期微動が続いた。

　地点B：9時00分08秒に主要動が始まった。

　地点C：9時00分12秒から30秒間初期微動が続いた。

(1)　文章中の（　①　）～（　④　）にあてはまる語句をそれぞれ答えよ。

　　①〔　　　　　　　　　〕　②〔　　　　　　　　〕　③〔　　　　　　　　　〕　④〔　　　　　　　　〕

(2)　下線部aに関して，1990年代に活発に活動した長崎県にある火山の名称を答えよ。

　　　　　　　　　　　　　　　　　　　　　　　　　　　　　　〔　　　　　　　　　　〕

(3)　下線部bについて正しく説明した文を次のア～エから1つ選び，記号で答えよ。　　〔　　　　　〕

　　ア　小さいゆれを引き起こすP波は横波，大きいゆれを引き起こすS波は縦波である。

　　イ　小さいゆれを引き起こすS波は横波，大きいゆれを引き起こすP波は縦波である。

　　ウ　小さいゆれを引き起こすP波は縦波，大きいゆれを引き起こすS波は横波である。

　　エ　小さいゆれを引き起こすS波は縦波，大きいゆれを引き起こすP波は横波である。

難(4)　小さいゆれを起こす波の伝わる速さは何km/sか。　　　　　　　　〔　　　　　　　〕

難(5)　地点Bは震源から何km離れているか。　　　　　　　　　　　　　〔　　　　　　　〕

難(6)　地震が発生した時刻は何時何分何秒か。　　　　　　　　　　　　〔　　　　　　　〕

〔Ⅱ〕　**図1**は，震源が浅い一般的な地震における震央から観測地点までの距離と，地震波が到達するまでの時間（走時）の関係を示したもので走時曲線と呼ばれている。ふつう，走時曲線には折れ曲がりがある。これは**図2**に示すように地球の表面は固さの異なる地殻とマントルにおおわれていて，地震によって生じた波が地殻を直接伝わる直接波とマントルを伝わる屈折波に分かれて伝わることにより説明できる。

図1

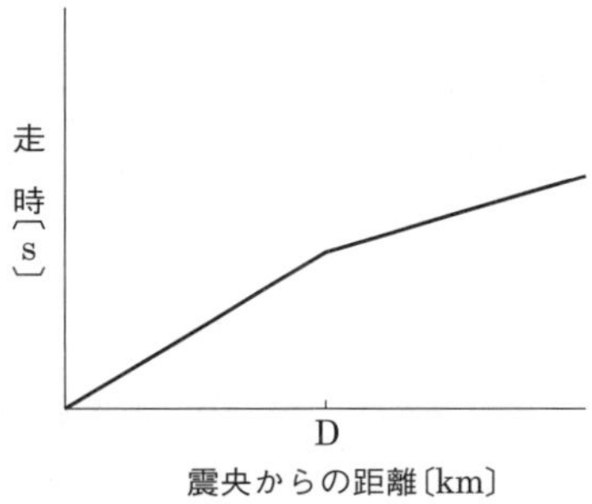

走時〔s〕

D

震央からの距離〔km〕

難(7)　直接波と屈折波について正しく述べたものを次のア～エから1つ選び，記号で答えよ。　　〔　　　　　〕

図2

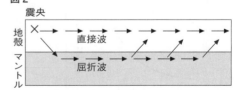

　　ア　地点Dまでは速さの遅い直接波のほうが早く到達するが，地点Dより遠いところでは速さの速い屈折波のほうが早く到達する。

　　イ　地点Dまでは速さの速い直接波のほうが早く到達するが，地点Dより遠いところでは速さの遅い屈折波のほうが早く到達する。

　　ウ　地点Dまでは速さの遅い屈折波のほうが早く到達するが，地点Dより遠いところでは速さの速い直接波のほうが早く到達する。

　　エ　地点Dまでは速さの速い屈折波のほうが早く到達するが，地点Dより遠いところでは速さの遅い直接波のほうが早く到達する。

7 〉〉地学分野
天気とその変化

▶解答→別冊 p.16

頻出 066 〈乾湿計と湿度表〉　　　　　　　　　　　　　　（東京・筑波大附駒場高）

右の図は，ある晴れた日の朝に百葉箱ではかった乾湿計の記録である。次の問いに答えなさい。

(1)　湿度表からこのときの湿度を求めよ。

〔　　　　　　　〕

難 (2)　天気が午前中このまま晴れの場合に湿球の示す温度はどうなるか。次のア〜ウから1つ選び，記号で答えよ。　　　　　　　　　　　〔　　　　　〕

ア　上がる。

イ　下がる。

ウ　ほとんど変わらない。

湿　度　表
この表は JIS Z8806 による

乾球℃	乾球と湿球との差 (DRY-WET)													
	0.5	1.0	1.5	2.0	2.5	3.0	3.5	4.0	4.5	5.0	5.5	6.0	6.5	7.0
	%	%	%	%	%	%	%	%	%	%	%	%	%	%
40	97	94	91	88	85	82	79	76	73	71	68	66	63	61
39	97	94	91	87	84	81	78	75	73	70	67	64	62	60
38	97	93	90	87	84	81	78	75	72	70	67	64	62	59
37	97	93	90	87	84	80	77	74	72	69	66	63	61	58
36	97	93	90	87	84	81	78	75	72	69	66	63	61	58
35	97	93	90	87	83	80	77	74	71	68	65	63	60	57
34	96	93	90	86	83	80	77	74	71	68	65	62	60	57
33	96	93	89	86	83	80	76	73	70	67	64	61	59	56
32	96	93	89	86	82	79	76	73	70	66	64	61	58	55
31	96	93	89	86	82	79	75	72	69	66	63	60	57	54
30	96	92	89	85	82	78	75	72	68	65	62	59	56	53
29	96	92	89	85	81	78	74	71	68	64	61	58	55	52
28	96	92	88	85	81	77	73	70	67	64	60	57	54	51
27	96	92	88	84	81	77	73	70	66	63	59	56	53	50
26	96	92	88	84	80	76	73	69	65	62	58	55	52	49

頻出 067 〈露点と湿度〉　　　　　　　　　　　　　　（奈良・西大和学園高）

湿度をはかる方法として，右の図のように金属製のコップにくみ置きの水を入れ，氷水を少しずつ加え，ゆっくりかき混ぜながらコップの表面のようすを観察する方法がある。水温が15.0℃になったとき，コップの表面に水滴がつき始めた。このときの室温は25.0℃であった。ただし，飽和水蒸気量は下の表の値を使うこと。あとの問いに答えなさい。

空気の温度〔℃〕	0	5	10	15	20	25	30
飽和水蒸気量〔g/㎥〕	4.8	6.8	9.4	12.8	17.3	23.1	30.4

(1)　冷却していったときのコップの表面近くの空気の温度と，その空気に含まれている水蒸気量の変化を表すグラフとして，最も適当なものを次のア〜エから1つ選び，記号で答えよ。ただし，グラフの点線は，空気の温度と飽和水蒸気量の関係を表したものである。

〔　　　　　　　〕

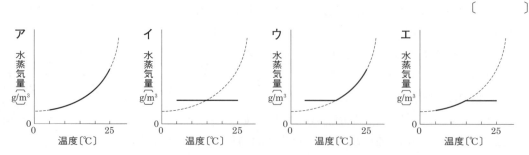

(2)　実験を行ったときの湿度は何％か。答えが小数になる場合は，小数第1位を四捨五入し，整数で答えよ。

〔　　　　　　　〕

頻出 **068** 〈飽和水蒸気量のグラフと気象現象〉

（北海道・函館ラ・サール高）

右のグラフは，気温と飽和水蒸気量の関係を表したものである。これをもとに，次の問いに答えなさい。

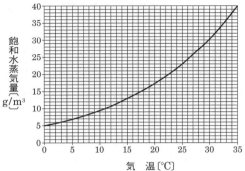

(1) 温度31℃，湿度85％の空気 $1\,m^3$ 中に含まれる水蒸気は何 g か。小数第1位まで答えよ。必要があれば小数第2位を四捨五入すること。

〔　　　　　　　〕

(2) 空気が冷えると徐々に湿度が上がり，湿度が100％になったところで水蒸気が水滴に変わり始める。(1)の空気を冷やした場合，何℃で水蒸気が水滴に変わり始めるか。整数で答えよ。必要があれば小数第1位を四捨五入すること。

〔　　　　　　　〕

(3) (1)の空気 $1\,m^3$ を11℃まで冷やした場合，何 g の水蒸気が水滴に変化するか。小数第1位まで答えよ。必要があれば小数第2位を四捨五入すること。　〔　　　　　　　〕

(4) (2)のように，水蒸気が水滴に変わり始める気温を何というか。漢字で答えよ。〔　　　　　　〕

次に，大きさ $34\,m^3$ の閉め切った部屋で温度と湿度を測定すると，温度11℃，湿度70％であった。

(5) この部屋の温度を25℃に上げた場合，湿度は何％になるか。小数第1位まで答えよ。必要があれば小数第2位を四捨五入すること。　〔　　　　　　　〕

(6) この部屋の温度を25℃に保ったまま，湿度を70％にするためには，この部屋の中で何 g の水を蒸発させる必要があるか。小数第1位まで答えよ。必要があれば小数第2位を四捨五入すること。

〔　　　　　　　〕

このように，空気に含まれている水蒸気が同じでも気温の変化によって湿度は変化する。そして，空気の温度が下がって湿度が100％に達すると水蒸気の一部が水滴に変化し，目に見えるようになる。自然界で，日光によって空気が暖められて上昇すると，上昇にともない空気の温度が下がり，含まれている水蒸気の一部が水滴や氷の結晶に変化する。このようにして雲が生じる。

ここで，温度20℃，湿度75％の空気のかたまりが標高1900 m の山を越えていくことを考える。この空気のかたまりが標高0 m の地点から山肌にそって上昇すると，雲を生じて雨を降らせながら山頂に達し，そこで雲が消えた。空気のかたまりの上昇および下降にともなう温度変化は，雲がないときは100 m につき1℃，雲があるときは100 m につき0.5℃とする。

(7) 雲が発生し始めるのは標高何 m か。100 m 単位で答えよ。　〔　　　　　　　〕

(8) 山頂に達したとき，空気のかたまりの温度は何℃になるか。整数で答えよ。必要があれば小数第1位を四捨五入すること。　〔　　　　　　　〕

難 (9) 山頂を越えた空気のかたまりが下降して，標高0 m の地点に達したとき，空気のかたまりの温度は何℃になるか。整数で答えよ。必要があれば小数第1位を四捨五入すること。

〔　　　　　　　〕

(10) このように，山を越えた空気の温度がもとの空気の温度に比べて大きく上昇する気象現象を何というか。

〔　　　　　　　〕

 069 〈大気圧〉 (茨城高)

次の文章Ⅰ，Ⅱを読み，あとの問いに答えなさい。

Ⅰ　ストローでジュースを飲むときは，ストローを吸うことによりストロー内の大気圧が低下する。
その結果，大気圧の差によりジュースがストロー内を上がってくるわけである。このことは，1気
圧（1013 hPa）のもとでは真空中の水は1013 cm上がってこられることを意味する。

(1)　1気圧のもとで，111.4 mの樹木内の水の通路が完全に真空になっているとして，一般的に考え
ると何mまで吸水されるか。小数第2位まで答えよ。　　　　　　　　　　〔　　　　　　〕

(2)　実際は根から吸水する力を根圧といい，葉で水を吸い上げると同時に大きな力で水を押し上げて
いる。111.4 mすべて根圧によって水を押し上げていると仮定すると，根圧は理論上何気圧になる
か。小数第1位を四捨五入して整数で答えよ。　　　　　　　　　　　　　〔　　　　　　〕

Ⅱ　一端を閉じたガラス管に水銀を満たし，水銀が入っている容器の中に逆さに立てると，図1のよ
うにガラス管の中の水銀が，高さ760 mmのところで止まる。

　　1643年，トリチェリは，この実験により大気が圧力を示すことを発見した。その圧力（大気圧）は，
押し上げられた水銀柱の高さで表され，海面上で約760 mmHg（Hgは水銀の元素記号）である。

　　水をふたのない容器に入れて放置すると，やがて容器は空になってしまう。これは，常温でも液
面から水分子が蒸発し続けるためである。しかし，密閉容器に水を入れて放置すると，蒸発して気
体になる水分子と凝縮により液体に戻る水分子の数が等しくなり，蒸発は止まったように見える。
この状態を飽和状態といい，飽和状態において蒸気が示す圧力を飽和蒸気圧（蒸気圧）という。

　　蒸気圧は，温度によって変化し，またその変化のしかたは物質ごとに決まっていて，それぞれ異
なる。図2のような，蒸気圧と温度の関係を示す曲線を蒸気圧曲線という。

　　蒸気圧が大気圧に達すると，液体内部からも急激な蒸発が起こる。この現象が沸騰である。

図1　トリチェリの実験

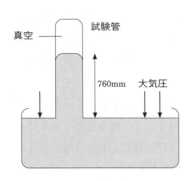

図2　蒸気圧曲線

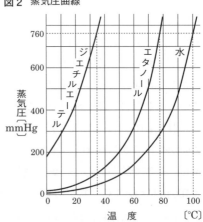

(3)　富士山の山頂3776 mでお湯を沸かそうとしたとき，水は何℃で沸騰しだすか。正しいものを次
のア～エから1つ選び，記号で答えよ。ただし，富士山山頂における大気圧は474 mmHgとする。
　　　　　　　　　　　　　　　　　　　　　　　　　　　　　　　　　　〔　　　　　　〕

ア　50℃　　　　イ　70℃　　　　ウ　90℃　　　　エ　110℃

頻出 070 〈気象観測と天気の変化〉　(大阪星光学院高)

日本のある地点で，9月16日0時から17日24時にかけて気象観測を行った。図1は，16日18時における天気図を簡略化したものである。図2は，気温，気圧，湿度の変化を図1の**A〜C**のいずれかの地点で観測した結果であり，観測地点の16日17時から16日22時の天気は，雨であった。次の問いに答えなさい。

(1) 図1の前線Xはどのようにして進むか。次の**ア〜エ**から1つ選び，記号で答えよ。　〔　　　　〕

図1

　　ア　暖気が寒気を急激に押し上げるように進む。

　　イ　寒気が暖気を急激に押し上げるように進む。

　　ウ　暖気が寒気の上に緩やかにはい上がるように進む。

　　エ　寒気が暖気の上に緩やかにはい上がるように進む。

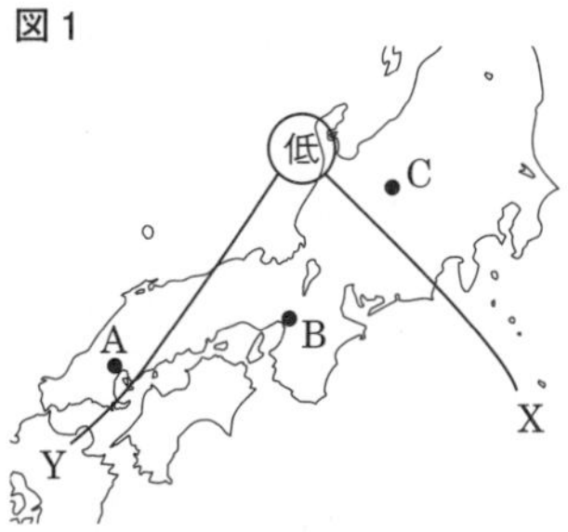

(2) 図1の前線Xと前線Yの移動の速さの違いにより，今後生じることが予想される前線の名称を答えよ。〔　　　　　　　　　〕

(3) 図1の地点A，B，Cのようすについて，正しく説明しているものはどれか。次の**ア〜カ**から2つ選び，記号で答えよ。　　　〔　　　〕〔　　　〕

図2

　　ア　地点Aで観測されやすい雲は，積乱雲である。

　　イ　地点Bの天気は雨である。

　　ウ　地点Bと地点Cでは，地点Cのほうが気温が高い。

　　エ　地点Aと地点Bでは，地点Bのほうが気圧が低い。

　　オ　地点Aと地点Cでは，地点Cのほうが激しい雨が降っている。

　　カ　地点Bでは，北寄りの風が吹いている。

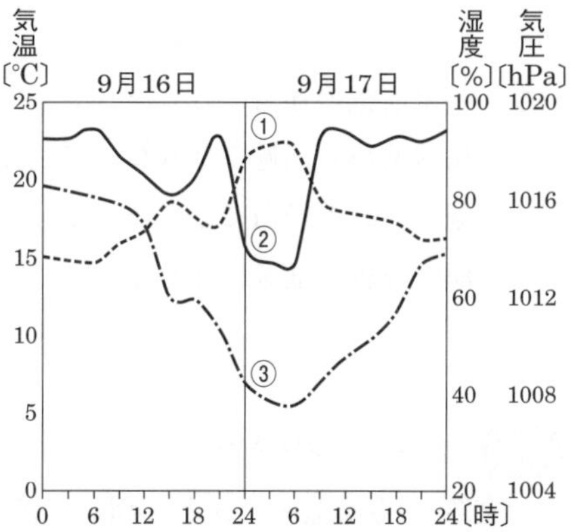

(4) 図2の①〜③は，気温，気圧，湿度のいずれかの変化を表している。正しい組み合わせはどれか。右の**ア〜エ**から1つ選び，記号で答えよ。　　　　〔　　　〕

	気温	気圧	湿度
ア	①	②	③
イ	①	③	②
ウ	②	③	①
エ	③	②	①

(5) 観測地点の16日の22時から24時および17日の8時から10時に，どのような気象の変化が起きていたと考えられるか。下の**ア〜カ**から1つ選び，記号で答えよ。　　　〔　　　〕

	16日の22時から24時	17日の8時から10時
ア	温暖前線が通過した	寒冷前線が通過した
イ	温暖前線が通過した	低気圧の中心が最も接近した
ウ	寒冷前線が通過した	温暖前線が通過した
エ	寒冷前線が通過した	低気圧の中心が最も接近した
オ	低気圧の中心が最も接近した	温暖前線が通過した
カ	低気圧の中心が最も接近した	寒冷前線が通過した

(6) 観測地点は図1のA〜Cのどこであると考えられるか。記号で答えよ。　　　〔　　　〕

頻出 071 〈前線と天気〉 （三重・高田高）

図1は，日本でよく見られる天気図である。また，図2のA，Bは，図
1のどちらかの前線の断面図で，矢印は空気の流れを表したものである。
次の問いに答えなさい。

図1

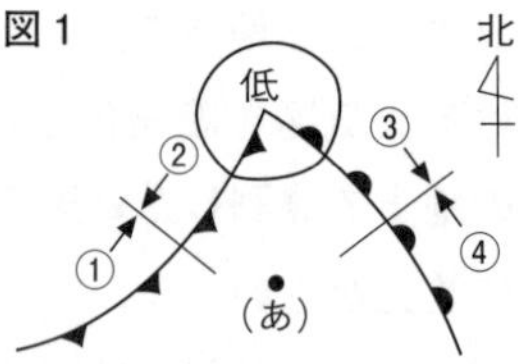

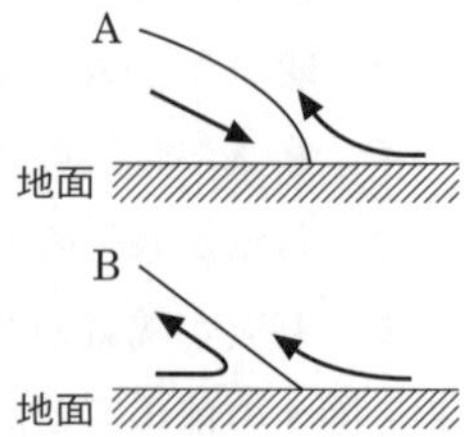

(1) A，Bは，それぞれ前線を図1の①〜④のどの方向から見たものか。
正しい組み合わせを次のア〜カから1つ選び，記号で答えよ。

〔 　　　　 〕

図2

	ア	イ	ウ	エ	オ	カ
A	①	①	②	②	③	④
B	③	④	③	④	②	①

(2) 図1の地点(あ)では，このあと天候はどう変化するか。正しい文を，
次のア〜カから1つ選び，記号で答えよ。

〔 　　　　 〕

ア　寒冷前線の通過にともなって，短時間の強い雨が降り，気温が下がる。

イ　寒冷前線の通過にともなって，長時間にわたり弱い雨が降り，気温が下がる。

ウ　寒冷前線の通過にともなって，短時間の強い雨が降り，気温が上がる。

エ　温暖前線の通過にともなって，長時間にわたり弱い雨が降り，気温が上がる。

オ　温暖前線の通過にともなって，短時間の強い雨が降り，気温が上がる。

カ　温暖前線の通過にともなって，長時間にわたり弱い雨が降り，気温が下がる。

072 〈いろいろな気象現象〉 （神奈川・法政大二高）

次の文章1〜3を読み，あとの問いに答えなさい。

1．雲は，上昇気流が起こるところでできやすい。その理由は，上空ほど気圧が低いことにある。空
気のかたまりが上昇すると，気圧が低いために膨張し，気温が下がって露点に達し，水蒸気が凝結
して水滴，つまり雲の粒子となる。上昇気流は次のような場所や条件がそろったときに発生する。

　(i)　まわりから風が吹き込んでくる【　a　】の中心付近

　(ii)　性質の異なる空気のかたまりがぶつかったときにできる前線付近

　(iii)　山の斜面に風が吹き付けたときなどの地形的なもの

　(iv)　地表面または海面付近が高温になったとき　など

また，逆に下降気流が起こると空気のかたまりは圧縮され，気温は上昇することになる。

2．前線は，異なる性質の空気のかたまりがぶつかることによって発生する。その種類は，暖かい空
気が冷たい空気の上に乗り上げることでできる【　ア　】前線，冷たい空気が暖かい空気の下にもぐ
り込んでできる【　イ　】前線，暖かい空気と冷たい空気の勢力がつり合い，長時間動かない【　ウ　】
前線（季節によって梅雨前線や秋雨前線などともいう），そして【　イ　】前線が【　ア　】前線に追い
ついたときにできる【　エ　】前線などがある。

3．図1のように山頂（C地点）の高度が1500mの山脈の斜面に風が吹き付け，水蒸気を含んだ空気
のかたまりが山を越えた。風上側（A地点）の標高は0m，山を越えた風下側（D地点）の標高も0m
である。この空気のかたまりは，風上側の斜面の標高500m（B地点）で雲が発生し，山頂まで雨を
降らせた。山頂を越えると雲は消え，雨も止んだ。そこから風下側の斜面では雲は発生しなかった。

(1) 次の問いに答えよ。

① 文章中の【　a　】にあてはまるのは低気圧，高気圧のどちらか。　〔　　　　　　　〕

② 文章中の【　ア　】～【　エ　】にあてはまる適当な語句をそれぞれ答えよ。

ア〔　　　　　　　　〕イ〔　　　　　　　　〕

ウ〔　　　　　　　　〕エ〔　　　　　　　　〕

図1

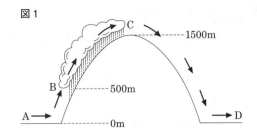

(2) 図2は，図1で示した斜面にそって山を越える空気のかたまりの温度(気温)の変化をグラフにしたものである。グラフ中のA～Dは図1と同じ場所を示している。また，表1は気温と飽和水蒸気量を示したものである。次の問いに答えよ。

ただし，空気のかたまりとその周囲の空気との熱や水蒸気の出入りは無視できるものとする。計算結果の答えが割り切れないときは，小数第2位を四捨五入し，小数第1位まで求めよ。

① 風上側（A地点）での空気のかたまりの露点は何℃か。　〔　　　　　　　　〕

② 風上側（A地点）での空気のかたまりの湿度は何％か。　　　　　　　〔　　　　　　　　〕

③ 山頂（C地点）での空気のかたまりの水蒸気量は何g/m³か。　　　　〔　　　　　　　　〕

④ 風下側（D地点）での空気のかたまりの湿度は何％か。　　　　　　〔　　　　　　　　〕

図2

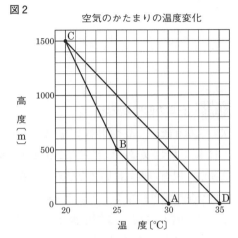

空気のかたまりの温度変化

表1　おもな気温における飽和水蒸気量

気温〔℃〕	0	5	10	15	20	25	30	35	40
飽和水蒸気量〔g/m³〕	4.85	6.79	9.39	12.8	17.2	23.0	30.3	39.6	51.1

図3は，日本の四季を支配する3つの気団の大まかな位置を示したものである。次の問いに答えよ。

(3) 【　a　】～【　c　】にあてはまる気団の名称を答えよ。

a〔　　　　　　　〕b〔　　　　　　　〕

c〔　　　　　　　〕

図3

(4) 【　a　】気団,【　b　】気団,【　c　】気団の性質の説明文として最も適当なものを次のア～オからそれぞれ1つずつ選び，記号で答えよ。

a〔　　　〕b〔　　　〕c〔　　　〕

ア　暖かくしめった気団。夏の季節風となって日本列島に蒸し暑い晴天をもたらす。

イ　赤道付近の海洋上で形成される高温多湿の気団。台風襲来時や梅雨後期などに日本上空に流れ込み，大雨を降らせることが多い。

ウ　乾燥していて冷たい。冬の季節風となって日本海側に雪，太平洋側に晴天をもたらす。

エ　暖かくて乾燥している。移動性高気圧となって日本を訪れ，春・秋の晴天をもたらす。

オ　冷たくしめっている。もう1つの湿潤な気団との間に梅雨前線ができ，天気がぐずつく。

頻出 073 〈日本の天気〉 （東京・お茶の水女子大附高）

右の天気図は，ある季節に典型的なものである。次の問いに答えなさい。

(1) 地点Aにおける，この季節に特徴的な天気を天気図記号で表せ。　　　　〔　　　　〕

(2) (1)の天気になる理由について，関係のある気団名とその特徴，季節風の向きを明らかにして説明せよ。

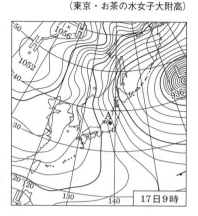

17日9時

---

074 〈日本の四季の天気〉 （東京学芸大附高）

次の文章を読み，あとの問いに答えなさい。

日本には四季があり，季節ごとに変化に富んだ景観が楽しめる。日本付近では季節ごとに特徴的な気団が，四季の天気に影響を与えている。その結果，季節によって，図1のa，bに示すような①典型的な気圧配置になる。そして，高気圧と低気圧はまわりより気圧が高いか，低いかで示される。たとえば，②図2のような等圧線で示される。

また，日本では③偏西風の影響を受け，天気が変化することが多い。

図1a

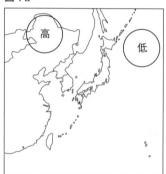

図1b

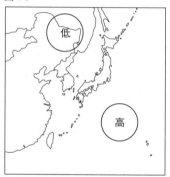

図2

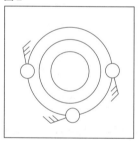

（図中の天気図記号では天気については示していない。）

(1) 下線部①について書いた文で，誤っているものを次のア〜エから1つ選び，記号で答えよ。
　　　　　　　　　　　　　　　　　　　　　　　　　　　　　　　〔　　　　〕

　ア　図1のaは冷たくてしめっているシベリア気団が高気圧になっている。

　イ　図1のaは西高東低といわれる気圧配置になっている。

　ウ　図1のbは暖かくてしめっている小笠原気団が高気圧になっている。

　エ　図1のbは南高北低といわれる気圧配置になっている。

(2) 下線部②について書いた文で，誤っているものを次のア〜エから1つ選び，記号で答えよ。ただし，日本での現象として考えること。　　　　　　　　　　　　　〔　　　　〕

　ア　図2は風が中心方向に吹き込んでいるので，低気圧を示している。

　イ　図2の中心部では，上昇気流が生じている。

　ウ　図2の中心部では，雲はできにくく，晴れていることが多い。

　エ　等圧線の間隔が狭いと，風はより強く吹く。

(3)　下線部③について書いた文で，偏西風の影響と関係の小さいものを次のア〜エから1つ選び，記号で答えよ。　　　　　　　　　　　　　　　　　　　　　　　　　　　〔　　　　〕

ア　日本付近の上空では1年中，西寄りの風が吹く。

イ　移動性高気圧が西から東に移動する。

ウ　台風が日本付近で北東に進んでいく。

エ　日本の冬に北西の季節風が吹く。

---

075 〈日本の天気の変化〉　　　　　　　　　　　　　　　　　　　　　　（大阪・明星高改）

図1および図2は，ある季節の天気図である。ただし，図中の Ĥ は高気圧，Ĺ は低気圧を表している。また，天気図はすべて気象庁のホームページより抜粋し，加工してある。あとの問いに答えなさい。

図1
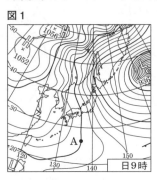

図2
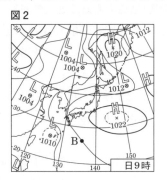

(1)　図1の札幌では「北北西の風，風力7，雪」であった。

①　このときの札幌の天気のようすを天気図記号を使って図3にかけ。

難②　このときのように，風は等圧線に対して垂直には吹かずにそれて吹く。その理由を簡単に答えよ。

〔　　　　　　　　　　　　　　　　　　　　　　　　　　　〕

図3
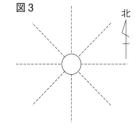

(2)　図2の季節に関係する気団の名称を1つ答えよ。

〔　　　　　　　　　　　　　〕

(3)　図1のA点，図2のB点の気圧はそれぞれ何hPaか。

A点〔　　　　　　　　〕　B点〔　　　　　　　　〕

(4)　図1および図2のような気圧配置を何と呼んでいるか。東西南北および高低を使って表せ。

図1〔　　　　　　　　〕　図2〔　　　　　　　　〕

(5)　次のア〜エの図はある季節の1日おきの天気図を示したものである。アから始めて，正しい順番になるように並べ替えよ。　　　　〔　　　　→　　　　→　　　　→　　　　〕

ア

イ

ウ

エ
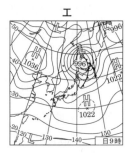

8 ≫地学分野 地球の動きと天体

▶解答→別冊 p.19

076 〈星の日周運動〉

（北海道・北海高）

12月中旬のある日の午前0時に，札幌（北緯43度，東経141度）で星を観測した。南の空に，オリオン座の（ **A** ），こいぬ座で最も明るいプロキオン，おおいぬ座で最も明るいシリウスが冬の大三角を形成し，（ **A** ）は南中していた。（ **A** ）の南中後，しばらくして，シリウスが南中したとき，シリウスは地平線から31度の高度で観測できた。オリオン座は天の赤道（地球の赤道面と天球が交わった円周線）近くにある星座である。次の問いに答えなさい。

(1) 文章中の空欄Aにあてはまる星の名前を答えよ。

〔　　　　　　　　〕

(2) この日の（ **A** ）が地平線から出てきた時刻はおよそ何時頃か。次のア～エから1つ選び，記号で答えよ。

〔　　　　〕

ア　午後0時　　イ　午後3時　　ウ　午後6時　　エ　午後9時

(3) この日，シリウスが没するのはどの方角か。次のア～ウから1つ選び，記号で答えよ。

〔　　　　　〕

ア　南西　　　　イ　真西　　　　ウ　北西

(4) この日，札幌と同一経線上の赤道でシリウスを観察すると，シリウスの南中高度は何度になるか，答えよ。

〔　　　　　　〕

（図：こいぬ座，A，冬の大三角，オリオン座，おおいぬ座）

---

077 〈天体の動きの1年の変化〉

（愛知・中京大附中京高）

北緯35°の地点における太陽と天体の動きについて，次の問いに答えなさい。

(1) 夏至の日と冬至の日の太陽の南中高度はそれぞれ何度か。

夏至の日〔　　　　　　〕

冬至の日〔　　　　　　〕

(2) 午前5時50分に真東から昇り始めた太陽が日没する方角と南中する時刻はそれぞれどうなるか。最も適当なものを次のア～オからそれぞれ1つずつ選び，記号で答えよ。

日没する方角〔　　　〕　南中する時刻〔　　　〕

〔日没する方角〕

ア　南西　　　イ　西南西　　　ウ　真西　　　エ　西北西　　　オ　北西

〔南中する時刻〕

ア　午前10時50分　　　イ　午前11時5分　　　ウ　午前11時20分

エ　午前11時35分　　　オ　午前11時50分

(3) この地点で，真北に観測される高度35°の恒星の動きとして最も適当なものを次のア〜オから1

つ選び，記号で答えよ。　　　　　　　　　　　　　　　　　　　　　　〔　　　　　〕

ア　西へ移動する。　　　　　イ　東へ移動する。　　　　　ウ　右回りに回転する。

エ　左回りに回転する。　　　オ　ほとんど動かない。

難(4) 赤道上で，南中高度が55°である恒星Aと20°である恒星Bを，この地点で観測した。恒星A，

恒星Bのそれぞれの南中高度はどのように観測できるか。最も適当なものを次のア〜クから1つ選

び，記号で答えよ。　　　　　　　　　　　　　　　　　　　　　　　　　〔　　　　　〕

ア　恒星Aは55°，恒星Bは20°であった。

イ　恒星Aは55°，恒星Bは観測できなかった。

ウ　恒星Aは観測できず，恒星Bは20°であった。

エ　恒星A，Bともに観測できなかった。

オ　恒星Aは20°，恒星Bは観測できなかった。

カ　恒星Aは観測できず，恒星Bは55°であった。

キ　恒星A，Bともに55°であった。

ク　恒星A，Bともに20°であった。

頻出 078 〈地球の公転と太陽の日周運動の変化〉　　　　　　　　　　　　　　（群馬・前橋育英高）

図1は，太陽の周囲を公転する地球を模式的に表したものである。また，図2は，図1のAの地球の

拡大図である。これについて，あとの問いに答えなさい。

図1　　　　　　　　　　　　　　　　　図2

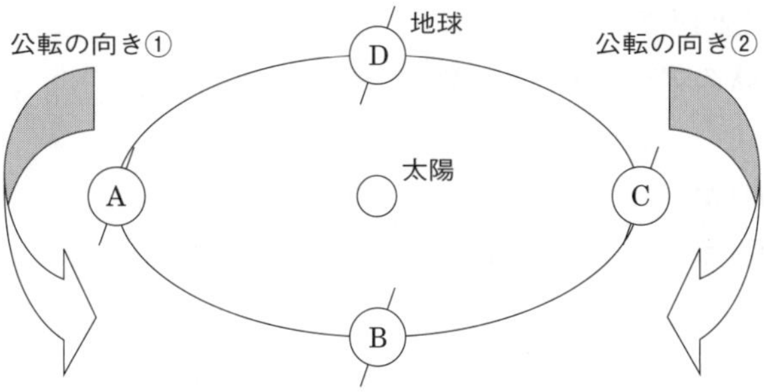

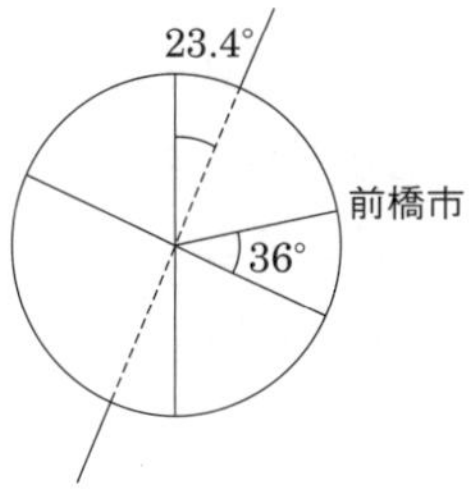

(1) 太陽のように自ら光る星を何というか，漢字で答えよ。　　　　　　　〔　　　　　〕

(2) 地球のように自ら光る星の周囲を公転する星を何というか，漢字で答えよ。

〔　　　　　〕

(3) 公転の向きとして正しいものを図1の①，②から選び，番号で答えよ。　〔　　　　　〕

(4) 図2の前橋市は北緯36°に位置している。地球が図1のA〜Dに位置したとき，前橋市の時期を

『春分・夏至・秋分・冬至』の4つからそれぞれ選べ。

A〔　　　　　〕　B〔　　　　　〕　C〔　　　　　〕　D〔　　　　　〕

(5) 地球がAおよび，Bに位置したとき，前橋市の太陽の南中高度をそれぞれ求めよ。ただし，地軸

は公転面に立てた垂線より23.4°傾いているとする。

A〔　　　　　〕　B〔　　　　　〕

新傾向 079 ⟨恒星の日周運動と年周運動⟩

地球の自転と公転によって，恒星の日周運動と年周運動が見られ，さらに地球の地軸が傾いていることで，太陽の日周運動の経路が場所や季節によって変わる。

　図1は地球の公転面に対して垂直な北の空から見た地球の図で，図中の破線は緯線を表している。また，矢印ア～エは春分，夏至，秋分，冬至のいずれかの日の，太陽から差し込む光を表している。次の問いに答えなさい。

図1

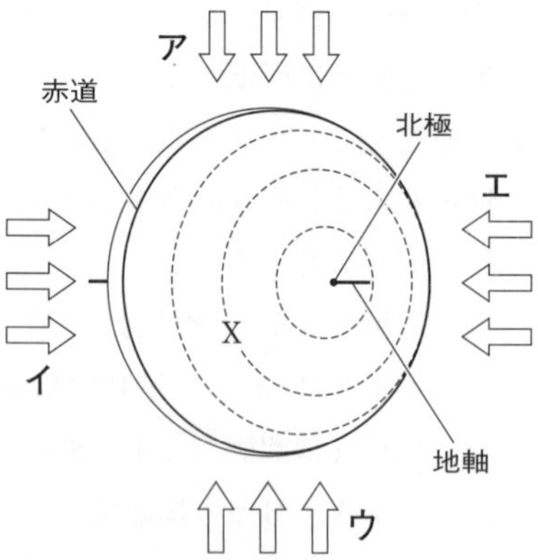

(1) 春分の日の，太陽から差し込む光を表しているものを図1のア～エから1つ選び，記号で答えよ。

〔　　　　　〕

難 (2) 冬至の日，図1のX地点で日の出を観測できるのは，自転によりX地点がどの位置にきたときか，図1に○で示せ。また，日の入りを観測できるのは，自転によりX地点がどの位置にきたときか，図1に●で示せ。ただし，位置を求めるために線をかき加えた場合は，その線は消さずに残しておくこと。

(3) 図1のX地点で，夏至の日の午前1時に夜空を見上げると，おりひめ星として知られること座のベガが天頂に輝いていた（図2）。

図2

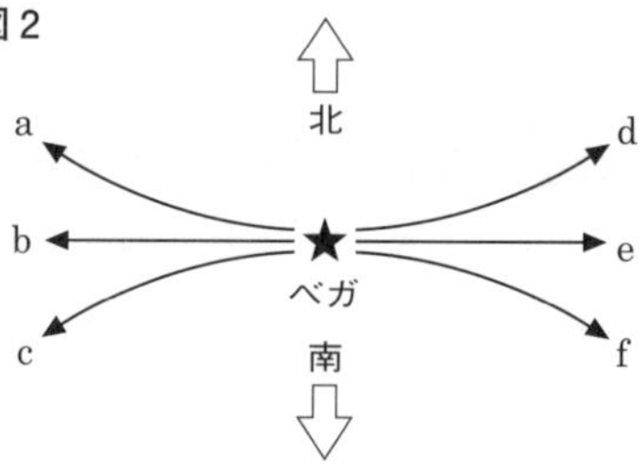

① 日の出までの数時間の間，天頂に輝くベガが動く方向として最も適当なものを，図2のa～fから1つ選び，記号で答えよ。　　〔　　　　　〕

② 図1のX地点で午後10時に，図2と同じように天頂にベガが輝いて見えるのはいつ頃か。次のア～カから1つ選び，記号で答えよ。　　〔　　　　　〕

　ア　5月5日頃　　　　イ　5月20日頃　　　ウ　6月5日頃
　エ　7月5日頃　　　　オ　7月20日頃　　　カ　8月5日頃

頻出 080 ⟨太陽の動きと星の見え方⟩

太陽の動きと星の見え方に関するあとの問いに答えなさい。

　ある年の秋分の日に，日本の北緯35°にある中学校のグラウンドで図1に示すような透明半球を用いて，太陽の日周運動の観測を行った。日の出から2時間ごとに透明半球上に太陽の位置をサインペンで記録した。その後，理科室に持ち帰り，記録した点どうしをなめらかな線でむすんだ。

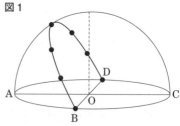

図1

(1) 文章中の下線部について，太陽の位置を記録するとき，サインペンの先端の影がどの部分と一致するように記録すればよいか。図1のA～D，Oから適当なものを1つ選び，記号で答えよ。

〔　　　　　〕

(2) 観測者から見て，太陽は2時間あたり何度動くか，整数で答えよ。

〔　　　　　〕

(3) 同様の観察を，秋分の日に緯度の高い札幌市（北緯約43°）で行った場合，太陽の動きはどのように記録されるか。図2のア〜オから適当なものを1つ選び，記号で答えよ。ただし，図2中の点線で示されるものは，図1で記録された結果を示している。　　　　　　　　　　〔　　　　〕

図2

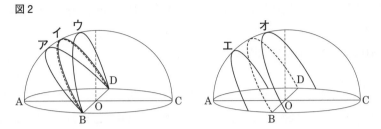

(4) 日本の標準時は明石市を通る経線を基準としている。明石市を通る経線として適当なものを次のア〜オから1つ選び，記号で答えよ。　　　　　　　　　　　　　　　　　　　　　　　〔　　　　〕

ア　東経135°　　　イ　東経140°　　　ウ　東経145°　　　エ　西経140°　　　オ　西経145°

(5) 図3は，記録した透明半球を上から見たときの一部を拡大したものである。図3から，12時の時点では太陽は南中していないことがわかる。この理由として適当なものを次のア〜エから1つ選び，記号で答えよ。　〔　　　〕

図3

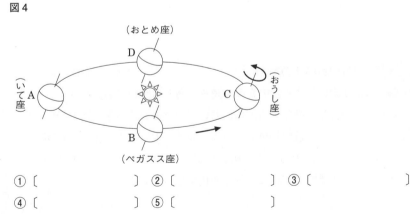

ア　観測地点が明石市よりも東に位置していたから。

イ　観測地点が明石市よりも西に位置していたから。

ウ　観測地点が明石市よりも北に位置していたから。

エ　観測地点が明石市よりも南に位置していたから。

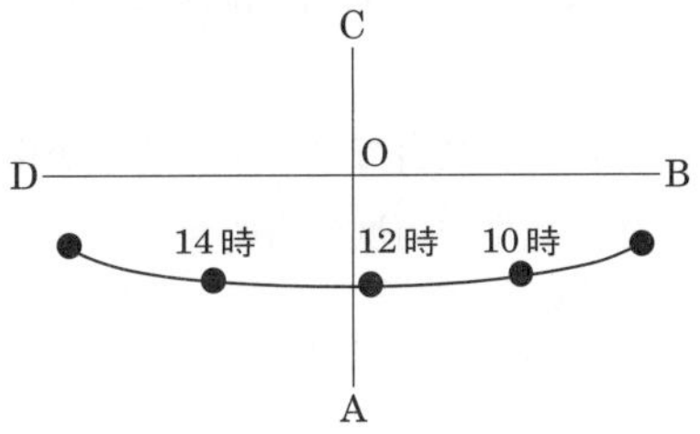

(6) 図4は，太陽および地球の公転軌道，代表的な4つの星座を示している。図中の矢印は地球の自転と公転の向きを示している。次の文章中の①〜⑤の下線部について，語句が正しければ○を，誤りの場合は適当な語句に書き換えよ。ただし，星座名を示す場合は，図4に示された星座の名前で答えよ。

図4

①〔　　　　　　　〕②〔　　　　　　　〕③〔　　　　　　　　　〕
④〔　　　　　　　〕⑤〔　　　　　　　〕

秋分の日，地球は図4の①Bの位置にある。このとき，太陽は見かけ上②おとめ座の方向にあり，③夕方南の空におうし座が観測できる。3か月後の冬至の頃になると，夕方南の空高くに④ペガスス座が観測できるようになる。

北の空には北極星が観測でき，日周運動はほとんど行わず，常に同じ方角，同じ角度の位置に見ることができる。この中学校のグラウンドでは，北極星の高度は⑤55°である。

頻出 081 〈星の動き〉 （大阪・相愛高）

明石天文台（東経135°）で，オリオン座の1等星であるベテルギウスを観察した。次の問いに答えなさい。

(1) 星座や太陽の位置を数時間観察し続けると，天球上を1日1回転，動いているように見える。このことを何というか。 〔　　　　　　　　〕

(2) (1)が起こる原因は何か。簡単に説明せよ。
　　　　　　　　　　〔　　　　　　　　　　　　　　　　　　　　　　　　　　　　　　　　　　〕

(3) ベテルギウスを1時間ごとに観察し，位置を透明半球に記録した。ベテルギウスの道筋を表したものとして最も適当なものを図1のア〜エから1つ選び，記号で答えよ。ただし，この日は，ベテルギウスがちょうど真東から昇り始めた。

〔　　　　　　　　〕

(4) ベテルギウスが図2のような位置のとき，時刻は18時30分であった。ベテルギウスが南中するのは何時何分か。 〔　　　　　　　　〕

(5) 東経120°の地点で観測していたとすると，ベテルギウスが南中する時刻は何時何分か。

〔　　　　　　　　〕

(6) 明石天文台でベテルギウスが南中した時刻に，ちょうど東の地平線にベテルギウスが見える場所は，経度が何度の場所か。 〔　　　　　　　　〕

図1

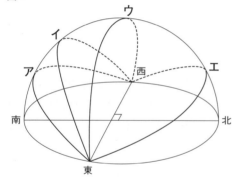

図2

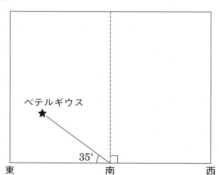

難 082 〈世界各地の太陽の動き〉 （京都・立命館宇治高）

太陽高度の測定に関する次の文章を読み，あとの問いに答えなさい。

　自転しつつ公転運動をする天体において，その天体の赤道面と公転軌道のなす角を「赤道傾斜角」という。表は，太陽系の天体の赤道傾斜角を示している。地球の赤道傾斜角が23.4°であるために，地球から観測される太陽高度が日によって変化するのである。

　ある天体が日周運動によって，天の北極・天頂・天の南極を通る大円を通過することを「正中」という。日本では，正中は常に天頂より南寄りに見えるので，特に「南中」と呼ばれている。

表 太陽系の天体の赤道傾斜角

天体名	赤道傾斜角
水星	0.0°
金星	177.4°
地球	23.4°
火星	25.2°
木星	3.1°
土星	26.7°
天王星	97.9°
海王星	27.8°

日本において，一年中で一番昼の長い日を夏至という。この日の昼，日本では一年で最も高い位置に太陽が南中した。このときの南中高度は，次の図から計算することができる。同様に考えると，春分の日や秋分の日，冬至の日の太陽高度，日本以外の地点での太陽高度も計算することが可能である。

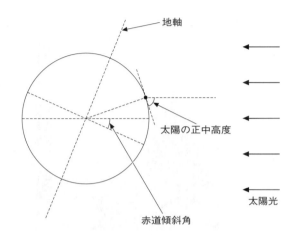

(1)　ある天体の固定した地点から太陽の正中を観測したとき，常にまったく同じ正中高度になるのはどの天体か。表の天体のなかから１つ選び，その名称を答えよ。　〔　　　　　　〕

(2)　日本の夏至の日の津市(北緯34.7°)における太陽の正中高度を答えよ。　〔　　　　　　〕

(3)　天頂より北側で見られる正中を「北中」と呼ぶことにする。文章中の下線部について，日本では太陽の正中は南側でしか観察できない。しかし，観測地点によっては，１年間に太陽の南中と北中のどちらも観察できる地点もあれば，太陽の北中しか観察できない地点もある。次のア〜カから，１年間に太陽の南中と北中のどちらも観察できる地点をすべて選び，記号で答えよ。

〔　　　　　　〕

ア　札幌(北緯43.1°)
イ　シンガポール(北緯1.2°)
ウ　ケアンズ(南緯16.9°)
エ　北極点
オ　南極点
カ　ブエノスアイレス(南緯34.6°)

(4)　日本の冬至の日における，赤道直下のインドネシアのある地点での太陽の正中高度を答えよ。

〔　　　　　　〕

(5)　日本の春分の日における，オーストラリアのシドニー(南緯33.9°)での太陽の正中高度を答えよ。

〔　　　　　　〕

(6)　日本の冬至の日に，天頂を通過する太陽を観測できるのはどのような地点か。簡単に説明せよ。

〔　　　　　　〕

太陽系と宇宙

▶解答→別冊 p.21

083 〈太陽の特徴〉

(愛知・東邦高)

図1は，太陽の表面のようすを示したものである。また，図2は太陽の表面における変化を観察したものである。これについて，次の問いに答えなさい。

図1 太陽の表面のようす

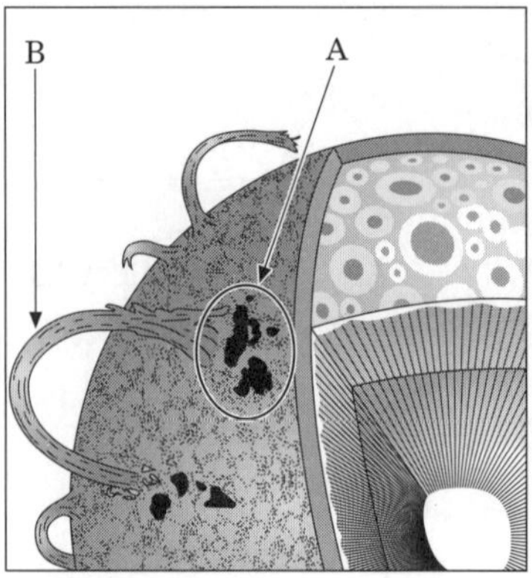

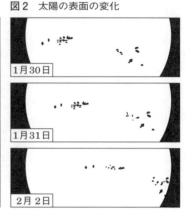

図2 太陽の表面の変化

1月30日

1月31日

2月2日

(1) 太陽の表面には，図1のAのような模様やBのような巨大な炎のようなものが見られる。それぞれの名称を答えよ。

A〔   〕　B〔   〕

(2) 図1のAが黒く見えるのはなぜか，簡単に答えよ。

〔   〕

(3) 太陽の表面の温度は約何℃と考えられているか。次のア～オから1つ選び，記号で答えよ。

〔   〕

ア　約1000℃　　イ　約3000℃　　ウ　約6000℃　　エ　約9000℃　　オ　約12000℃

(4) 太陽の中心部分の温度は約何℃と考えられているか。次のア～オから1つ選び，記号で答えよ。

ア　約1600℃　　イ　約1万6000℃　　ウ　約16万℃　　〔   〕

エ　約160万℃　　オ　約1600万℃

(5) 太陽の表面は，どのような状態になっているか。次のア～カから1つ選び，記号で答えよ。

〔   〕

ア　気体と液体からなっている。　　イ　液体と固体からなっている。

ウ　固体と気体からなっている。　　エ　気体からなっている。

オ　液体からなっている。　　　　　カ　固体からなっている。

(6) 図2のように，日がたつにつれて，太陽の表面の模様の位置は動いていく。このように位置が変わっていく原因を表すよう，次の文の(①)と(②)に入る最も適当な語句をそれぞれ答えよ。

①〔   〕　②〔   〕

(①)が(②)しているから。

(7) (6)で答えた運動は，地球から見てどのくらいの期間でひとまわりするか。次のア～オから最も近いものを1つ選び，記号で答えよ。

〔   〕

ア　1日　　イ　1週間　　ウ　1か月　　エ　6か月　　オ　1年

(8) 日食は，太陽からの光が何によってさえぎられて起こるものか。次のア～エから1つ選び，記号で答えよ。

〔   〕

ア　月　　イ　火星　　ウ　木星　　エ　大気

頻出 084 〈月の満ち欠け〉

（東京・筑波大附高改）

右の図1は月の満ち欠けを考えるための図で、北極側から見た月と地球の位置関係を示している。これについて、次の問いに答えなさい。

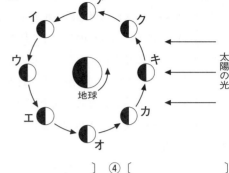

図1

太陽の光

(1) 図1の地球の日本の位置から見た場合、次の①〜④の月はア〜クのどれにあたるか。図1から適当なものをすべて選び、記号で答えよ。ただし、空は晴れて雲はなく、日中は月を観察することはできないものとする。

① 〔　　　　　　　〕 ② 〔　　　　　　　〕 ③ 〔　　　　　　　〕 ④ 〔　　　　　　　〕

① 夜明け前の2〜3時間だけ観測することができる月。

② 約6時間観測することができる月。

③ 日没直後、西の空に観測することができる月。

④ 夜9時頃に南中する月。

(2) 日本では、2021年5月26日に全国的に皆既月食を見られる範囲に入った。次の①、②の問いに答えよ。

① 月食について述べた次のア〜クの文のうち、正しいものをすべて選び、記号で答えよ。

〔　　　　　　　〕

ア 皆既月食は、月と太陽の見かけの大きさが同じであるために起こる。

イ 月食は、月の東側（左側）から欠け始め、西側（右側）から明るくなる。

ウ 皆既月食が数十分間続くことはない。

エ 日本で月食を観測できる機会が年に2回程度に限られているのは、それ以外のときは昼間で観測しにくいからである。

オ 月食中に見える欠けた部分（暗い部分）は地球の影である。

カ 月・太陽・地球の位置関係は、皆既月食と新月とで同じである。

キ 皆既月食に至る途中では、図2のように明るい部分の形が両側にふくらむことはない。

図2

ク 皆既月食中に月が赤銅色に見えることから、月は赤い光を発していることがわかる。

② 皆既月食のとき、月から太陽を観察したとすると、そこで観測される現象は何か。漢字5字以内で答えよ。 〔　　　　　　　〕

085 〈月から見た地球〉

（福岡・西南学院高）

次の問いに答えなさい。

ある日の地球から見た月が図のような形であったとき、月から見た地球はどのような形になるか。最も適当なものを次のア〜オから1つ選び、記号で答えよ。ただし、明るい部分の形だけに着目するものとし、その向きは考えなくてもよい。

〔　　　　〕

ア

イ

ウ

エ

オ

新傾向 **086** 〈日食・月食〉 （奈良・東大寺学園高）

地球は太陽のまわりを公転する惑星で，月は地球のまわりを公転する衛星である。また，月は地球に最も近い天体で，太陽は最も近い恒星である。次の文章を読んで，あとの問いに答えなさい。

　太陽の直径は地球の直径の110倍で月の直径は地球の直径の0.27倍だが，地球から見たとき両者はほぼ同じ大きさに見える。ただし，月の公転軌道は完全な円ではないので，地球から月までの距離は厳密には一定ではない。したがって，月が地球に近づいたときには月は大きく見え，遠ざかったときには小さく見える。このため，地上では皆既日食と金環日食の2つのタイプの日食が楽しめる（地球から見たときの太陽の大きさは一定であると考える）。また，惑星も月に隠されたり，太陽の前を通ることもある。

　月が地球に最も近づく点を近地点といい，月が近地点付近にあるときに，満月もしくは新月になったときの月を「スーパームーン」と呼んでいる。しかし，これは天文学の正式な用語ではなく占星術の用語である。

(1)　下線部について，地球から太陽までの距離は地球から月までの距離のほぼ何倍になるか小数第1位を四捨五入して整数で答えよ。　　　　　　　　　　　　　〔　　　　　　　〕

(2)　スーパームーンのときに日食が起こったとすると，どちらの日食が見られるか。また，そのときに見える太陽表面から噴き出す炎のような赤い突起物を何というか。

日食の種類〔　　　　　　　〕

赤い突起物〔　　　　　　　〕

(3)　スーパームーンのときの真夜中に皆既月食になった。その日が冬至の日であったとすると，奈良市（北緯35°）における月の南中高度は，次のア〜オのうちどれに最も近いか。1つ選び，記号で答えよ。　　　　　　　　　　　　　　　　　　　　　　　　　　　　　〔　　　　　　　〕

ア　31.6°　　イ　43.2°　　ウ　55.0°　　エ　66.6°　　オ　78.4°

(4)　日食と月食の見え方について，間違っているものを次のア〜オから1つ選び，記号で答えよ。

〔　　　　　　　〕

ア　日食は地球の限られた地域（月の影に入る地域）でしか見られないが，月食はその時刻に月が見えるすべての地域で見られる。

イ　南の空で月食が起こったとき，月は向かって左（東）のほうから欠け始める。

ウ　南の空で日食が起こったとき，太陽は向かって左（東）のほうから欠け始める。

エ　皆既日食と皆既月食とでは，皆既月食のほうが最大継続時間は長い。

オ　奈良と東京では，月食が起こる時刻は同じである。

(5)　月食と同じように，人工衛星でも太陽―地球―人工衛星が一直線に並んだときに人工衛星が地球の影に入り，食が起こる。放送衛星は赤道の約36000kmの上空を地球の自転周期と同じ周期で公転しているので，地上からは止まっているように見える。しかし，放送衛星が地球の影に入ると太陽電池での電力供給ができなくなってしまう。このようなことが起こり得るのはいつか。次のア〜オから1つ選び，記号で答えよ。　　　　　　　　　　　　　　　　　　　　　　〔　　　　　　　〕

ア　春分の頃の夕方

イ　夏至の頃の真夜中

ウ　夏至の頃の朝方

エ　秋分の頃の真夜中

オ　冬至の頃の真夜中

087 〈太陽系と恒星〉 （東京・お茶の水女子大附高）

次の文章を読み，あとの問いに答えなさい。

　2019年は日本の科学・技術者が関わる宇宙の研究成果があった。4月には国際プロジェクトで $\boxed{X}$ （正確には $\boxed{X}$ シャドウ）が直接観測され，今までの理論を実証する第一歩となった。$\boxed{X}$ は ①太陽系がある天の川銀河（銀河系）の中心にもあると考えられ，その観測も研究されている。

　7月には，②地球から約3億km離れている地球近傍③小惑星④「リュウグウ」に小惑星探索機「はやぶさ2」が到着し，世界で初めて「リュウグウ」に人工 $\boxed{Y}$ をつくった。月にも $\boxed{Y}$ があるがこれは月に微惑星がぶつかった証拠である。「リュウグウ」は，⑤炭素を含んでいて表面の色が非常に黒いこともわかっている。月の表面も一部が黒く見えるが，これは⑥玄武岩質であることが確認されている。

(1)　$\boxed{X}$，$\boxed{Y}$ にあてはまる用語をそれぞれカタカナで答えよ。

　　　　　　　　　　　　　　　　　　　X〔　　　　　　　〕 Y〔　　　　　　　〕

(2)　下線部①について，太陽系は天の川銀河のどのあたりにあるか。正しいものを次のア～オから1つ選び，記号で答えよ。　　　　　　　　　　　　　　　　　　　　　　　　　　　〔　　　　　〕

　ア　中心から約28000km　　　イ　中心から約2.8光年

　ウ　中心から約28光年　　　　エ　中心から約280光年

　オ　中心から約28000光年

(3)　下線部②について，地球から3億km離れた「リュウグウ」付近の「はやぶさ2」に信号を送った場合，何分何秒後に着くか答えよ。ただし，通信電波の速さを30万km/sとする。

　　　　　　　　　　　　　　　　　　　　　　　　　　　　　　　　〔　　　　　〕

(4)　下線部③について，太陽系の小惑星はおもにどのあたりにあるか。「〔惑星1〕と〔惑星2〕の軌道間」という表現になるように〔惑星1〕，〔惑星2〕をそれぞれ漢字で答えよ。ただし，〔惑星1〕のほうが太陽に近い惑星とする。　　　　惑星1〔　　　　　〕 惑星2〔　　　　　〕

(5)　$\boxed{Y}$ は地球ではほとんど見られないのはなぜか，その理由を1つ答えよ。

　〔　　　　　　　　　　　　　　　　　　　　　　　　　　　　　　　　　　　〕

🔺難 (6)　下線部④について，「リュウグウ」の直径はおよそ900mと観測された。「はやぶさ2」が地球から「リュウグウ」に到達した精度を，月から地球にボールを落とす精度となぞらえたとき，ボールを地球のどの広さの範囲に落とすこととおおよそ同じになるか。次のア～オから1つ選び，記号で答えよ。　　　　　　　　　　　　　　　　　　　　　　　　　　　　　　　　〔　　　　　〕

　ア　日本列島の範囲　　　　イ　北海道の範囲

　ウ　東京都の範囲　　　　　エ　東京ドームの範囲

　オ　教室の扉1枚分の範囲

(7)　下線部⑤について，炭素を含んでいないものを次のア～カからすべて選び，記号で答えよ。

　　　　　　　　　　　　　　　　　　　　　　　　　　　　　　　　〔　　　　　〕

　ア　ガラス　　イ　ポリエチレン　　ウ　木材

　エ　食パン　　オ　鶏肉　　　　　　カ　1円玉

(8)　下線部⑥について，玄武岩の分類や性質として正しいものを次のア～カからすべて選び，記号で答えよ。　　　　　　　　　　　　　　　　　　　　　　　　　　　　　〔　　　　　〕

　ア　堆積岩である　　　　　　　　イ　火成岩である

　ウ　火山岩である　　　　　　　　エ　深成岩である

　オ　とけた状態では，ねばりけが弱い　　カ　とけた状態では，ねばりけが強い

頻出 **088** 〈金星と火星の動きと満ち欠け〉 〔東京・中央大杉並高図〕

次の文章を読み，あとの問いに答えなさい。

　図1は，太陽と金星，地球，火星の位置関係を表した図である。地球のまわりにある矢印は自転の方向を表している。

　図2は，金星の見え方を模式的に表したものである。これらの図を参考にして，次の問いに答えよ。ただし，a～hにおいて，金星はア～キのいずれかで見えるものとする。

図1　　　　　　　　　　　図2

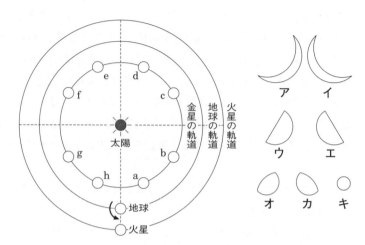

(1) 金星が図2のアのように見えるのは，金星が図1のいずれの位置にあるときか。最も適当なものをa～hから1つ選び，記号で答えよ。　　　　　　　　　　　　　　　　〔　　　　　〕

(2) 金星が図1のbの位置にあるとき，どのように見えるか。図2のア～キから1つ選び，記号で答えよ。　　　　　　　　　　　　　　　　　　　　　　　　　　　　〔　　　　　〕

(3) 図1のgやhの位置にある金星を観察できるのはいつ頃か。また，そのとき金星はどの方角の空に見えるか。最も適当なものを次のア～エから1つずつ選び，記号で答えよ。

　　　　　　　　　　　　　　　観察できるとき〔　　　　　〕　方角〔　　　　　〕

〔観察できるとき〕

　　ア　真夜中　　　イ　明け方　　　ウ　正午　　　エ　夕方

〔方角〕

　　ア　東　　　イ　西　　　ウ　南　　　エ　北

(4) 天球上における火星の動きについて，誤っているものを次のア～オから1つ選び，記号で答えよ。　　　　　　　　　　　　　　　　　　　　　　　　　　　　　　〔　　　　　〕

　　ア　火星は，天球上で常に同じ速さで同じ向きに動くわけではない。

　　イ　火星が天球上を西から東へ進むことを，順行と呼ぶ。

　　ウ　火星と地球が図1の位置関係にあるとき，一晩中観察することができる。

　　エ　順行から逆行に移るとき，火星がしばらく止まっているように見えることがある。

　　オ　火星も金星と同様に，図2のア～キのような満ち欠けが観察できる。

(5) 金星よりもさらに内側の軌道を回る惑星を漢字で書け。　　　　　　　　〔　　　　　〕

難 **089** 〈金星の動き〉 〔大阪桐蔭高〕

次の文章を読み，あとの問いに答えなさい。

　ある年の6月，太陽─金星─地球の順に並ぶ内合という現象が起こり，地球から見ると金星は太陽面に重なった。公転周期は金星がおよそ240日，地球がおよそ360日であるので，地球から見た金星の位置は変化していく。このときの金星の見え方について考えてみよう。ただし，観測点は大阪（北

緯34°）とし，$\pi = 3$として計算すること。

　図1は，その年の6月と8月の太陽，金星，地球の位置関係の模式図である。このとき金星は1日あたり（　①　）°，地球は1日あたり（　②　）°公転するので，2か月（60日）後に公転した角度の差は

　　$\angle ESV = ($　③　$)°$

となる。太陽と地球の距離を1とすると，太陽と金星の距離はおよそ0.67であることから，弧OVの長さは

　　$\overset{\frown}{OV} = ($　④　$)$

とわかる。ここで，弧OVはほぼ直線であると考えると，図2から

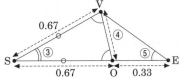

図2

　　$\angle VES = ($　⑤　$)°$

とわかる。このときの位置関係から，8月の金星は（　⑥　）の（　⑦　）の空に見える。

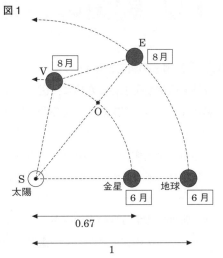

図1

　また，地球と金星の公転面は平行であるので，地球から見た金星は黄道上に見える。このため，金星が観測される位置は，地平線と黄道との角度と地球から見た金星と太陽との間の角度で決まる。

　夏至の日の太陽の南中高度は（　⑧　）°であることから，8月の金星

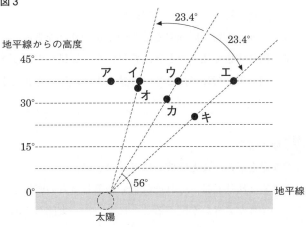

図3

は，（　⑥　）の（　⑦　）の空を表している図3の（　⑨　）の位置に観測される。

(1)　文章中の空欄①，②に入る数値を次のア〜ウからそれぞれ1つずつ選び，記号で答えよ。

　　ア　1　　イ　$\dfrac{240}{360}$　　ウ　$\dfrac{360}{240}$　　　　　①〔　　　　〕②〔　　　　〕

(2)　文章中の空欄③に入る数値を答えよ。　　　　　　　　　　　　　　　　〔　　　　〕

(3)　文章中の空欄④に入る数値を答えよ。ただし，小数第3位以下を切り捨てること。

　　　　　　　　　　　　　　　　　　　　　　　　　　　　　　　　　　　〔　　　　〕

(4)　文章中の空欄⑤に入る数値を答えよ。　　　　　　　　　　　　　　　　〔　　　　〕

(5)　文章中の空欄⑥，⑦に入る語句の組み合わせを次のア〜エから1つ選び，記号で答えよ。

　　　　　　　　　　　　　　　　　　　　　　　　　　　　　　　　　　　〔　　　　〕

　　ア　⑥夜明け前　⑦東　　　　イ　⑥夜明け前　⑦西

　　ウ　⑥日没後　⑦東　　　　　エ　⑥日没後　⑦西

(6)　文章中の空欄⑧に入る数値を答えよ。　　　　　　　　　　　　　　　　〔　　　　〕

(7)　文章中の空欄⑨に入る記号を，図3のア〜キから1つ選び，記号で答えよ。　〔　　　　〕

10 物質の分類と気体の性質

▶解答→別冊 p.25

頻出 090 〈体積の測定と密度〉 （石川・星稜高）

物体Xの密度を求めるために，図1のようにして，物体Xの体積を測定した。次の問いに答えなさい。

(1) 物体Xをメスシリンダーの中に入れる前に水の体積を測定すると，50.0 cm³であった。物体Xの体積は，何 cm³か。小数第1位まで答えよ。

〔　　　　　　〕

(2) 密度に関する次の文のうち，正しくないものはどれか。次のア～オから2つ選び，記号で答えよ。

ア　密度は物質1 cm³あたりの質量をいう。

イ　密度は物質1 gあたりの体積をいう。

ウ　密度は物質を区別するときの手がかりとなる。

エ　同じ体積で比べたとき，質量が小さいほうが密度が小さい。

オ　同じ質量で比べたとき，体積が大きいほうが密度が大きい。

図1
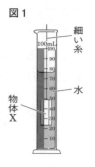

図2
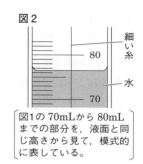

図1の70mLから80mLまでの部分を，液面と同じ高さから見て，模式的に表している。

〔　　　　〕〔　　　　〕

091 〈密度〉 （群馬・前橋育英高改）

次の文章を読み，あとの問いに答えなさい。

太郎君と次郎君は，それぞれ自分の消しゴムの密度を求め，どちらの密度が大きいか調べることになった。太郎君の消しゴムの体積は8.0 cm³，質量は9.95 gで，次郎君の消しゴムの体積は3.0 cm³，質量は右の図のようになった。これらの値から密度を求めた。その結果，「密度は（　A　）」となった。

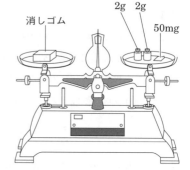

(1) 次郎君の消しゴムの質量は何gか。

〔　　　　　　〕

(2) 太郎君の消しゴムの密度を答えよ。答えは小数第2位を四捨五入して求めよ。その際，単位も示すこと。

〔　　　　　　〕

(3) 結果から太郎君，次郎君どちらの消しゴムのほうが密度が大きいか，あるいは同じか。上の文章の（　A　）にあてはまる適当な言葉を答えよ。

〔　　　　　　〕

(4) 密度の定義を簡単に答えよ。

〔　　　　　　〕

092 〈金属の性質〉
(愛知・滝高改)

銅について次の問いに答えなさい。

(1)　銅は金属である。金属の性質を次の３つ以外に１つ答えよ。

〔　　　　　　　　　　　　　　　　　　　　　〕

　　「電気をよく通す」

　　「熱をよく伝える」

　　「みがくと特有の光沢が出る」

(2)　次の物質から銅と同じように金属に分類されるものをすべて選び，答えよ。

〔　　　　　　　　　　　　　　　　　　　　　〕

　　酸素　　　　硫黄　　　ナトリウム　　　水素

　　亜鉛　　　　銀　　　　カルシウム　　　塩素

頻出 093 〈物質の分類〉
(栃木・作新学院高)

砂糖，食塩，かたくり粉，炭酸水素ナトリウムのいずれかである白い粉末状の物質**A**，**B**，**C**，**D**について，〔実験1〕から〔実験4〕を行った。あとの問いに答えなさい。

〔実験1〕　A～Dのそれぞれをルーペで観察すると，AとCはいくつかの平面をもつ粒，Dはサイコロ状の結晶，Bは小さな丸っぽい粒であった。

〔実験2〕　A～Dのそれぞれをアルミニウムはくの皿に取りガスバーナーで加熱すると，AとBは茶色くこげた。CとDには外見上の変化はなかった。

〔実験3〕　A～Dのそれぞれ同量を水が入った試験管に入れてよくふると，AとDはすべて溶け，Cは一部が溶け残った。Bはほとんど溶けずに白くにごった。

〔実験4〕　同量の水が入ったビーカーにA，C，Dのそれぞれを薬さじ1ぱい分入れてよくかき混ぜ，豆電球を用いて電気が流れるかどうかを調べた。Aの水溶液では豆電球が点灯しなかった。Dの水溶液は豆電球が明るく点灯した。Cの水溶液でも豆電球が点灯したがDより暗かった。

(1)　Aはどれか。次のア～エから1つ選び，記号で答えよ。　　　　　　　〔　　　　〕

　　ア　砂糖　　　　イ　食塩　　　ウ　かたくり粉　　　エ　炭酸水素ナトリウム

(2)　実験3でできた水溶液または上澄み液にフェノールフタレイン溶液を加えると，水溶液の色はどうなるか。次のア～エから1つ選び，記号で答えよ。　　　　　　〔　　　　〕

　　ア　A，B，C，Dともに赤色またはうすい赤色に変化する。

　　イ　AとDは赤色に変化し，それ以外は無色のままである。

　　ウ　Cのみがうすい赤色に変化し，それ以外は無色のままである。

　　エ　A，B，C，Dともに変化せず，無色のままである。

(3)　実験3でCの溶け残った部分から，小さな泡が出ていた。その泡には何が多く含まれているか。気体の名称を漢字で答えよ。　　　　　　　　　　　　〔　　　　　　　　〕

(4)　実験4の結果から考えられることとして正しいものはどれか。次のア～エから1つ選び，記号で答えよ。　　　　　　　　　　　　　　　　　　　　　　　　　〔　　　　〕

　　ア　Aは電解質で，CとDは非電解質である。

　　イ　AとCは電離しないが，Dは電離する。

　　ウ　溶液中のイオンの数が，CよりAのほうが多い。

　　エ　溶液中のイオンの数が，CよりDのほうが多い。

094 〈物質の分離〉
(鹿児島純心女子高)

塩，砂，鉄くず，おがくず(木くず)の混合物がある。いま，図に示す4段階の手順でこの混合物を分離したい。図では4つの成分はW，X，Y，Zの文字で表されているが，4つの成分はそれぞれ何か。

W〔   〕 X〔   〕
Y〔   〕 Z〔   〕

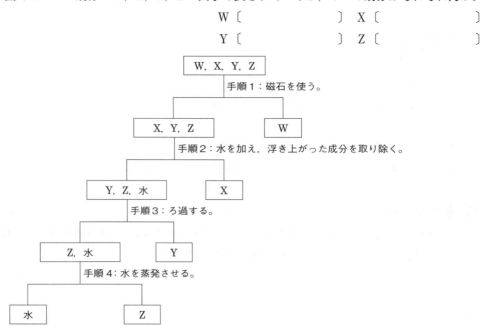

095 〈気体の性質・気体の密度〉
(佐賀・弘学館高)

次の問いに答えなさい。

(1) 次の表のa〜eは酸素，水素，二酸化炭素，アンモニア，塩素の5種類の気体のいずれかである。これらの気体に関する記述として正しいものを，あとのア〜オから1つ選び，記号で答えよ。

〔   〕

気体	同じ体積の空気と比較したときの質量	水に対する溶け方	水溶液の性質
a	大きい	少し溶ける	酸性
b	小さい	溶けにくい	
c	やや大きい	溶けにくい	
d	小さい	よく溶ける	アルカリ性
e	大きい	よく溶ける	酸性

ア　気体aはアンモニアであり，気体cは水素である。

イ　気体bは酸素であり，気体dはアンモニアである。

ウ　気体aは無色・無臭であり，石灰水に通しても変化は見られない。

エ　気体aは黄緑色で刺激臭があるが，気体eは無色・無臭である。

オ　水でしめらせた青色リトマス紙を気体eに近づけると，リトマス紙の色が消える。

(2) 空気の密度を求める実験を行うため，中を空気と入れ替えたスプレー缶を用意した。まず，スプレー缶のボタンを押して空気が出てこないことを確かめたあと，スプレー缶の質量をはかったところ60.00gであった。次に，この缶に空気を入れて質量をはかったところ60.72gになった。その後ボタンを押して缶から空気が出てこなくなるまで空気を出し，出てきた空気の体積をはかると

600 cm³であった。この温度における空気の密度〔g/cm³〕はいくらか。最も適当な数値を次のア〜カから1つ選び，記号で答えよ。

〔　　　　　〕

ア　1.20　　　イ　0.120　　　ウ　0.00120　　　エ　1.00　　　オ　0.100　　　カ　0.00100

頻出　096　〈気体の発生と性質〉　　　　　　　　　　　　　　　　　　　　　　　（千葉・成田高）

次の①〜⑤の実験を行った。あとの問いに答えなさい。

〔実験〕

①　二酸化マンガンにうすい過酸化水素水を加えた。

②　石灰石にうすい塩酸を加えた。

③　亜鉛にうすい塩酸を加えた。

④　塩化アンモニウムと水酸化カルシウムの混合物を加熱した。

⑤　硫黄を燃焼させた。

（難）(1)　次のa〜cと同じ気体が発生するのは，①〜⑤のどの実験か。それぞれ，番号で答えよ。

a〔　　　〕　b〔　　　〕　c〔　　　〕

a　この気体を集気びんに集め，色のついた草花を入れたところ，草花の色がうすくなった。

b　この気体に塩化水素を近づけたところ，白煙が生じた。

c　この気体は主成分が炭酸水素ナトリウムである入浴剤を水の中に入れると発生する。

(2)　①〜⑤の実験で発生した気体のうち2つの気体を選び，同じ体積ずつ袋に入れて電気の火花で点火すると爆発して水滴が生じた。このとき選んだ2つの気体が発生するのは，①〜⑤のどの実験とどの実験か。2つ選び，番号で答えよ。

〔　　　〕〔　　　〕

(3)　①〜⑤の実験で発生した気体のうちの1つをフラスコ内に満たした。これを，図のようにフェノールフタレイン溶液を2, 3滴加えた水にガラス管を差し込んで，ピペットから少量の水を加えたところ，ビーカーの水は噴水のように勢いよく吸い上げられながら赤色に変化した。フラスコ内に満たした気体は，①〜⑤のどの実験で発生した気体か。番号で答えよ。

〔　　　〕

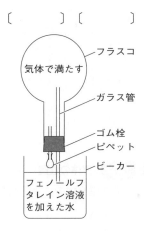

フラスコ
気体で満たす
ガラス管
ゴム栓
ピペット
ビーカー
フェノールフタレイン溶液を加えた水

(4)　次のア〜カの実験のうち，①，②の実験でそれぞれ発生する気体と同じ気体が発生するのはどれか。それぞれ記号で答えよ。

①〔　　　〕　②〔　　　〕

ア　アルミニウムにうすい塩酸を加える。

イ　酸化銀を加熱する。

ウ　炭酸水素ナトリウムを加熱する。

エ　二酸化マンガンに濃塩酸を加える。

オ　塩化ナトリウムに濃塩酸を加える。

カ　硫化鉄にうすい硫酸を加えて加熱する。

頻出　097　〈気体の発生と捕集〉　　　　　　　　　　　　　　　　　　　　　　　（大阪・関西大一高）

次の(1)～(4)の気体を発生させるために必要な物質をA群から，必要な実験装置をB群から，適当な気体の集め方をC群からそれぞれ選びなさい。ただし，A群については必要な物質をすべて選び，B，C群について答えが複数ある場合はどれか1つを選びなさい。また，A，B，C群いずれも同じものを何度選んでもよい。

(1)　酸素　　　　(2)　水素　　　　(3)　二酸化炭素　　　　(4)　アンモニア

(1)　A〔　　　　　〕　B〔　　　　　〕　C〔　　　　　〕
(2)　A〔　　　　　〕　B〔　　　　　〕　C〔　　　　　〕
(3)　A〔　　　　　〕　B〔　　　　　〕　C〔　　　　　〕
(4)　A〔　　　　　〕　B〔　　　　　〕　C〔　　　　　〕

〔A群〕

　ア　塩化カルシウム　　　イ　塩酸　　　　　　ウ　二酸化マンガン　　　エ　亜鉛
　オ　石灰石　　　　　　　カ　水酸化カルシウム　　キ　塩化アンモニウム　　　ク　酸化銀
　ケ　硫黄　　　　　　　　コ　金

〔B群〕

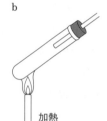

a　　　　　　　　　　b　　　　　　　　　　c　　　　　　　　　　d

加熱　　　　　　　　加熱

〔C群〕

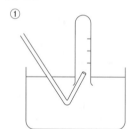

①　　　　　　　②　　　　　　　③　　　　　　　④　　　　　　　⑤

頻出　098　〈気体の性質〉　　　　　　　　　　　　　　　　　　　　　　　（鹿児島・ラ・サール高）

次の文章を読み，あとの問いに答えなさい。

①～⑦は，アンモニア，水素，酸素，硫化水素，窒素，二酸化炭素，塩素の7種類の気体のいずれかである。これらについて実験を行った。

〔実験1〕　①～⑦をそれぞれ水に溶かしたところ，①，②，⑥はほとんど溶けなかった。

〔実験2〕　空気より軽い気体は①，⑤，⑥であり，同温同圧の下で，同じ質量の体積を比較すると，⑥＞⑤＞①の順であった。

〔実験3〕　⑦だけが有色であった。

〔実験4〕　過酸化水素水に物質Xを加えたら，②が発生した。

〔実験5〕　④，⑤，⑦だけに臭いがあった。

〔実験6〕　石灰水に③を吹き込むと白くにごった。

(1)　**実験4**の反応を化学反応式で表せ。また，物質Xの名称を答えよ。

　　　　　化学反応式〔　　　　　　　　　　　　　　　〕　名称〔　　　　　　〕

(2)　②と⑥を混ぜて点火したときの反応を化学反応式で表せ。

　　　　　　　　　　　　　　　　　　　〔　　　　　　　　　　　　　　　　　〕

(3)　⑤の捕集方法として適当なものを次のア～ウから1つ選び，記号で答えよ。　〔　　　〕

　　ア　水上置換　　　　イ　上方置換　　　　ウ　下方置換

(4)　④の臭いを一般に何というか。漢字3文字で答えよ。　　　　　　　　　　〔　　　〕

(5)　**実験3**の<u>有色</u>は何色か次のア～クから1つ選び，記号で答えよ。　　　〔　　　〕

　　ア　赤　　　　　イ　青　　　　ウ　黄緑

　　エ　赤褐　　　　オ　白　　　　カ　紫

　　キ　茶　　　　　ク　黒

難　099　〈気体の分類〉　　　　　　　　　　　　　　　　　　　　　　　（大阪・四天王寺高）

次の文章を読み，あとの問いに答えなさい。

　　5種類の無色の気体A，B，C，D，Eがある。右の表は，5種類の気体と空気の密度を表したものである。ただし，密度は0℃，1気圧

気体	A	B	C	D	E	空気
密度	1.43	0.09	1.98	1.64	0.77	1.30

(1013 hPa)における，体積1Lあたりの質量〔g〕で表している。また，すべての気体は同じ温度，同じ圧力の場合，同じ体積に含まれている分子の数は同じである。

　　さらに，5種類の気体に関して，次のことがわかっている。

・気体Aは，二酸化マンガンに過酸化水素水をそそぐと発生する。

・気体Bは，気体Aと混合して点火すると，爆発して反応し，水ができる。

・気体Cは，炭酸水素ナトリウムを加熱すると発生する。

・気体Cは，石灰水に通すと白くにごる。

・気体Dは，水素と塩素の化合物であり，水に溶けると電離して酸性を示す。

・気体Eは，塩化アンモニウムと水酸化カルシウムの混合物を加熱すると発生する，その水溶液はアルカリ性を示す。

(1)　気体Aの化学式を書け。　　　　　　　　　　　　　　　　　　　〔　　　〕

(2)　気体Bの集め方として最も適切なものはどれか。次のア～ウから1つ選び，記号で答えよ。

　　　　　　　　　　　　　　　　　　　　　　　　　　　　　　　〔　　　〕

　　ア　水上置換法　　　　イ　上方置換法　　　　ウ　下方置換法

(3)　気体Dの水溶液の名前は何か。次のア～オから1つ選び，記号で答えよ。　〔　　　〕

　　ア　炭酸水　　　イ　塩素水　　　ウ　硫酸　　　エ　硝酸　　　オ　塩酸

(4)　気体Eの名称を答えよ。　　　　　　　　　　　　　　　　　　　〔　　　〕

(5)　5種類の気体について，1分子の質量の大きい順に並べたものはどれか。次のア～オから1つ選び，記号で答えよ。　　　　　　　　　　　　　　　　　　　　　　　〔　　　〕

　　ア　A＞B＞C＞D＞E　　　イ　B＞E＞A＞D＞C　　　ウ　C＞D＞A＞E＞B

　　エ　E＞D＞C＞B＞A　　　オ　A＞D＞C＞B＞E

(6)　5種類の気体を同じ温度，同じ圧力，同じ質量で比べた場合，体積が1番大きいものはA～Eのどれか。　　　　　　　　　　　　　　　　　　　　　　　　　　〔　　　〕

頻出 **100** 〈溶解度と質量パーセント濃度〉 (大阪・履正社高)

次の表は水溶液の温度と，100 g の水に溶ける硝酸カリウムの質量を示したものである。あとの問い
に答えなさい。

水溶液の温度〔℃〕	10	20	50	60	80
100 g の水に溶ける硝酸カリウムの質量〔g〕	(ア)	30	70	110	170

(1) 硝酸カリウムを水に溶かすと硝酸カリウム水溶液ができる。硝酸カリウム水溶液のように，物質
が溶けている液全体を総称して（ A ），硝酸カリウムのように溶けている物質を（ B ），水の
ように物質を溶かしている液体を（ C ）という。このとき，（ A ）（ B ）（ C ）にあて
はまる適当な語句をそれぞれ漢字2文字で答えよ。

A〔   〕 B〔   〕 C〔   〕

(2) 硝酸カリウムの飽和水溶液を冷却したとき，水溶液中に溶けていた物質が規則正しい形の固体と
して出てきた。このような形をした物質を何というか。漢字2文字で答えよ。

〔   〕

(3) 硝酸カリウム20℃および60℃における飽和水溶液の，質量パーセント濃度をそれぞれ求めよ。
ただし，小数点第2位を四捨五入して，小数点第1位まで答えよ。

20℃〔   〕 60℃〔   〕

(4) 50℃において100 g の水に硝酸カリウムを70 g 溶かした飽和水溶液がある。これに水を25 g 加え
て温度を50℃に保ったとき，硝酸カリウムはあと何 g 溶かすことができるか，その値を求めよ。た
だし，小数点第2位を四捨五入して小数点第1位まで答えよ。 〔   〕

(5) 80℃において100 g の水に硝酸カリウムを170 g 溶かした飽和水溶液がある。この水溶液を冷却
して10℃にしたとき，溶けきれずに出てきた硝酸カリウムの質量は，上の表の20℃において100 g
の水に溶ける硝酸カリウムの質量の5倍であった。このとき，（ア）にあてはまる値を答えよ。

〔   〕

難 **101** 〈再結晶〉 (千葉・成田高)

次の①～⑤の手順で，硝酸カリウムを水に溶かしたのち，再び固体として取り出す実験を行った。た
だし，①～④では溶媒の水は蒸発しないものとし，⑤では少しずつ蒸発するものとする。あとの問い
に答えなさい。

① 試験管に20℃の水10 g と硝酸カリウム9.0 g を入れてよくふったところ，硝酸カリウムの一部が
溶けずに残った。

② ①の試験管を熱湯の入ったビーカーに浸して，60℃まで温めた。このとき，溶け残っていた硝酸
カリウムはすべて溶けていた。

③ ②の試験管を静かな場所に置いて，20℃まで冷却したところ，固体の結晶が生じた。

④ ③で生じた結晶をろ過して，ろ液を得た。

⑤ ④のろ液を20℃のまま放置した。

(1) 表は，100 g の水に A～E の物質を溶かすことができる最大の質量と，水の温度との関係を表している。A～E の物質のうち，硝酸カリウムはどれか。次のア～オから 1 つ選び，記号で答えよ。〔　　　〕

温度	0℃	20℃	40℃	60℃	80℃
A	35.7 g	35.8 g	36.3 g	37.1 g	38.0 g
B	13.3 g	31.6 g	63.9 g	109 g	169 g
C	6.93 g	9.55 g	12.7 g	16.4 g	20.2 g
D	14.0 g	20.2 g	28.7 g	39.9 g	56.0 g
E	179 g	203 g	238 g	287 g	362 g

ア A　　イ B　　ウ C
エ D　　オ E

(2) ②で試験管を温め始めてから硝酸カリウムがすべて溶けるまでの水溶液の温度と濃度との関係を表すグラフはどれか。次のア～オから 1 つ選び，記号で答えよ。ただし，グラフの a 点は，硝酸カリウムがすべて溶けたときの温度を表している。〔　　　〕

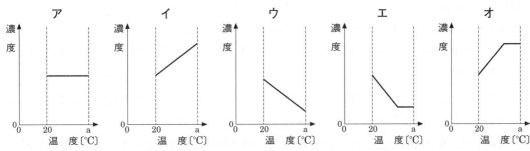

(3) ③で固体の結晶が生じ始めるまでの時間と水溶液の濃度との関係を表すグラフはどれか。次のア～オから 1 つ選び，記号で答えよ。ただし，グラフの b 点は，固体の結晶が生じ始めたときの時間を表している。〔　　　〕

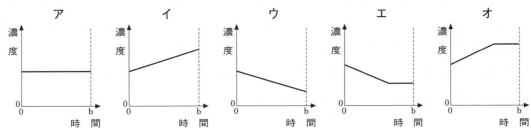

(4) ④のろ液の濃度は何 % か。最も近い値を次のア～ケから 1 つ選び，記号で答えよ。〔　　　〕

ア	イ	ウ	エ	オ	カ	キ	ク	ケ
9%	17%	24%	32%	48%	67%	72%	84%	100%

(5) ⑤で水溶液中に硝酸カリウムの結晶が生じた。結晶が生じ始めてからの時間と水溶液の濃度との関係を表すグラフはどれか。次のア～オから 1 つ選び，記号で答えよ。〔　　　〕

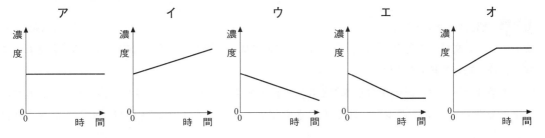

頻出 **102** 〈溶解度曲線〉　　　　　　　　　　　　　　　　　　　　　　　　　　　（京都・立命館宇治高）

4種類の物質**A～D**の水への溶け方の違いを調べるために次の実験を行った。右のグラフは，100gの水に溶けるそれぞれの物質の質量と温度の関係を示したものである。次の問いに答えなさい。

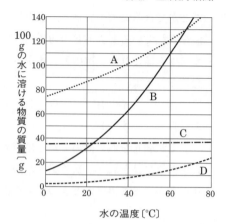

(1)　水のように，溶質を溶かす液体を一般的に何というか。漢字で答えよ。　　　〔　　　　　　　　〕

(2)　60℃の**B**の飽和水溶液が63gある。この水溶液の中に**B**は何g溶けているか。　〔　　　　　　　　〕

〔実験1〕　水を50g入れたビーカーを4つ用意し，**A～D**をそれぞれ25gずつ加えて水溶液をつくった。そのときの水溶液の温度はすべて10℃であった。その後，それぞれの水溶液をかき混ぜながらゆっくりと加熱した。

(3)　実験1で，水溶液の温度が10℃のとき，溶け残っている物質を**A～D**からすべて選び，記号で答えよ。ただし，溶け残っている物質がない場合は「なし」と書け。　　　　　　〔　　　　　　　　〕

(4)　実験1で，水溶液の温度が40℃になったとき，溶け残っている物質を**A～D**からすべて選び，記号で答えよ。ただし，溶け残っている物質がない場合は「なし」と書け。　〔　　　　　　　　〕

〔実験2〕　80℃の水50gを用いて，**A～D**の飽和水溶液をつくった。**B**の水溶液の濃度は63％であった。その後，それぞれの水溶液の温度を20℃まで下げたところ結晶が出てきた。このとき　a　の結晶だけはほとんど見られなかった。20℃まで下がった　b　の水溶液をろ過し，分離された結晶の質量を測定したところ69gであった。

(5)　実験2の説明文の　a　にあてはまる物質を**A～D**から1つ選び，記号で答えよ。　〔　　　　　〕

(6)　(5)で　a　の物質を選んだ理由を簡単に説明せよ。

　　　〔　　　　　　　　　　　　　　　　　　　　　　　　　　　　　　　　　　　　　　　〕

難 (7)　実験2の80℃で飽和した**B**の水溶液の温度を20℃まで下げたとき，何gの物質が結晶となって出てくるか。次のア～カから最も近い値を1つ選び，記号で答えよ。　　　　〔　　　　　〕

　　ア　16g　　　　イ　25g　　　　ウ　31g　　　　エ　47g　　　　オ　53g　　　　カ　69g

難 (8)　実験2の説明文の　b　にあてはまる物質を**A～D**から1つ選び，記号で答えよ。　〔　　　　　〕

103 〈質量パーセント濃度①〉　　　　　　　　　　　　　　　　　　　　　　　（京都教育大附高）

次の(1)～(3)の文章中の空欄（　a　）～（　c　）にあてはまる語句を，あとのア～ウからそれぞれ1つずつ選び，記号で答えなさい。

(1)　水酸化ナトリウムx〔g〕を含む水溶液に，x〔g〕の水酸化ナトリウムをさらに溶かしたときの水溶液の質量パーセント濃度は，はじめの水酸化ナトリウム水溶液の質量パーセント濃度の2倍（　a　）。　　　　　　　　　　　　　　　　　　　　　　　　　　　　　〔　　　　　〕

　　ア　より大きい　　　　イ　より小さい　　　　ウ　である

(2)　室温の飽和食塩水 x〔g〕を加熱すると，水 y〔g〕が蒸発した。その後，そのまま室温になるまで放置したところ，食塩が析出していた。このときの上ずみ溶液の質量パーセント濃度は，はじめの食塩水の質量パーセント濃度（　b　）。

〔　　　　〕

　ア　より大きい　　　イ　より小さい　　　ウ　と同じである

(3)　密度が水よりも大きく，質量パーセント濃度が x〔%〕である水酸化ナトリウム水溶液 y〔cm³〕に，水 y〔cm³〕を加えた。この水溶液の質量パーセント濃度は $\dfrac{x}{2}$〔%〕（　c　）。

〔　　　　〕

　ア　より大きい　　　イ　より小さい　　　ウ　である

---

104 〈物質の溶け方と濃度〉　　　　　　　　　　　　　　（愛知・中京大附中京高）

右の図は，水の温度と，100 g の水に溶ける3種類の物質の質量との関係をグラフに表したものである。次の問いに答えなさい。

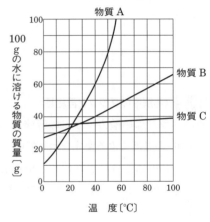

(1)　100 g の水にある物質を溶かして飽和水溶液にしたとき，溶けた物質の質量は何と呼ばれるか。漢字で答えよ。

〔　　　　〕

(2)　図中の物質のうち，水の温度を下げることによる再結晶が難しいものはどれか。最も適当なものを次のア〜ウから1つ選び，記号で答えよ。　〔　　　　〕

　ア　物質A　　　イ　物質B　　　ウ　物質C

(3)　10℃における物質Aの飽和水溶液の質量パーセント濃度は何%か。四捨五入により小数第1位まで答えよ。

〔　　　　〕

(4)　80℃の水150 g に物質B 80 g を溶かした溶液を冷却していくとき，物質Bの結晶が生じ始める温度は何℃か。最も適当なものを次のア〜コから1つ選び，記号で答えよ。　　〔　　　　〕

　ア　70℃　　　イ　65℃　　　ウ　60℃　　　エ　55℃　　　オ　50℃

　カ　45℃　　　キ　40℃　　　ク　35℃　　　ケ　30℃　　　コ　25℃

(5)　80℃で物質A 20 g を含む水溶液70 g がある。この水溶液を冷却したとき，何℃で結晶が生じ始めるか。最も適当なものを，(4)のア〜コから1つ選べ。　　〔　　　　〕

(6)　40℃での物質Aの飽和水溶液200 g を10℃に冷却したとき，物質Aの結晶は何 g 生じるか。最も適当なものを次のア〜ケから1つ選び，記号で答えよ。　　〔　　　　〕

　ア　50 g　　　イ　55 g　　　ウ　60 g　　　エ　65 g　　　オ　70 g

　カ　75 g　　　キ　80 g　　　ク　85 g　　　ケ　90 g

(7)　物質Cの7%水溶液を200 cm³ つくるには，物質Cが何 g 必要か。この水溶液の密度が1.1 g/cm³ であるとき，最も適当なものを次のア〜ケから1つ選び，記号で答えよ。　　〔　　　　〕

　ア　1.27 g　　　イ　1.4 g　　　ウ　1.54 g　　　エ　12.7 g　　　オ　14 g

　カ　15.4 g　　　キ　127 g　　　ク　140 g　　　ケ　154 g

105 〈質量パーセント濃度②〉 （群馬・前橋育英高）

質量パーセント濃度に関する次の問いに答えなさい。

(1) 水90gに砂糖を30g溶かした砂糖水の質量パーセント濃度は何％になるか。

〔　　　　　　　　〕

(2) 質量パーセント濃度で20％の砂糖水が150g存在する。この中に溶けている砂糖は何gか。

〔　　　　　　　　〕

(3) (1)の砂糖水50gと(2)の砂糖水50gを取って，さらに水を加えて質量パーセント濃度で15％の砂糖水をつくりたい。必要な水は何gか。

〔　　　　　　　　〕

(4) 質量パーセント濃度で15％の砂糖水がxg存在する。この砂糖水には何gの砂糖が溶けているか。xを用いて表せ。

〔　　　　　　　　〕

難 (5) (1)の砂糖水120gと(4)の砂糖水xgを混ぜたところ質量パーセント濃度が20％になった。xの値を答えよ。

〔　　　　　　　　〕

頻出 **106** 〈溶解度のグラフと再結晶〉 （大阪女学院高）

右のグラフは硝酸カリウムの溶解度（水100gに溶ける溶質の最大量）の温度による変化を示している。

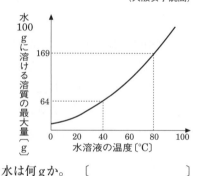

(1) 40℃の硝酸カリウム飽和水溶液1200gを加熱して，水を40g蒸発させてから再び40℃に戻すと，出てくる結晶は何gか。 〔　　　　　　　〕

(2) 水200gに硝酸カリウム192gを溶かして，80℃にした水溶液がある。これを加熱して水を一部蒸発させた。冷やして40℃にすると，硝酸カリウムの結晶80gが出てきた。蒸発した水は何gか。 〔　　　　　　〕

107 〈濃度と溶解度〉 （兵庫・武庫川女子大附高）

ミョウバンは，古代ローマ時代には，水の浄化や止血剤として，近代の日本ではナスの漬物，日本画のにじみ防止，写真の現像などに利用されてきた。また，硝酸カリウムは，火薬，マッチ，ガラス，特に望遠鏡のレンズなどに利用されている。これらの物質について，次の問いに答えなさい。

(1) これらの物質を上記のような用途で使用するとき，不純物を除く必要がある。その少量の不純物を除くための方法として，「温度の高いお湯にその物質を溶かし，そのあとに，水温を下げると固体が溶けきれなくなって出てくる」という方法がある。この方法を何というか。

〔　　　　　　　　〕

(2) (1)のように，少量の不純物は，一度お湯に溶かされたあと，水温を下げても溶けたままである。次の文章は，その理由を説明したものである。①〜③にあてはまる適当な語句を答えよ。

①〔　　　　　　〕　②〔　　　　　　　〕　③〔　　　　　　〕

不純物は少量であるため，その濃度は（ ① ）い。そのため温度を下げても，「物質がその温度で最大限溶けることができる量」すなわち（ ② ）に達しない。一方，温度の高いお湯に溶けるだけ溶かしたミョウバンや硝酸カリウムは，水温を下げられると（ ② ）を超えてしまうため溶けきれなくなった固体が出てくる。この固体は，その物質に特有の規則正しい形をしている。このような固体を（ ③ ）という。

(3) 次の表は，水100gに最大限溶ける硝酸カリウムおよびミョウバンの質量と温度の関係を示したものである。この表から得られる，2本の曲線のグラフをかけ。ただし，硝酸カリウムは実線（――）で，ミョウバンは点線（‥‥‥）で表せ。

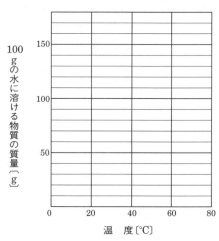

	0℃	20℃	40℃	60℃	80℃
硝酸カリウム	13 g	32 g	64 g	109 g	169 g
ミョウバン	3 g	6 g	12 g	25 g	71 g

(4) 40℃における硝酸カリウム飽和水溶液の質量パーセント濃度は何%か。小数第1位を四捨五入して答えよ。

〔　　　　　　　　〕

難 (5) 80℃の硝酸カリウム飽和水溶液100gを20℃に冷やすと何gの固体が得られると考えられるか。小数第1位を四捨五入して答えよ。　　〔　　　　　　　　〕

難 (6) 粉末の硝酸カリウム150gに，誤ってミョウバンの粉末20gを混ぜてしまった。そこで，この粉末を水100gに入れ，温度を80℃にしたところ粉末は完全に溶けた。その後，この水溶液の温度を60℃まで下げると固体が溶けきれなくなって出てきた。この固体の物質名は何か。また，その質量は何gか。最も近いものを次のア～カから1つ選び，記号で答えよ。

物質名〔　　　　　　　　〕 記号〔　　　　　　〕

ア 5 g　　イ 10 g　　ウ 20 g　　エ 30 g　　オ 40 g　　カ 50 g

難 **108 〈塩化銅の結晶〉**　　　　　　　　　　　　　　　　（京都・洛南高）

塩化銅（$CuCl_2$）を用いた次の〔実験〕について述べたあとの文章中の ① ～ ③ にはxを使った式を， ④ には数値を入れなさい。ただし，塩化銅の結晶には，塩化銅と水分子が結びついた青緑色の結晶と，塩化銅だけで水分子が結びついていない黄色の結晶とがある。また，④の答えは四捨五入して，小数第1位まで求めよ。

〔実験〕

　青緑色の結晶100gを加熱して結晶中から完全に水を取り除くと，79gの黄色の結晶ができた。

①〔　　　　　　　　〕 ②〔　　　　　　　　〕
③〔　　　　　　　　〕 ④〔　　　　　　　　〕

　この青緑色の結晶xgの中には ① gの塩化銅と ② gの水とが含まれている。これを100gの水に溶かすと，水が増加して ③ gになる。この溶液が40℃で飽和溶液になったとすると，黄色の結晶は100gの水に40℃で80gまで溶けることが知られているので，溶質：溶媒＝80：100＝ ① ： ③ という比が成り立つ。よって，x＝（ ④ ）gということになる。

109 〈物質の状態変化〉
(福岡・西南学院高)

物質の状態変化について，次の問いに答えなさい。

(1) 図1のように，ポリエチレンの袋に液体のエタノールを少量入れて熱湯をかけると，袋がふくらんだ。この現象を説明しているものはどれか。最も適当なものをあとのア～オから1つ選び，記号で答えよ。ただし，図中の○はエタノールの分子を示し，図2のa～cはエタノールの分子のようすをモデルで表したものである。　〔　　　　〕

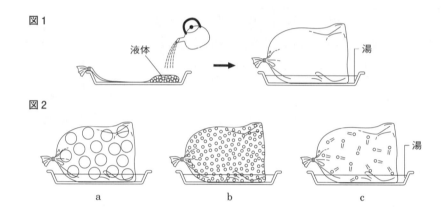

図1

図2

a　　　　　　　　b　　　　　　　　c

ア　aのように，エタノールの分子が大きくなった。

イ　aのように，エタノールの分子が大きくなり，すき間も広がった。

ウ　bのように，エタノールの分子の数が多くなった。

エ　bのように，エタノールの分子の数が多くなり，すき間も広がった。

オ　cのように，エタノールの分子が自由に動けるようになり，すき間が広がった。

(2) 次に，液体と固体との関係に目を向けた。水の入った容器に氷を入れると，図3のように氷が浮くことはよく知られている。このことからわかることとして最も適当なものを次のア～エから1つ選び，記号で答えよ。　〔　　　　〕

図3

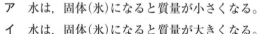

ア　水は，固体(氷)になると質量が小さくなる。

イ　水は，固体(氷)になると質量が大きくなる。

ウ　水は，固体(氷)になると体積が小さくなる。

エ　水は，固体(氷)になると体積が大きくなる。

(3) 次に，液体のエタノールを図4のように液体窒素で冷却し，固体にした。このときの変化について説明した次の文章中の(　　　)内にあてはまる語句の正しい組み合わせはどれか。あとの表のア～クから1つ選び，記号で答えよ。　〔　　　　〕

図4

図5

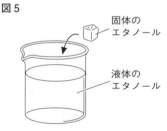

　液体のエタノールは，固体になると体積が（　①　）くなる。これは，不規則に集まっていたエタノールの分子が規則正しく並ぶようになるためである。つまり，分子が動いているために並び方が不規則な液体よりも，固体は密度が（　②　）くなる。したがって，図5のように固体のエタノールを液体のエタノールの中に入れると，固体のエタノールは液体に（　③　）。

	①	②	③		①	②	③
ア	大き	大き	浮く	オ	小さ	大き	浮く
イ	大き	大き	沈む	カ	小さ	大き	沈む
ウ	大き	小さ	浮く	キ	小さ	小さ	浮く
エ	大き	小さ	沈む	ク	小さ	小さ	沈む

(4)　図6のように，二酸化炭素で満たしたペットボトルを液体窒素に入れて冷却した。しばらくすると，ペットボトルはつぶれ，中に白い固体ができた。この固体は，一般に何と呼ばれるか。

〔　　　　　　　　　　　〕

図6

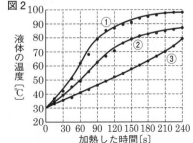

二酸化炭素で満たしたペットボトル

液体窒素

頻出　110　〈混合物の状態変化と温度〉　　　　　　　　　　　　（東京学芸大附高）

Ⅰ，Ⅱの文章を読み，あとの問いに答えなさい。

Ⅰ　水とエタノールについて，それぞれ以下のような実験を行い，温度の上昇のしかたを調べた。

〔実験1〕　密度1.0 g/cm³，10℃の水10 cm³を試験管に取り，ガスバーナーで加熱している湯の中に試験管を入れることで，一定のエネルギーを与え続けた。

〔実験2〕　密度0.80 g/cm³，10℃のエタノール10 cm³を試験管に取り，実験1と同様にガスバーナーで加熱している湯の中に入れることで実験1と同じ量のエネルギーを与え続けた。

図1

　実験1，実験2における水とエタノールの温度変化を示したものが図1である。

Ⅱ　次に，1.0 g/cm³の水との0.80 g/cm³エタノールをそれぞれ50 cm³ずつ混ぜて，水とエタノールの混合物をつくった。この30℃の水とエタノールの混合物を10 cm³取り，Ⅰと同様な加熱方法で実験1と同じ量の一定のエネルギーを与えて温度変化を調べた。

　　なお，Ⅰ，Ⅱの実験において，液体がすべてなくなることはなかった。

(1)　下線部の水とエタノールの混合物の体積〔cm³〕を小数第1位まで求めよ。ただし，この水とエタノールの混合物の密度は0.92 g/cm³であり，小数第2位の値を四捨五入せよ。　　　　〔　　　　　　〕

(2)　この水とエタノールの混合物の温度変化を表しているグラフとして最も適当なものを図2の①〜③から1つ選び，番号で答えよ。　　　　　　　　　　〔　　　　　　〕

図2

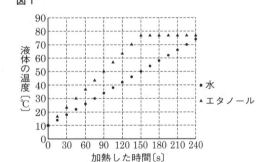

頻出 111 〈混合物の分離〉　　　　　　　　　　　　　　　　　　　　　　　　（佐賀清和高）

水70 cm³ とエタノール30 cm³ を混合し，質量を測定すると94 gであった。この混合液を図のような
装置を用いて加熱し，出てきた気体を冷まして，順に2 cm³ ずつ試験管に集めた。このことについて，
あとの問いに答えなさい。

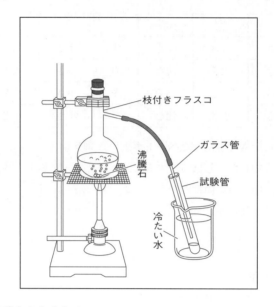

(1) この実験装置に温度計をかき入れよ。

(2) この実験のような装置を用いて，混合物を分ける方法を何というか。　　　〔　　　　　　　　〕

(3) 枝付きフラスコの中に沸騰石を入れた理由を書け。
　　〔　　　　　　　　　　　　　　　　　　　　　　　　　　　　　　　　　　　　　〕

(4) 最初の試験管に集まった液体に，多く含まれている物質は何か。　　　〔　　　　　　　　〕

(5) 水の密度を1 g/cm³ とするとき，この実験に用いたエタノールの密度を求めよ。
　　　　　　　　　　　　　　　　　　　　　　　　　　　　　　　〔　　　　　　　　〕

112 〈物質の状態変化のモデル〉　　　　　　　　　　　　　　　　　（愛知・中京大附中京高改）

下の図の○は物質をつくる粒子を表している。あとの問いに答えなさい。

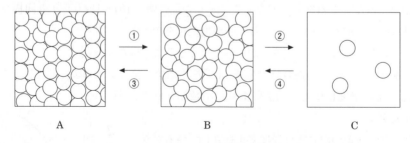

(1) A，B，Cの状態は，それぞれ気体，液体，固体のどれか。

　　　　　　　　　　　　　　　　　　　　　　　　　A〔　　　　　　〕
　　　　　　　　　　　　　　　　　　　　　　　　　B〔　　　　　　〕
　　　　　　　　　　　　　　　　　　　　　　　　　C〔　　　　　　〕

(2) 図中の矢印①〜④のうち，加熱を表しているものはどれか。すべて選び，番号で答えよ。また，加熱することにより粒子の動きはどのように変化するか。最も適当なものを次のア〜ウから1つ選び，記号で答えよ。　　　　　　　　　　　　　　　番号〔　　　　　　〕　記号〔　　　　〕

ア　しだいに動きがにぶくなる。　　　　イ　しだいに動きが激しくなる。

ウ　とくに変化はない。

(3) 下の表は物質D，E，F，Gが−20℃，30℃，120℃のとき，どの状態にあるかを表したものである。それぞれの物質の沸点や融点の関係などについて述べた文のうち，誤りを含むものをあとのア〜オから1つ選び，記号で答えよ。　　　　　　　　　　　　　　　　　　　　　〔　　　　〕

	−20℃	30℃	120℃
D	固体	固体	固体
E	固体	液体	液体
F	固体	液体	気体
G	液体	液体	液体

ア　D〜Gのなかに−10℃で気体の物質がある。

イ　D〜Gのなかで最も融点が低いのはGである。

ウ　EとFではEのほうが沸点が高い。

エ　E〜Gのなかで水の可能性がある物質はFである。

オ　Eの沸点は120℃より高い。

下の図は，−100℃の氷を加熱したときの時間と温度の関係を表している。

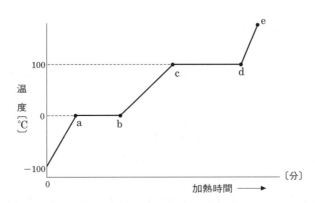

(4) 液体だけが存在しているのはグラフ中のどの区間か。次のア〜エから1つ選び，記号で答えよ。また，沸騰し始める点をa〜eから1つ選び，記号で答えよ。

　　　　　　　　　　　　　　　　　　液体〔　　　　〕　沸騰〔　　　　〕

ア　a〜b　　イ　b〜c　　ウ　c〜d　　エ　d〜e

(5) グラフにおけるc〜dの区間で，温度が一定になる理由として最も適当なものを次のア〜クから1つ選び，記号で答えよ。　　　　　　　　　　　　　　　　　　　　　　〔　　　　〕

ア　ガスバーナーの炎の温度が一定であるから。　　イ　水は純粋な物質であるから。

ウ　水に氷を混ぜたから。　　　　　　　　　　　エ　水は混合物であるから。

オ　水は単体であるから。　　　　　　　　　　　カ　水は化合物であるから。

キ　水は酸素と水素からできているから。　　　　ク　水分子の熱運動が一定であるから。

頻出 **113** 〈酸化銀の熱分解と化学反応式〉 （愛知・東海高）

図の実験装置を用いて酸化銀を加熱し，発生する気体を水上置換法で捕集した。この実験に関して，次の問いに答えなさい。

(1) 酸化銀の熱分解を表す化学反応式を答えよ。

〔　　　　　　　　　　　　　　　〕

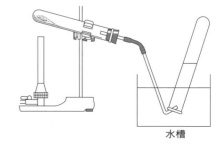

(2) 発生した気体に関して，次のア～オから誤りを含むものをすべて選び，記号で答えよ。　　〔　　　　　　〕

ア　ものを燃やすはたらきがある。

イ　分子からなる単体である。

ウ　燃料電池に使われる気体である。

エ　空気よりわずかに密度が小さい気体である。

オ　食品の変質を防ぐために，ビンや袋に封入する気体である。

(3) 発生した気体を捕集したあと，実験を終了するのに最も適当な手順になるように次の操作ア～エを並べ替えよ。　　　　　　　　〔　　　→　　　→　　　→　　　〕

ア　図中のねじ a を閉める。　　イ　図中のねじ b を閉める。

ウ　管を水槽から取り出す。　　エ　ガスの元栓を閉める。

難 **114** 〈炭酸水素ナトリウムの熱分解〉 （石川・金沢大附高）

物質に関するあとの問いに答えなさい。

　右の図の装置を用い，炭酸水素ナトリウムを加熱する実験を行った。

　炭酸水素ナトリウムを試験管の底のほうに入れ，①この部分をガスバーナーで加熱した。しばらく加熱を続けると②気体が発生し，これを図のようにして集めた。気体の発生が少なくなった頃を見計らって③実験を終えた。

(1) 水素や酸素は1種類の元素からできている物質で，単体と呼ばれる。単体に対して，炭酸水素ナトリウムのような物質を何というか，その名称を答えよ。　　　　　　　　　〔　　　　　　　　〕

(2) 下線部①において，はじめはおだやかに加熱するとよい。その理由を，「急に加熱すると試験管が破損する」以外で答えよ。

〔　　　　　　　　　　　　　　　　　　　　　　　　　　　　　　　　　　〕

(3) 下線部②の気体を化学式で答え，その気体が何であるかを確認する方法およびその結果を答えよ。

化学式〔　　　　　　〕

確認する方法〔　　　　　　　　　　　　　〕

結果〔　　　　　　　　　〕

(4) 下線部②の気体を集めるとき，はじめに出てくる気体は逃がしたほうがよい。その理由を答えよ。

〔　　　　　　　　　　　　　　　　　　　　　　　　　　　　　　〕

(5)　岩石Ａと水溶液Ｂとを反応させることで，下線部②の気体と同じ気体を発生させることができる。あなたがこの実験を行う場合，用いる岩石Ａと水溶液Ｂの名称を答えよ。ただし，発生する気体は下線部②の気体のみであり，岩石は水溶液に完全に溶けるものとする。

岩石Ａ〔　　　　　　　　　　〕　水溶液Ｂ〔　　　　　　　　　　〕

(6)　下線部③において，図の状態でガスバーナーの火を止めると危険である。このままの状態で火を止めるとどのようなことが起こるか，説明せよ。

〔　　　　　　　　　　　　　　　　　　　　　　　　　　　　　　　　　　　　　〕

(7)　実験前の，試験管に入れた炭酸水素ナトリウムの質量は16.8 g であった。実験後に，試験管内に残った固体物質の質量を測定したところ，10.6 g であった。また，集めた気体の質量を測定したところ，4.2 g であった。実験後に残った固体と測定された気体の質量の合計は14.8 g であり，はじめに用意した炭酸水素ナトリウムの質量と等しくない。この理由について，あなたの考えを答えよ。

〔　　　　　　　　　　　　　　　　　　　　　　　　　　　　　　　　　　　　　〕

(8)　この実験では熱を使って物質を分解しているが，水の場合は，電流を流すことで分解する。水を電気分解するときの化学反応式を答えよ。

〔　　　　　　　　　　　　　　　　　　　　　　　　　　　　　　　〕

頻出　115　〈鉄と硫黄の反応・白い粉末の熱分解〉　　　　　　　　　　　　　　　　　（茨城高）

2つの実験Ⅰ，Ⅱについて，あとの問いに答えなさい。

Ⅰ　鉄粉7 g と硫黄4 g を混合して試験管に入れて，**図1**のようにガスバーナーで熱した。すると，鉄と硫黄が完全に反応して，黒色の物質Ａが11 g できた。

図1

(1)　鉄と硫黄から黒色の物質Ａが生成するときの化学反応式を答えよ。

〔　　　　　　　　　　　　　　　　　　〕

(2)　黒色の物質Ａの中に含まれる硫黄の質量の割合〔％〕を小数第1位を四捨五入して整数で答えよ。　　　　　　　　　　　〔　　　　　　　　〕

(3)　鉄粉5.6 g と硫黄4.0 g の混合物を熱し，いずれか一方の物質が完全に反応したとすると，生成する黒色の物質Ａは何 g か。小数第1位まで答えよ。

〔　　　　　　　　　　〕

Ⅱ　白い粉末Ｂを試験管に入れ，**図2**のように加熱した。

図2

(4)　白い粉末Ｂを試験管に入れて加熱したところ，石灰水を白くにごらせる気体Ｃが発生し，白い粉末Ｂのあとに白い固体Ｄができ，その試験管の口の近くには水滴ができていた。このときの化学変化は下のように表すことができる。このことから，白い粉末Ｂには少なくとも3種類の元素が含まれていることがわかる。3種類の元素を元素記号で答えよ。

〔　　　　　　　〕〔　　　　　　　〕〔　　　　　　　〕

| 白い粉末Ｂ | ⟶ | 白い固体Ｄ | ＋ | 水 | ＋ | 気体Ｃ |

頻出 **116** 〈酸素との結びつき〉 （佐賀・弘学館高）

いろいろな物質と酸素の結びつきについて調べるために，次の実験1，2を行った。あとの問いに答えなさい。

〔実験1〕　少量の酸化銀，酸化銅を，図1のようにアルミニウムはくでつくった容器にそれぞれ入れて加熱した。酸化銀は白い物質に変化し，酸化銅は変化しなかった。

〔実験2〕　図2のように，酸化銅と炭素を混ぜ試験管に入れ加熱した。このとき，発生した気体により石灰水は白くにごり，加熱した試験管には赤色の固体が残った。

図1

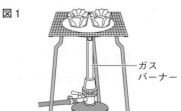

ガスバーナー

図2

酸化銅と炭素

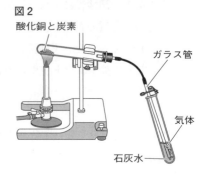

ガラス管

気体

石灰水

(1)　**実験1**で酸化銀を加熱したときに起こった反応を化学反応式で答えよ。

〔　　　　　　　　　　　　　　　　　〕

(2)　**実験2**で起こった反応を化学反応式で答えよ。

〔　　　　　　　　　　　　　　　　　〕

(3)　**実験1，実験2**より，銀，銅，炭素を酸素と結びつきやすい順に左から並べ，名称で答えよ。

〔　　　　　→　　　　　→　　　　　〕

117 〈塩化銅水溶液の電気分解〉 （宮城・東北学院榴ケ岡高）

右の図のように，6.5％の塩化銅水溶液200gの入ったビーカーに2本の炭素棒**a**，**b**を電極として入れてしばらく電気分解を行った。これについて，次の問いに答えなさい。

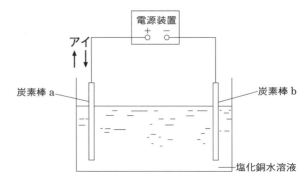

電源装置

アイ

炭素棒a

炭素棒b

塩化銅水溶液

(1)　炭素棒a，bのうち，陰極はどちらか。a，bの記号で答えよ。　〔　　　　〕

(2)　電流の向きは図のア，イのどちらか。ア，イの記号で答えよ。　〔　　　　〕

(3)　塩化銅を水に溶かしたとき，塩化銅が電離してできる陰イオンの化学式を答えよ。

〔　　　　　　　　　〕

(4)　塩化銅水溶液の電気分解を行う前の色を答えよ。　　〔　　　　　　　　　〕

(5)　電気分解を続けていくと，水溶液の色はどうなるか。次のア〜ウから1つ選び，記号で答えよ。

〔　　　　　　　　　〕

　　ア　うすくなる。　　　イ　変わらない。　　　ウ　濃くなる。

(6)　陽極で観察されるようすを，具体的に15字以内で説明せよ。

〔　　　　　　　　　〕

(7)　6.5％の塩化銅水溶液200g中の塩化銅は何gになるか。　　〔　　　　　　　　　〕

難 (8)　電気分解後に陰極に赤褐色の物質が3.6g付着していた。電気分解後の塩化銅水溶液の濃度は何％になったか。ただし，塩化銅の銅と塩素の質量比は9：10とし，小数第1位まで求めよ。

〔　　　　　　　　　〕

118 〈水の電気分解と燃料電池〉

（高知学芸高阪）

図1のような電気分解装置を用いて，うすい水酸化ナトリウム水溶液を電気分解したところ，A極とB極のそれぞれから気体が発生した。次の問いに答えなさい。

図1

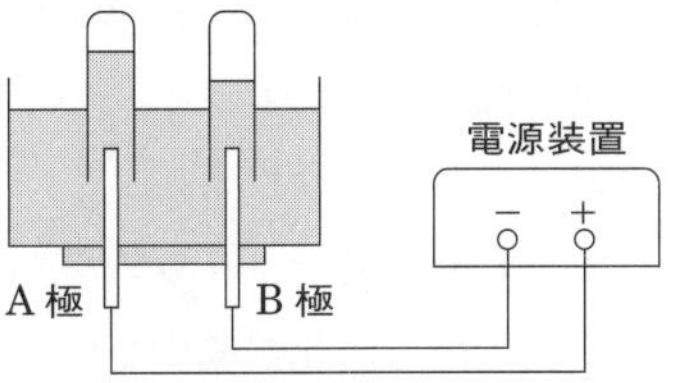

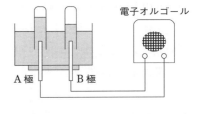

(1)　A極で発生した気体は（　①　）に（　②　）を加えても発生させることができる。（　①　）と（　②　）にあてはまる物質を次から1つずつ選べ。

①〔　　　　　　　　　〕　②〔　　　　　　　　〕

> うすい塩酸，オキシドール，塩化アンモニウム，鉄，石灰石
> 二酸化マンガン，炭酸水素ナトリウム，水酸化カルシウム

(2)　B極で発生した気体は無色，無臭であった。これ以外の性質や特徴を2つ答えよ。

〔　　　　　　　　　　　　　　　　　　　　　　　　　　　　　　〕
〔　　　　　　　　　　　　　　　　　　　　　　　　　　　　　　〕

(3)　この実験で，純粋な水でなく水酸化ナトリウム水溶液を用いるのはなぜか。その理由を簡単に説明せよ。

〔　　　　　　　　　　　　　　　　　　　　　　　　　　　　　　〕

このあと，電源装置を取り外して，図2のように電子オルゴールをつないだところ，しばらく鳴り続けた。

図2

(4)　このときの電子オルゴールは（　①　）エネルギーを（　②　）エネルギーに変えている。
（　①　）と（　②　）にあてはまる語句を答えよ。

①〔　　　　　　　〕　②〔　　　　　　　　〕

(5)　図2の装置内での化学変化を化学反応式で答えよ。

〔　　　　　　　　　　　　　　　　　　　〕

(6)　オルゴールが鳴っている間のA極側の気体およびB極側の気体の増減について正しいものを次のア〜カから1つ選び，記号で答えよ。　　〔　　　〕

ア　A極側の気体とB極側の気体は2：1の体積比で減っていく。
イ　A極側の気体とB極側の気体は2：1の体積比で増えていく。
ウ　A極側の気体とB極側の気体は1：2の体積比で減っていく。
エ　A極側の気体とB極側の気体は1：2の体積比で増えていく。
オ　A極側の気体とB極側の気体は1：1の体積比で減っていく。
カ　A極側の気体とB極側の気体は1：1の体積比で増えていく。

(7)　図2の装置は燃料電池としてはたらいている。これを動力源とした自動車は，ガソリンエンジンで走る自動車に比べて環境にやさしい。この理由を，排出される物質に着目して説明せよ。

〔　　　　　　　　　　　　　　　　　　　　　　　　　　　　　　　　　　　　　　〕

119 〈特徴ある化学変化〉 （長崎・青雲高）

次の問いに答えなさい。

(1) 加熱したときに，石灰水を白くにごらせる気体が発生する物質はどれか。次のア～オから1つ選び，記号で答えよ。　〔　　　〕

　ア　炭酸ナトリウム　　　　イ　塩化ナトリウム　　　ウ　水酸化ナトリウム

　エ　炭酸水素ナトリウム　　オ　硝酸ナトリウム

(2) 気体の二酸化炭素中でマグネシウムは燃え，黒色の物質を生じる。この反応について正しく述べているものはどれか。次のア～オから1つ選び，記号で答えよ。　〔　　　〕

　ア　黒色の物質は二酸化炭素が還元されてできたものである。

　イ　黒色の物質は二酸化炭素が酸化されてできたものである。

　ウ　黒色の物質はマグネシウムが還元されてできたものである。

　エ　黒色の物質はマグネシウムが酸化されてできたものである。

　オ　この反応では黒色の物質以外に赤色の物質もできる。

難 120 〈水の電気分解と濃度〉 （愛媛・愛光高）

次の文章を読み，あとの問いに答えなさい。

2.5% 水酸化
ナトリウム水溶液

　H管を用いて右の図のような実験装置を組み立て，2.5%水酸化ナトリウム水溶液を入れ，しばらくの間一定の電流を流して電気分解を行った。電極A，Bでは，いずれの電極棒からも気体の発生が観察された。

(1) 電極棒A，Bで発生した各気体を実験室で発生させるのに最も適当な試薬を次のア～クからそれぞれ2つずつ選び，記号で答えよ。ただし，同じ試薬を2度選んではならない。

A〔　　　〕〔　　　〕

B〔　　　〕〔　　　〕

　ア　石灰石　　　イ　二酸化マンガン　　ウ　オキシドール

　エ　塩酸　　　　オ　塩化アンモニウム　カ　水酸化カルシウム

　キ　鉄　　　　　ク　重曹

(2) 電流を流すのを止めた時点で，電極棒Aから発生した気体の体積は3cm³であった。電極棒Bで発生した気体の体積は何cm³か。　〔　　　　〕

(3) 水溶液中に溶けている水酸化ナトリウムの質量は，電気分解の前後でどのように変化するか。次のア～ウから1つ選び，記号で答えよ。　〔　　　　〕

　ア　増加する。　　イ　減少する。　　ウ　変化しない。

(4) この電気分解で用いた濃度2.5%の水酸化ナトリウム水溶液140gを濃度7.0%の塩酸で中和すると，45gを加えたところでちょうど中和した。ちょうど中和するのに必要な水酸化ナトリウムと塩化水素の質量比を，最も簡単な整数で答えよ。

水酸化ナトリウム：塩化水素＝〔　　　　　　〕

(5) 濃度不明の水酸化ナトリウム水溶液16cm³をビーカーに入れ，これに濃度7.0%の塩酸を少しずつ加えていくと，9.72cm³加えたところでちょうど中和した。この水酸化ナトリウム水溶液の質量パーセント濃度は何%か。ただし，この水酸化ナトリウム水溶液の密度を1.05g/cm³，7.0%の塩酸の密度を1.0g/cm³とする。　〔　　　　　　〕

難 121 〈物質の性質〉

（奈良・東大寺学園高）

次の文章を読み，あとの問いに答えなさい。

中学校の理科室にあった黒色の粉末X，Y，Zについて，次のような実験で性質を調べた。

〔実験1〕　X，Y，Zはいずれも水には溶けなかった。また，磁石にも引きつけられなかった。

〔実験2〕　それぞれを少量だけ試験管に入れて，うすい塩酸を加えたところ，Xは溶けて青い溶液になった。Yは白色の沈殿に変化した。Zでは変化が見られなかった。

〔実験3〕　それぞれの粉末を試験管に入れて，図の装置で強く加熱したところ，XとZでは，粉末の変化はほとんど観察されず，石灰水に少しの泡が見られただけですぐに止まった。Yでは粉末は白色に変化していき，石灰水に多くの泡が観察されたが色の変化はなかった。

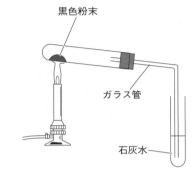

〔実験4〕　XとZをよく混合して試験管に入れ，図の装置で加熱したところ，石灰水に泡が出てきて白いにごりが見られた。反応が終了したところで，試験管内に残った固体をビーカーの水に入れたところ，赤っぽい物質が沈み，黒っぽい物質が浮かんでいた。

(1)　実験2では，Yはいったん塩酸に溶けて，生じたイオンがすぐに塩化物イオンと反応して白色の沈殿になったと考えられる。この沈殿の化学式を答えよ。　　　　　〔　　　　　　　　〕

(2)　実験3でYを加熱したときに観察された泡は何と考えられるか。化学式で答えよ。

〔　　　　　　　　〕

(3)　実験3におけるYの反応を化学反応式で答えよ。〔　　　　　　　　　　　　　　　〕

(4)　実験3で，XやZを加熱したときに出た少量の泡は何と考えられるか。次のア～エから1つ選び，記号で答えよ。　　　　　　　　　　　　　　　　　　　　　　　〔　　　　　　〕

　　ア　XやZが燃焼して生じた気体　　　　イ　XやZが分解して生じた気体

　　ウ　XやZが蒸発して生じた気体　　　　エ　試験管やガラス管の中の空気

(5)　実験3で加熱を終了するときの操作として，注意することを簡単に書け。

〔　　　　　　　　　　　　　　　　　　　　　　　　　　　　　　　　　　　〕

(6)　次のそれぞれの反応を化学反応式で表せ。ただし，X，Zの物質を推定して，その化学式を正しく書くこと。

　　①　実験4において，XとZが反応した。〔　　　　　　　　　　　　　　　　〕

　　②　実験4において，石灰水が白くにごった。〔　　　　　　　　　　　　　　〕

(7)　実験4におけるXとZの変化を表した次の文で，空欄（　①　），（　②　）にあてはまる適当な言葉を漢字で書け。　　　　　　　　　　　①〔　　　　　　　　〕　②〔　　　　　　　　〕

　　Xは Z によって（　①　）されて，Z は X によって（　②　）された。

(8)　(7)のようなことが起こる反応を次のア～オからすべて選び，記号で答えよ。

〔　　　　　　　　〕

　　ア　二酸化炭素の中でマグネシウムを燃やすと，黒色の物体と酸化マグネシウムが生じた。

　　イ　炭酸カルシウムにうすい塩酸を加えると，二酸化炭素が生じた。

　　ウ　水酸化ナトリウム水溶液とうすい塩酸が反応して，塩化ナトリウムが生じた。

　　エ　酸化鉄にアルミニウム粉末を加えて点火すると，鉄と酸化アルミニウムが生じた。

　　オ　塩化アンモニウムに水酸化カルシウムを加えて加熱すると，アンモニアが生じた。

頻出 122 〈燃焼〉 (兵庫・武庫川女子大附高)

次の文章を読み，あとの問いに答えなさい。

「燃焼」という言葉は，物質が酸素と激しく反応することを表す場合が多い。この例の1つとして，炭素の燃焼がある。このときの反応式は（ⅰ）式で示され，（ア）はこの反応で生じた物質の化学式を表している。

$$C + O_2 \longrightarrow （ア） \cdots\cdots\cdots（ⅰ）$$

しかし，酸素分子との反応でなくても，熱と光を出して激しく反応することは，すべて「燃焼」といわれる。酸素以外の物質と反応することによる燃焼の例として，マグネシウムが水や二酸化炭素などと起こす反応があげられる。

マグネシウムに点火し，すぐに沸騰させた熱水につけると，マグネシウムは熱水中で熱と光を出して激しく燃焼を続ける。このときの反応式は（ⅱ）式で示される。

$$Mg + H_2O \longrightarrow MgO + H_2 \cdots\cdots\cdots（ⅱ）$$

また，マグネシウムに点火し，すぐに二酸化炭素中に入れると，この場合も熱と光を出して激しく燃焼を続ける。このときの反応式は（ⅲ）式で示される。(a)〜(d)はそれぞれ係数を表している。

$$(a)Mg + (b)CO_2 \longrightarrow (c)MgO + (d)C \cdots\cdots\cdots（ⅲ）$$

(1) （ア）にあてはまる物質を化学式で書け。 〔　　　　　〕

(2) 次の①〜③の変化は，酸化か還元か。酸化なら O，還元なら R と答えよ。

① （ⅰ）式において C が（ア）になる変化 〔　　　　〕

② （ⅱ）式において Mg が MgO になる変化 〔　　　　〕

③ （ⅲ）式において CO_2 が C になる変化 〔　　　　〕

(3) MgO の物質名を答えよ。 〔　　　　　〕

(4) マグネシウムを空気中で燃焼したときの炎の色は次のうちどれに近いか。最も適当なものを次のア〜オから1つ選び，記号で答えよ。 〔　　　　〕

ア 赤　　イ 灰　　ウ 白　　エ 黄　　オ 青

(5) MgO の色は何色か。最も適当なものを次のア〜オから1つ選び，記号で答えよ。 〔　　　　〕

ア 赤　　イ 灰　　ウ 白　　エ 黒　　オ 茶

(6) （ⅲ）式において，(a)〜(d)の係数をそれぞれ答えよ。ただし，係数が1のときには1と書け。

(a)〔　　　〕 (b)〔　　　〕 (c)〔　　　〕 (d)〔　　　〕

難 (7) 炭素原子と酸素原子とマグネシウム原子の質量比が3：4：6であるとするとき，（ⅲ）の反応でMgOを0.20g得るには，Mgは少なくとも何g必要か。また，このとき CO_2 は何g反応したか。

Mg〔　　　　　　　〕 CO_2〔　　　　　　　〕

難 123 〈化学変化と質量①〉 (奈良・西大和学園高)

A，Bの文章を読み，あとの問いに答えなさい。

［A］ 化学変化の前後において，質量は保存される。また，化学変化を化学反応式で表すとき，物質の係数比は物質の個数比を表す。

炭素2.4 gを完全に燃焼させると二酸化炭素8.8 gが生じた。過酸化水素 H_2O_2 を完全に分解すると酸素6.4 gと水7.2 gが生じた。

(1) 炭素原子1個と酸素原子1個の質量比を最も簡単な整数比で表せ。

炭素原子：酸素原子＝〔　　　　　　　　　〕

(2) 水素原子1個と酸素原子1個の質量比を最も簡単な整数比で表せ。

水素原子：酸素原子＝〔　　　　　　　　　〕

(3) メタン CH_4 5.4 gを完全に燃焼させるのに必要な酸素の質量〔g〕を求めよ。ただし必要ならば，小数第2位を四捨五入して小数第1位まで答えよ。　〔　　　　　　　　　〕

［B］　化学変化を化学反応式で表すとき，気体の係数比は同じ温度・同じ圧力の下での気体の体積比を表す。

酸素に紫外線を当てるとオゾン O_3 が生成する。気体の体積は同じ温度・同じ圧力の下で表すものとする。

(4) 酸素1.2 Lを完全に反応させたとき生じるオゾンの体積〔L〕を求めよ。ただし必要ならば，小数第2位を四捨五入して小数第1位まで答えよ。　〔　　　　　　　　　〕

(5) 酸素1.0 Lの一部を反応させると酸素とオゾンの混合気体0.8 Lになった。最初の酸素1.0 Lのうち反応した酸素の体積〔L〕を求めよ。ただし必要ならば，小数第2位を四捨五入して小数第1位まで答えよ。　〔　　　　　　　　　〕

(6) (5)の混合気体中の酸素とオゾンの質量比を最も簡単な整数比で表せ。

酸素：オゾン＝〔　　　　　　　　　〕

(7) 空気(窒素と酸素の体積比を4：1とする)30.0 Lに紫外線を当てると，酸素がオゾンに変化する反応のみが起こって混合気体28.5 Lになった。この混合気体中の酸素の体積〔L〕を求めよ。ただし必要ならば，小数第2位を四捨五入して小数第1位まで答えよ。

〔　　　　　　　　　〕

124 〈酸化と電気分解〉

(京都・同志社高改)

次の問いに答えなさい。

(1) 右のグラフは，酸化銅をつくったときの銅の質量と，銅と結びついた酸素の質量の関係を表したものである。

ある質量の銅を加熱すると酸化銅が3.5 g得られた。加熱前の銅は何gであったか。ただし，銅は完全に酸化されたものとする。　〔　　　　　　　〕

(2) 右の図のような装置を用いて，塩化銅水溶液を電気分解した。電気分解で生じた銅と塩素の質量比は，8：9であった。この変化は，$CuCl_2 \longrightarrow Cu + Cl_2$ で表される。電気分解が進み，銅が電極に0.32 g生じたとき，溶液の質量はどうなるか。「～ g減少する。」または「～ g増加する。」と答えよ。ただし，塩素は水に溶けないものとする。

〔　　　　　　　　　〕

電源

(3) (1)，(2)の実験結果より，塩素原子と酸素原子の質量を最も簡単な整数比で表せ。　塩素原子：酸素原子＝〔　　　　　　　〕

頻出　125　〈酸化〉　　　　　　　　　　　　　　　　　　　　　　　　　　　　（京都女子高）

銅，マグネシウム，炭素の酸化について，もとの物質の質量と，その物質を完全に酸化したときに生成する酸化物の質量との関係を調べたところ，図1～3のようになった。あとの問いに答えなさい。

図1
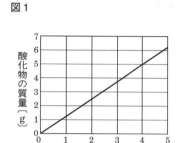

図2
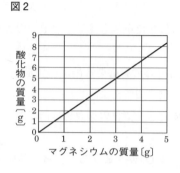

図3
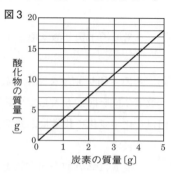

(1) 銅の酸化を化学反応式で答えよ。　　　　　　　　　　〔　　　　　　　　　　　〕

(2) マグネシウム片をガスバーナーで熱して酸化したときのようすを正しく表している文を次のア～カから1つ選び，記号で答えよ。　　　　　　　　　　　〔　　　　　〕

　ア　熱した部分が徐々に黒い酸化物になる。

　イ　熱した部分が徐々に白い酸化物になる。

　ウ　白く光りながら燃え，黒い酸化物が残る。

　エ　白く光りながら燃え，白い酸化物が残る。

　オ　赤く光りながら燃え，黒い酸化物が残る。

　カ　赤く光りながら燃え，白い酸化物が残る。

(3) マグネシウムの酸化物を水に溶かし，フェノールフタレイン溶液を加えると赤色になった。フェノールフタレイン溶液のかわりにBTB溶液を加えると，何色になると考えられるか。

　　　　　　　　　　　　　　　　　　　　　　　　　　　　　〔　　　　　　　　　〕

(4) 次の①～③の記述のうち，銅にはあてはまるがマグネシウムにはあてはまらないものにはD，マグネシウムにはあてはまるが銅にはあてはまらないものにはM，どちらにもあてはまるものには○，どちらにもあてはまらないものには×と答えよ。　①〔　　　　〕　②〔　　　　〕　③〔　　　　〕

　①　うすい硫酸に入れると気体を発生しながら溶ける。

　②　電気を通す。

　③　磁石につく。

(5) 分子からできている物質を次のア～キからすべて選び，記号で答えよ。　　〔　　　　　　　　　〕

　ア　銅　　　　　　　イ　マグネシウム　　　　　ウ　炭素(黒鉛)　　　エ　酸素

　オ　酸化銅　　　　　カ　酸化マグネシウム　　　キ　二酸化炭素

難(6) 銅粉末とマグネシウム粉末をある割合で混合した粉末Aがある。Aを　　　図4

　8.0gとり，図4のような装置で完全に酸化したところ，12.0gになった。

　8.0gのAの中に含まれていた銅は何gか。　　　　　〔　　　　　　　〕

難(7) 銅粉末と炭素粉末をある割合で混合した粉末Bがある。8.0gのBを，

　図4のような装置で完全に酸化したところ，あとに残った酸化物は9.0g

　であった。8.0gのBの中に含まれている銅は何gか。

　　　　　　　　　　　　　　　　　　　　　　　　　　〔　　　　　　　〕

難 **126** 〈還元〉　　　　　　　　　　　　　　　　　　　　　　　　　　　　（愛知・東海高）

次の文章を読み，あとの問いに答えなさい。

　金属が酸素と結びついた化合物から金属の単体を取り出すことにより，人類はさまざまな金属を利用してきた。この代表的なものに鉄がある。鉄は磁鉄鉱（鉄と酸素の化合物）にコークス（炭素）を混ぜて熱することにより，その単体を取り出している。

(1)　金属と酸素の結びつきやすさは，金属の種類によってさまざまである。鉄，銀，マグネシウムを酸素と結びつきやすい順に元素記号を使って並べよ。　　　〔　　　＞　　　＞　　　〕

　ある温度・圧力のもと，酸化鉄Fe_2O_3から単体の鉄を得る実験をした。この実験では二酸化炭素のみが発生し，100 gの酸化鉄から70 gの鉄が得られ，そのとき反応したコークスは18 gであった。

(2)　この実験で，下に示す［Ⅰ］の反応のみが起こったと考えると，炭素と酸素の原子1個の質量の比はどうなるか，最も簡単な整数比で答えよ。　　　　　炭素：酸素＝〔　　　　　　〕

$$2Fe_2O_3 + 3C \longrightarrow 4Fe + 3CO_2 \quad \cdots\cdots[Ⅰ]$$

　しかし，この実験において，実際には下に示す［Ⅱ］の反応も起こっており，発生した一酸化炭素は空気中の酸素と反応（$2CO + O_2 \longrightarrow 2CO_2$）したため，二酸化炭素のみが発生した。<u>炭素と酸素の原子1個の正しい質量の比は3：4である。</u>また，気体の体積は，同じ温度・圧力であれば，気体の種類に関係なく気体分子の数に比例する。

$$Fe_2O_3 + 3C \longrightarrow 2Fe + 3CO \quad \cdots\cdots[Ⅱ]$$

(3)　次の文章の（　①　）〜（　③　）に，あてはまる（同じ・2倍・半分）のいずれかの語句を答えよ。
　　　　　　　　①〔　　　　　　〕②〔　　　　　　〕③〔　　　　　　〕

　一定の酸化鉄から最大量の鉄を取り出すとき，［Ⅰ］の反応のみと［Ⅱ］の反応のみが起こった場合を比べる。［Ⅰ］のみに比べて［Ⅱ］のみの場合，反応するコークスの質量は（　①　）で，得られる鉄の質量は（　②　），同じ温度・圧力において発生する一酸化炭素の体積は，二酸化炭素の体積と比べ（　③　）になる。

(4)　この実験の温度・圧力における二酸化炭素の密度は1.98 g/Lである。下線部から求められる一酸化炭素の密度は，同じ温度・圧力において何g/Lか。小数第2位まで求めよ。

　　　　　　　　　　　　　　　　　　　　　　　　　　　　　　　　〔　　　　　　　〕

(5)　下の文章の（　④　）と（　⑤　）にあてはまる整数値を答えよ。
　　　　　　　　　　　　　　　　④〔　　　　　　〕⑤〔　　　　　　〕

　この実験で反応した100 gの酸化鉄のうち，［Ⅱ］の反応で使われた酸化鉄は（　④　）gであり，発生した一酸化炭素と反応した空気中の酸素は（　⑤　）gである。

127 〈水素による酸化銅の還元〉　　　　　　　　　　　　　　（神奈川・法政大二高改）

右の図のような装置で，水素を送りながら酸化銅を加熱した。酸化銅がすべて反応したところで加熱を止め，冷却後に質量をはかったら2.4 g減少し，水が生じていた。次の問いに答えなさい。

(1)　水が50分子できるとき，水素分子は何分子反応するか答えよ。

　　　　　　　　　　　　　　　　〔　　　　　　　〕

(2)　この実験において，生じた水の質量が2.7 gであったとすれば，反応した水素の質量は何gか。

　　　　　　　　　　　　　　　　　　　　　　　　　　　　　　　〔　　　　　　　〕

128 〈化学変化と質量②〉 （愛媛・愛光高）

原子は，種類によって質量が決まっており，たとえば，マグネシウム原子１個と酸素原子１個の質量比は３：２，銅原子１個と酸素原子１個の質量比は４：１とわかっている。そこで，このことを確かめるために次の実験を行った。あとの問いに答えなさい。

〔実験〕　① 試料として１班から５班までは灰色のマグネシウム粉末を，６班から10班までは赤茶色の銅粉末をそれぞれ0.40 g，0.60 g，0.80 g，1.00 g，1.20 gずつ配り，ステンレス皿の上にうすく広げた。

　　② 電子てんびんを用いて，ステンレス皿と試料の質量を測定した。

　　③ ステンレス皿の試料をガスバーナーを用いてよく加熱した。

　　④ 加熱後よく冷やし，再び電子てんびんを用いて，ステンレス皿と試料の質量を測定した。

　　⑤ 薬さじで試料をステンレス皿の外に落とさないように注意しながらよくかき混ぜた。

　　⑥ ③～⑤の操作を５回くり返し，その結果を以下の表にまとめた。

ステンレス皿とマグネシウム粉末の質量〔g〕の測定

測定		1班	2班	3班	4班	5班
加熱前		16.11	15.48	16.01	16.43	16.16
加熱後	1回目	16.26	15.70	16.30	16.75	16.52
	2回目	16.29	15.76	16.38	16.88	16.68
	3回目	16.31	15.78	16.40	16.92	16.74
	4回目	16.31	15.78	16.41	16.93	16.76
	5回目	16.31	15.78	16.41	16.93	16.76

ステンレス皿と銅粉末の質量〔g〕の測定

測定		6班	7班	8班	9班	10班
加熱前		15.72	15.39	15.91	16.64	16.18
加熱後	1回目	15.78	15.49	16.04	16.80	16.37
	2回目	15.81	15.52	16.08	16.86	16.45
	3回目	15.82	15.54	16.10	16.87	16.47
	4回目	15.82	15.54	16.11	16.89	16.48
	5回目	15.82	15.54	16.11	16.89	16.48

(1) １回目の実験③では，マグネシウム粉末が光や熱を強く発しながら激しく酸化されていくようすが観察された。このような現象を特に何というか。また，そのときの化学反応式を答えよ。

現象名〔　　　　　　　　　〕　化学反応式〔　　　　　　　　　　　　　　　　　　〕

(2) １回目の実験③では，赤茶色の銅粉末はみるみる酸化され，黒色の物質に変化していった。この黒色の物質を化学式で書け。　　　　　　　　　　　　　　　　　〔　　　　　　　　　〕

(3) この実験の結果から，ある化学の基本法則を用いて試料と結びついた酸素の質量を計算することができる。この基本法則の名称を答えよ。　　　　　　　　　　〔　　　　　　　　　〕

(4) この実験の結果をもとに，実験に用いた金属の質量を横軸に，それらの試料と結びついた酸素の質量を縦軸にして，マグネシウムと銅についてのグラフを右の図にかけ（横軸と縦軸にも，適当な値を書き込むこと）。

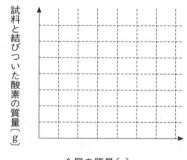

試料と結びついた酸素の質量〔g〕

金属の質量〔g〕

(5)（4）のグラフをもとにして以下のような考察をした。空欄の①，②には簡単な整数比を，③には数値を，④には適当な語句を入れよ。　①〔　　　　　〕　②〔　　　　　〕
　　　　　　　　　　③〔　　　　　〕　④〔　　　　　〕

〔考察〕　（4）のグラフより，銅粉末の酸化によって生じた黒色の物質は，銅と酸素が質量比　①　で結びついてできた物質であることがわかり，このことは銅原子１個と酸素原子１個の質量比が４：１であることと一致する。しかし，マグネシウム粉末の酸化によって生じた物質は，（4）のグラフ結果からマグネシウムと酸素が質量比　②　で結びついてできた物質であることになるが，このことはマグネシウム原子１個と酸素原子１個の質量比が３：２であること

と一致しない。その理由として，この実験に用いたマグネシウム粉末は，その色が灰色であったことから，保管中に空気に触れることでおよそ ③ ％がすでに ④ していたのではないかと推察される。

新傾向 **129** 〈化学変化と質量③〉　　　　　　　　　　　　　　　　　　　　　　　（大阪教育大附高池田）

次の文章を読み，あとの問いに答えなさい。

1774年，ラボアジエは①「化学変化の前後で，物質の質量の総和は変化しない。」という法則を発見した。また，1799年にプルーストは「同一の化合物に含まれる成分の質量の割合は一定である。」という法則を発見した。

これらの法則を説明するため，1803年にドルトンは「物質はすべて分割できない最小単位の粒子である原子からできている。」と考えた。ドルトンの考えた原子および複合原子（2種類以上の原子が結びついた粒子）のモデルの例を図1に示す。

図1

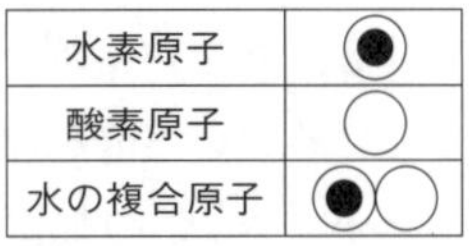

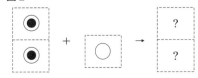

その5年後の1808年，ゲーリュサックはさまざまな気体反応に関する実験を行い，「気体の反応において，反応する気体および生成する気体の体積は簡単な整数比となる。」という法則を発見した。ゲーリュサックは，「気体の種類によらず，同体積の気体は同数の原子または複合原子を含んでいる。」という仮説をたてた。この仮説とドルトンのモデルを用いて水素と酸素から水蒸気ができるときの反応を考えると図2のようになるが，体積比が「水素：酸素：水蒸気＝2：1：2」になるよう右辺を埋めようとすると②矛盾が生じる。

図2

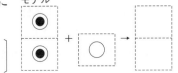

水素2体積　　酸素1体積　　水蒸気2体積

そこで，1811年，アボガドロは「原子がいくつか結びついた粒子である（　A　）がその物質の性質を示す最小単位として存在している。そして，気体の種類によらず，同体積の気体は（　B　）。」と考え，ドルトンの考えとゲーリュサックの実験との間にある③矛盾を解決した。

(1) 下線部①の法則名を答えよ。　　　　　　　　　　　　　〔　　　　　　　　　〕

(2) 60gの酸化銅と炭素を混合して加熱したところ，銅48gと二酸化炭素16.5gが生じた。銅原子1個と炭素原子1個の質量比を，最も簡単な整数比で答えよ。ただし，他に生成物はなかったものとする。　　　　　　　　　　　　　　　銅原子：炭素原子＝〔　　　　　　〕

(3) 上の文章中の（　A　）にあてはまる語句を答えよ。　　〔　　　　　　　　　〕

難 (4) 下線部②について，矛盾が生じることをモデルを用いた図で右に示すとともに，矛盾の内容を文章で説明せよ。

モデル

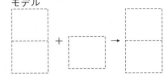

〔

難 (5) 上の文章中の（　B　）に入れるのに適当な内容を，15字以内で答えよ。

〔　　　　　　　　　　　　　　　〕

難 (6) 下線部③について，アボガドロは（　A　）の存在を考えることで，どのように矛盾を解決したか。モデルを用いた図で右に示すとともに，文章で説明せよ。

モデル

〔

130 〈化学変化と質量④〉 （奈良・東大寺学園高）

次の文章を読み，あとの問いに答えなさい。

〔実験1〕　マグネシウムの粉末2.4 gを十分に加熱した。冷
　却後，質量を測定すると，4.0 gであった。

〔実験2〕　銅の粉末1.6 gを十分に加熱したあと冷却して質
　量を測定すると，2.0 gであった。

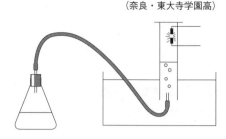

〔実験3〕　マグネシウムの粉末0.24 gにうすい塩酸を加える
　と，粉末は完全に溶解し，気体が250 cm³発生した。

〔実験4〕　ₐマグネシウムと銅の粉末の混合物がある。このうち，7.6 gを皿にのせ，十分に加熱して
　できた粉末を冷却し質量を測定すると10.0 gになっていた。また，このマグネシウムと銅の混合物
　0.76 gを上の図のようなフラスコ中のうすい塩酸に加え，ᵦガラス管の先から出てきたすべての気
　体を，水をいっぱいに満たしたメスシリンダーに水上置換法で捕集した。このフラスコの中に，さ
　らにうすい塩酸を加えても気体は発生しなかった。気体を捕集した容器は，電気火花で点火するこ
　とができₒこの気体に点火したところ，体積が87.5 cm³となった。残った気体には酸素は入ってい
　なかった。なお，体積の測定は，実験3と同じ温度で行ったものとする。

(1)　マグネシウム原子1個と銅原子1個の質量比を求めよ。

マグネシウム：銅＝〔　　　　　　　　　〕

難(2)　下線部aについて，この混合物中のマグネシウムと銅の原子数の比を求めよ。

マグネシウム：銅＝〔　　　　　　　　　〕

(3)　下線部bについて，捕集された気体の体積は何cm³か。　　　　〔　　　　　　　〕

(4)　下線部cについて，点火したときに起こる反応を化学反応式で答えよ。

〔　　　　　　　　　　　　　　　　　　　〕

難(5)　下線部cについて，捕集された気体のうち空気は何cm³か。ただし，空気の組成は体積比で窒
　素：酸素＝4：1とし，どんな気体でも同じ温度，同じ圧力，同じ体積においては，同数の分子を
　含むものとする。　　　　　　　　　　　　　　　　　　　　　〔　　　　　　　〕

---

131 〈鉄と硫黄の反応〉 （愛知・滝高）

鉄と硫黄を混ぜ，試験管に入れて図のように加熱すると，黒色の化合物が生成する。次の問いに答え
なさい。

(1)　この反応で生成する黒色の化合物の化学式と名称を答えよ。

化学式〔　　　　　　　〕　名称〔　　　　　　　〕

(2)　鉄と硫黄の質量をいろいろ変えて加熱するとき，生成する黒色の化合
　物の質量は次の表の通りである。

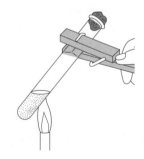

鉄 〔g〕	4.2	8.0	10.0
硫 黄 〔g〕	8.0	4.0	2.0
黒色の化合物 〔g〕	6.6	11.0	5.5

①　鉄4.2 gと硫黄8.0 gを混ぜて加熱したとき，反応せずに残っているのは鉄，硫黄のいずれか。
　また，それは何gか。　　　　物質〔　　　　　〕　質量〔　　　　　　　〕

②　鉄原子1個と硫黄原子1個の質量比を求めよ。　　　　鉄：硫黄＝〔　　　　　　〕

(3)　鉄をうすい塩酸と反応させると，塩化鉄$FeCl_2$と気体Aが生成する。また，黒色の化合物をうすい塩酸と反応させると，塩化鉄$FeCl_2$と硫化水素H_2Sが生成する。鉄0.14 gを完全にうすい塩酸と反応させたときに発生する気体Aの体積をV〔L〕とする。黒色の化合物0.33 gを完全にうすい塩酸と反応させたとき，発生する硫化水素の体積は何Lか。例にならって分数とVを用いた式で表せ。ただし，体積は同じ条件の下での値とする。

例）$\dfrac{5}{4}V$　〔　　　　　　　　　〕

132 〈化学変化と物質のつくり〉

次の文章を読み，あとの問いに答えなさい。ただし，$\sqrt{6}=2.4$とする。

アルミニウムは，ボーキサイトから取り出した純粋なアルミナ（酸化アルミニウムAl_2O_3）を高温で溶かした状態で電気分解して製造されている。その際，酸化アルミニウムが（　ア　）されてアルミニウムに変化する反応は，①または②の化学反応式で表される。

$$Al_2O_3 + 3C \longrightarrow 2Al + 3CO \cdots ①　　　　2Al_2O_3 + 3C \longrightarrow 4Al + 3CO_2 \cdots ②$$

アルミニウムは密度が2.7 g/cm^{3}の軽い金属で，うすい塩酸に入れると水素を発生しながら溶解する。その反応は③式で示され，アルミニウム0.9 gが反応すると，20℃，1013 hPaで水素が1200 mL発生する。

$$2Al + 6HCl \longrightarrow 2(　a　) + 3H_2 \cdots ③$$

(1)　（　ア　）にあてはまる適当な語句と，（　a　）にあてはまる適当な化学式を答えよ。

ア〔　　　　　　　　〕　a〔　　　　　　　　〕

(2)　①，②の反応により，それぞれアルミニウム5.4 gが生じるとき，①では一酸化炭素が8.4 g，②では二酸化炭素が6.6 g発生する。アルミニウム原子1個と酸素原子1個の質量の比を整数で答えよ。

アルミニウム原子：酸素原子＝〔　　　　　　　　〕

(3)　①と②の反応が同時に起こり，アルミニウム5.4 gが得られた。このとき，発生した一酸化炭素と二酸化炭素の質量は等しかった。①式の反応により得られたアルミニウムの質量は何gか。四捨五入して小数第1位まで答えよ。　〔　　　　　　　〕

(4)　家庭用のアルミニウムはくを調べると，厚さ14マイクロメートルと表示してあった。このアルミニウムはくから一辺3 cmの正方形を切り取り，十分な量のうすい塩酸と反応させると，20℃，1013 hPaで何mLの水素が発生するか。四捨五入して整数値で答えよ。ただし，1マイクロメートルは$\dfrac{1}{10^6}$mである。　〔　　　　　　　〕

(5)　厚さ14マイクロメートルのアルミニウムはくを，図のように平面に並んだ球状のアルミニウム原子の層が重なってできているものと考えると，アルミニウム原子の層は何層重なっているか。ただし，アルミニウム原子の原子半径は0.14ナノメートルであり，アルミニウム原子の重なり方は，図のように1層目のアルミニウム原子3個が形成するくぼみの上に，2層目のアルミニウム原子が乗り，1層目の3個のアルミニウム原子と2層目の1個のアルミニウム原子は正四面体を形成している。なお，1ナノメートルは$\dfrac{1}{10^9}$mである。

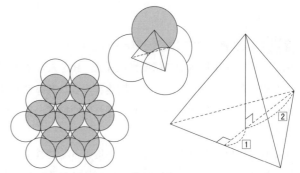

〔　　　　　　　〕

15 ≫化学分野 水溶液とイオン

>>化学分野

▶解答→別冊 p.38

133 〈原子とイオン〉

(東京・筑波大附駒場高改)

原子の構造について述べた次の文章を読み，あとの問いに答えなさい。

原子は＋の電気をもつ原子核と，その周囲にあり－の電気をもつ（ ① ）からなる。また，原子核は＋の電気をもつ（ ② ）と，電気をもたない（ ③ ）からできている。ただし，水素原子の原子核は（ ② ）1個だけからなる。<u>電気的に中性の原子では，（ ② ）の数と（ ① ）の数は等しい。</u>

原子の種類は（ ② ）の数で決められ，（ ② ）の数は原子番号と呼ばれる。たとえば，水素原子の原子番号は1，ヘリウム原子の原子番号は2である。

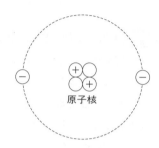

ヘリウム原子の模式図

(+)：② (−)：①

(○)：③

(1) （ ① ）～（ ③ ）にあてはまる語句を答えよ。

① 〔　　　　　　　〕
② 〔　　　　　　　〕
③ 〔　　　　　　　〕

難 (2) 下線部の性質が成り立つには，①と②それぞれがもつ電気の性質として，－と＋であること以外にどのような前提条件が必要か。「電気」を含む8字以内で答えよ。

〔　　　　　　　　　　　　　〕

(3) ①の数が18，②の数が16の原子Sのイオンと，①の数が10，②の数が11の原子Naのイオンが結びついている電解質が，水に溶けて電離するようすを化学式を用いて答えよ。

〔　　　　　　　　　　　　　〕

(4) 水素原子のうち，まれに原子核が②と③両方からなるものがあり，これは「重水素」と呼ばれている。また，炭素原子のうち，まれに多くの炭素原子と質量が異なるものがあり，これは年代推定に利用される。このように，同じ元素で③の数が異なる原子を何というか。

〔　　　　　　　　　　　〕

頻出 134 〈塩化銅水溶液の電気分解とイオン〉

(愛知高)

図のように塩化銅水溶液に炭素電極**A**，**B**を入れて電源装置につなぎ，電流を流したところ，電極**A**からは気体が発生し，電極**B**には赤茶色の物質がついた。これについて，次の問いに答えなさい。

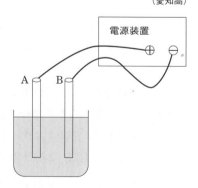

(1) 物質は原子という小さな粒子が集まってできている。そして原子は正（プラス）の電気をもつ原子核とそのまわりを取りかこむ負（マイナス）の電気をもつ電子からできていて，電子の過不足で陰イオンや陽イオンができる。イオンのモデルの組み合わせとして適当なものを次のア～エから1つ選び，記号で答えよ。〔　　　〕

	ア	イ	ウ	エ
陽イオン	(−, −)	(+, ++)	(+, 2+)	(−, 2−)
陰イオン	(+, 2+)	(−, 2−)	( )	(+, +, −)

(2) 塩化銅が水溶液中で生じる陽イオンを化学式で書け。〔   〕

(3) 塩化銅が水溶液中で生じる陰イオンの名称を答えよ。〔   〕

(4) この実験について正しいものを次から2つ選び，記号で答えよ。〔   〕〔   〕

ア 流す電流を大きくすると気体の発生が激しくなり，発生する気体の総量も多くなる。

イ 流す電流を大きくすると気体の発生が激しくなるが，発生する気体の総量は変わらない。

ウ 流す電流を大きくしても気体の発生のようすは変わらないが，発生する気体の総量は多くなる。

エ 流す電流を大きくしても，気体の発生のようすにも，発生する気体の総量にも変化はない。

オ 一定の大きさの電圧をかけ続けると水溶液の色が次第に濃くなり，流れる電流は大きくなる。

カ 一定の大きさの電圧をかけ続けると水溶液の色が次第に濃くなり，流れる電流は小さくなる。

キ 一定の大きさの電圧をかけ続けると水溶液の色が次第にうすくなり，流れる電流は大きくなる。

ク 一定の大きさの電圧をかけ続けると水溶液の色が次第にうすくなり，流れる電流は小さくなる。

頻出 135 〈塩化銅水溶液の電気分解とイオンの数〉   （京都・洛南高）

塩化銅水溶液をビーカーに入れ，図のように装置を組み，①電気分解を行うと，陰極には金属が付着して，陽極では②気体が発生した。次の問いに答えなさい。

(1) 下線部①の電気分解で起こっている変化を化学反応式で表せ。

〔   〕

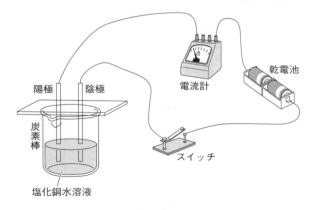

(2) 下線部②の気体について正しく述べたものを次のア～オから2つ選び，記号で答えよ。〔   〕〔   〕

ア 無色である。　　イ ほとんど水には溶けない。

ウ 腐卵臭がする。　エ 殺菌作用がある。

オ 空気より密度が大きい。

(3) 右の点線のグラフは電気分解をしているときの塩化物イオンの個数の変化を表している。銅イオンの個数の変化をグラフに表せ。

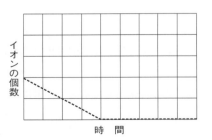

136 〈塩化銅水溶液と塩酸の電気分解とイオン〉

(鹿児島・ラ・サール高)

白金電極を用いて電気分解の実験1～3を行った。あとの問いに答えなさい。
ただし，発生した気体は水に溶けないものとする。

図1

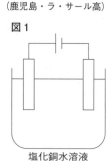

〔実験1〕 図1のような装置を用い塩化銅水溶液に0.5Aの電流を流し，20分毎に電極の質量を測定し，析出した銅の質量を求めた。次に電流を1A，1.5Aと変えて同様の実験を行った。表にその結果を示している。

表 析出した銅の質量

		電流を流した時間			
		20分	40分	60分	80分
電流	0.5 A	0.2 g	0.4 g	0.6 g	0.8 g
	1 A	0.4 g	0.8 g	1.2 g	1.6 g
	1.5 A	0.6 g	1.2 g	1.8 g	2.4 g

(1) ＋極と－極で反応したイオンの名称を答えよ。

＋極〔　　　　　　　　　〕　－極〔　　　　　　　　　〕

(2) x〔A〕の電流を30分間流したとき，析出した銅の質量y〔g〕をxを用いた式で表せ。

〔　　　　　　　　　〕

(3) x〔A〕の電流を流して2gの銅が析出した。流した時間z〔分〕をxを用いた式で表せ。

〔　　　　　　　　　〕

(4) 0.5gの銅を100分までの間に析出させるためには，電流を少なくとも何A以上にしなければいけないか。 〔　　　　　　　　　〕

〔実験2〕 塩化銅水溶液を塩酸に変え，実験1と同様に1Aの電流で電気分解したところ，

$$2HCl \longrightarrow H_2 + Cl_2$$

の反応のみ起こり，30分間で塩素が220cm^{3}発生した。発生した気体の体積は流れた電流の大きさや時間に比例する。

〔実験3〕 図2，図3のように塩化銅水溶液と塩酸を直列または並列につなぎ1.5Aの電流を15分間流したところ，図3のほうでは銅が0.3g析出した。

図2

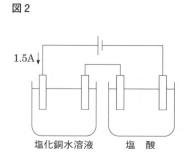

1.5A↓

塩化銅水溶液　　塩　酸

図3

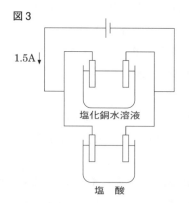

1.5A↓

塩化銅水溶液

塩　酸

(5) 図2で発生した水素の体積は何cm^{3}か。

〔　　　　　　　　　〕

(6) 図3で発生した水素の体積は何cm^{3}か。

〔　　　　　　　　　〕

137 〈酸やアルカリとイオン〉

（福岡・西南女学院高）

塩酸を用いた次の〔実験1〕，〔実験2〕について，あとの問いに答えなさい。

〔実験1〕　下の図のような装置を組み立て，両端のクリップに20Vの電圧を加えた。表1は，溶液の pHとpH試験紙の色の関係を示したものである。

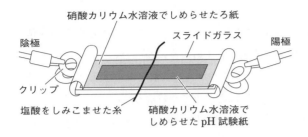

表1

pH	色
1	赤
3	だいだい
5	黄緑
7	緑
9	青
10	紫

〔実験2〕　試験管に入ったうすい塩酸にマグネシウムリボンを入れた。気体の発生を確認したあと，これにうすい水酸化ナトリウム水溶液を1cm³ずつ加えていき，気体のようすを観察した。ただし，実験後もマグネシウムリボンは試験管の中に残っていたものとする。表2は，その結果をまとめたものである。

表2

水酸化ナトリウム水溶液の体積〔cm³〕	0	1	3	4	5
気体の発生	あり	あり	なし	なし	なし

(1)　実験1で用いた硝酸カリウム水溶液は中性である。pH試験紙は最初何色をしているか。

〔　　　　　　　〕

(2)　実験1ではpH試験紙にどのような変化が見られるか。次の**ア〜エ**から1つ選び，記号で答えよ。

〔　　　　　　　〕

ア　糸の陽極側がだいだい色になった。　　**イ**　糸の陰極側がだいだい色になった。

ウ　糸の陽極側が紫色になった。　　　　　**エ**　糸の陰極側が紫色になった。

(3)　(2)の変化を引き起こしたイオンの名称を答えよ。　　〔　　　　　　　〕

(4)　次の文章は，**実験2**の塩酸とマグネシウムの反応について述べたものである。文章中の（　①　）〜（　③　）にあてはまる適当な化学式を答えよ。

①〔　　　　　　〕②〔　　　　　　〕③〔　　　　　　〕

　マグネシウムを塩酸に入れると，マグネシウム原子は電子を2個放出して（　①　）になる。このとき放出する電子を塩酸の電離で生じる（　②　）が受け取り，これが2つ結びついて気体の（　③　）になる。

(5)　**実験2**で，水酸化ナトリウム水溶液を加えると気体が発生しなくなったのはなぜか。水酸化ナトリウムの電離で生じるイオンの化学式を用いて説明せよ。

〔

（6)　**実験2**で，水酸化ナトリウム水溶液を加えていったとき，試験管の中に含まれるイオンで，その数が次の①，②のように変化するのはどれか。化学式で答えよ。

①〔　　　　　　〕②〔　　　　　　〕

①　増え続ける。　　②　最初は増えないが，途中から増え続ける。

頻出 138 〈中和および金属と水溶液の反応〉 （東京・筑波大附高改）

ある濃度の塩酸（以後**X**と呼ぶ），ある濃度の水酸化ナトリウム水溶液（以後**Y**と呼ぶ），およびアルミニウムを使って，次の実験を行った。これについて，あとの問いに答えなさい。なお，アルミニウムは，塩酸とも水酸化ナトリウムとも反応して水素を発生する。また，実験はすべて同じ温度・同じ圧力で行われたものとする。

〔実験1〕 10.0 cm³ の**X**にいろいろな質量のアルミニウムを入れて発生する水素の体積を調べたところ，アルミニウムの質量と水素の体積の関係は図1のようになった。

〔実験2〕 10.0 cm³ の**Y**にいろいろな質量のアルミニウムを入れて発生する水素の体積を調べたところ，アルミニウムの質量と水素の体積の関係は図2のようになった。

〔実験3〕 5.0 cm³ の**X**と5.0 cm³ の**Y**を混合した水溶液に0.20 gのアルミニウムを入れたところ，水素はまったく発生しなかった。

図1
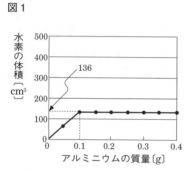

図2
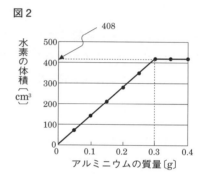

(1) 実験1および実験2で，0.20 gのアルミニウムを入れたとき，反応後のアルミニウムに関する記述として最も適当なものを次のア～エから1つ選び，記号で答えよ。 〔　　　　〕

　ア　実験1ではアルミニウムが残ったが，実験2ではアルミニウムが残らなかった。

　イ　実験1ではアルミニウムが残らなかったが，実験2ではアルミニウムが残った。

　ウ　実験1でも，実験2でも，アルミニウムが残った。

　エ　実験1でも，実験2でも，アルミニウムが残らなかった。

(2) 7.5 cm³ の**X**と2.5 cm³ の**Y**を混合した水溶液に0.20 gのアルミニウムを入れたとき，発生する水素の体積は何cm³か。 〔　　　　〕

(3) 2.5 cm³ の**X**と7.5 cm³ の**Y**を混合した水溶液に0.20 gのアルミニウムを入れたとき，発生する水素の体積は何cm³か。 〔　　　　〕

139 〈沈殿が生じる中和〉 （石川・星稜高改）

右の図のように，ビーカーにうすい水酸化バリウム水溶液を取り，緑色にした**BTB**溶液を数滴加えた。次にマグネシウムリボンを入れてから，うすい硫酸を少しずつ加えていくと気体が発生し，白い沈殿ができた。次の問いに答えなさい。

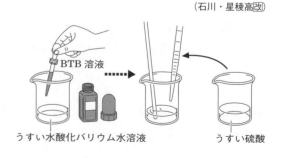

(1) ①この気体は何か。②白い沈殿は何か。いずれも名称を答えよ。

①〔　　　　　　　〕②〔　　　　　　　〕

(2)　水酸化バリウム水溶液中にある陽イオンはバリウムイオンBa^{2+}である。このイオンの説明として正しいものはどれか。次のア〜エから1つ選び，記号で答えよ。〔　　　〕

ア　バリウム原子が電子を2個受け取り，＋の電気を帯びたものである。

イ　バリウム原子が電子を2個失い，＋の電気を帯びたものである。

ウ　バリウム原子が陽子を2個受け取り，＋の電気を帯びたものである。

エ　バリウム原子が陽子を2個失い，＋の電気を帯びたものである。

(3)　ビーカー内の水溶液の色の変化と，気体が発生するようすの変化を組み合わせたものとして，適当なものはどれか。次のア〜エから1つ選び，記号で答えよ。〔　　　〕

	ビーカー内の水溶液の色の変化	気体が発生するようすの変化
ア	青色　→　緑色　→　黄色	発生が弱まり，やがて発生しなくなる。
イ	青色　→　緑色　→　黄色	水溶液が緑色を過ぎてから，しだいに発生する。
ウ	黄色　→　緑色　→　青色	発生が弱まり，やがて発生しなくなる。
エ	黄色　→　緑色　→　青色	水溶液が緑色を過ぎてから，しだいに発生する。

(4)　水酸化バリウム水溶液と硫酸が中和するときの化学反応式を答えよ。

〔　　　　　　　　　　　　　　　　　　　　　　　　　〕

140 〈酸とアルカリの反応〉　　　　　　　　　　　　　　　　　　　　　（大阪・開明高）

濃度の異なる塩酸**A**，**B**と水酸化ナトリウム水溶液**C**，**D**がある。塩酸**A**，塩酸**B**をそれぞれ10 cm³ずつビーカーにとり，**BTB**溶液を加えた。その後，これらのビーカーに水酸化ナトリウム水溶液**C**を少しずつ加えていった。表は加えた水酸化ナトリウム水溶液**C**の体積によって水溶液の色がどのように変化したかをまとめたものである。これについて，あとの問いに答えなさい。

加えた水酸化ナトリウム水溶液 C の体積〔cm³〕	5	10	15	20	25	30
塩酸A	(ア)色	緑色	青色	青色	青色	青色
塩酸B	(ア)色	(ア)色	(ア)色	(ア)色	緑色	青色

(1)　表中の(ア)にあてはまる適当な色を答えよ。〔　　　　　　〕

(2)　塩酸と水酸化ナトリウム水溶液の反応の化学反応式を答えよ。

〔　　　　　　　　　　　　　　　　　　　　　〕

(3)　(2)の化学反応式のように，酸性の水溶液とアルカリ性の水溶液を混ぜ，それぞれの性質を互いに打ち消し合う反応を何と呼ぶか。漢字2文字で答えよ。〔　　　　　　〕

(4)　塩酸Bの濃度は塩酸Aの濃度の何倍か答えよ。〔　　　　　　〕

(5)　水酸化ナトリウム水溶液Dの濃度は水酸化ナトリウム水溶液Cの濃度の4倍であった。

①　10 cm³の塩酸Aに水酸化ナトリウム水溶液Dを5 cm³加えた水溶液は何性か。「酸性」，「中性」，「アルカリ性」のいずれかで答えよ。〔　　　　　　〕

②　20 cm³の塩酸Bを中性にするには，水酸化ナトリウム水溶液Dを何cm³加えればよいか。

〔　　　　　　〕

③　10 cm³の塩酸Aと5 cm³の塩酸Bと2.5 cm³の水酸化ナトリウム水溶液Cを混ぜた水溶液がある。この混合液を中性にするには，水酸化ナトリウム水溶液Dを何cm³加えればよいか。

〔　　　　　　〕

頻出 141 〈中和とイオンの数〉 （広島大附高）

塩酸と水酸化ナトリウム水溶液を用いた実験に関する次の文章を読み，あとの問いに答えなさい。

　濃度の異なる塩酸A，Bと濃度の異なる水酸化ナトリウム水溶液C，Dを用意した。塩酸A 10 cm³ をビーカーに入れ，BTB溶液を2滴加えたあと，かき混ぜながら水酸化ナトリウム水溶液Cを滴下したところ，6 cm³ 加えたときに水溶液の色が緑色になった。また，塩酸A 10 cm³ を別のビーカーに入れ，BTB溶液を2滴加えたあと，かき混ぜながら水酸化ナトリウム水溶液Dを滴下したところ，15 cm³ 加えたときに水溶液の色が緑色になった。

(1)　塩酸に水酸化ナトリウム水溶液を加えたときに起こる化学変化を化学反応式で示せ。

〔　　　　　　　　　　　　　　　　　　　　〕

(2)　塩酸は塩化水素という物質を水に溶かした水溶液であり，塩化水素は水溶液
　　中では，図1のように陽イオン（○）と陰イオン（▲）に分かれている。次の問い
　　に答えよ。

図1

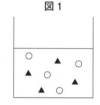

　　①　物質が水に溶けて陽イオンと陰イオンに分かれることを何というか。

〔　　　　　　　　　〕

　　②　水に溶けて陽イオンと陰イオンに分かれる物質を何というか。

〔　　　　　　　　　〕

(3)　(2)の塩化水素のように，水に溶けて陽イオンと陰イオンに分かれる物質がある一方，砂糖のように分かれない物質もある。塩化水素が水に溶けて陽イオンと陰イオンに分かれる物質であり，砂糖が陽イオンと陰イオンに分かれない物質であることを確かめるためには，塩酸と砂糖水を用いてどのような実験を行えばよいか。得られる結果も含めて簡単に答えよ。

〔　　〕

(4)　塩酸B 10 cm³ をビーカーに入れ，BTB溶液を2滴加えたあと，かき混ぜながら水酸化ナトリウム水溶液Cを10 cm³ まで滴下した。この実験では，水酸化ナトリウム水溶液Cを4 cm³ 加えたときに水溶液の色が緑色になった。これに関して，次の問いに答えよ。

　　①　塩酸Aと塩酸Bの同体積中に含まれる水素イオンの数を最も簡単な比で表せ。

A：B＝〔　　　　　　　　　〕

　　②　図2は，水酸化ナトリウム水溶液Cの滴下量と水素イオンの数
　　　　との関係を示している。塩化物イオンの数の変化と水酸化物イオ
　　　　ンの数の変化について，それぞれ下のグラフにかき表せ。ただし，
　　　　水素イオンの数の変化を点線で示している。

図2

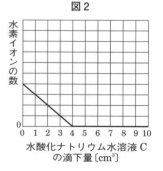

水酸化ナトリウム水溶液C
の滴下量〔cm³〕

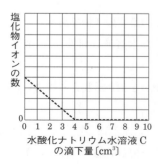

水酸化ナトリウム水溶液C
の滴下量〔cm³〕

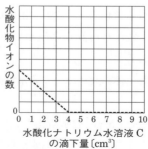

水酸化ナトリウム水溶液C
の滴下量〔cm³〕

難 (5)　塩酸A 20 cm³に水酸化ナトリウム水溶液D 30 cm³を加えたところ，体積50 cm³の水溶液Xが得られた。水溶液Xの水を完全に蒸発させたところ，塩化ナトリウムが1.4 g得られた。この水溶液Xの質量パーセント濃度は何%か。小数第2位を四捨五入し，小数第1位まで答えよ。ただし，水溶液Xの密度を1.02 g/cm³とする。

〔　　　　　　　〕

難 (6)　塩酸A 10 cm³に水酸化ナトリウム水溶液D 10 cm³を加えたときに得られる塩化ナトリウムの質量は何gか。小数第3位を四捨五入し，小数第2位まで答えよ。

〔　　　　　　　〕

142 〈酸とアルカリの反応と塩〉　　　　　　　　　　　　　　　　　　　　（三重・高田高改）

うすい硫酸とうすい水酸化バリウム水溶液を混合すると，白い沈殿が生成する。いま，硫酸**10 cm³**に水酸化バリウム水溶液を少しずつ加えていったら，加えた水酸化バリウム水溶液の体積と生成した沈殿の質量との関係は右のグラフのようになった。次の問いに答えなさい。

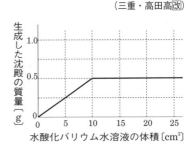

(1)　この化学変化は何と呼ばれるか。次のア～オから1つ選び，記号で答えよ。　　　　　　〔　　　　〕

ア　燃焼　　　イ　分解　　　ウ　酸化　　　エ　還元　　　オ　中和

難 (2)　次の①，②のように，条件を変えて実験を行ったら，それぞれの実験結果はどうなるか。あとのア～カのグラフからそれぞれ1つずつ選び，記号で答えよ。

①　2倍の濃度にした硫酸10 cm³に，はじめの実験と同じ濃度の水酸化バリウム水溶液を少しずつ加えていく。　　　　　　　　　　　　　　　　　　　　　　　　　〔　　　　〕

②　はじめの実験と同じ濃度の硫酸10 cm³に，2倍の濃度にした水酸化バリウム水溶液を少しずつ加えていく。　　　　　　　　　　　　　　　　　　　　　　　　　〔　　　　〕

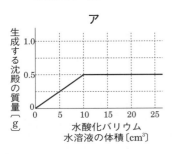
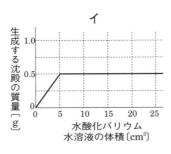
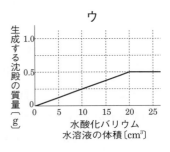
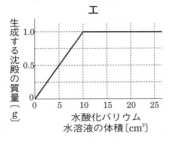
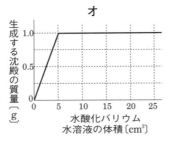
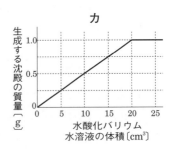

143 〈化学電池〉

Ⅰ，Ⅱの文章を読み，あとの問いに答えなさい。

Ⅰ うすい塩酸に異なる金属板を入れると電池になって，電流を取り出すことができる。図1のように，金属板Aと金属板Bをうすい塩酸に入れ，プロペラのついたモーターをつないだ装置を使って電池の実験をした。金属板Aと金属板Bの組み合わせを変えて，次のa〜dの実験結果を得た。

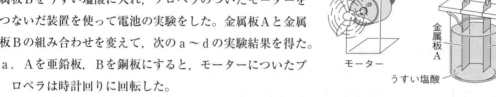

図1

a．Aを亜鉛板，Bを銅板にすると，モーターについたプロペラは時計回りに回転した。

b．Aを銅板，Bを亜鉛板にすると，モーターについたプロペラは反時計回りに回転した。

c．Aを銅板，Bをマグネシウムリボンにすると，モーターについたプロペラは反時計回りに回転した。さらにプロペラの回転の速さは，aやbの場合より速かった。

d．Aを亜鉛板，Bをマグネシウムリボンにすると，モーターについたプロペラは反時計回りに回転した。

(1) 文章中の下線部において，ビーカー中のうすい塩酸を次のア〜エに変えたとき，電池ができるものはどれか。1つ選び，記号で答えよ。　　　　　　　　　　〔　　　　〕

　ア　食塩水　　　イ　エタノール　　　ウ　砂糖水　　　エ　精製水

(2) 実験結果aの電池において，電子が−極から導線を通って＋極にn個流れたとき，＋極の表面では水素分子は何個できるか。数字とnを使って表せ。ただし，＋極の表面では，うすい塩酸中の水素イオンが流れてくる電子をすべて受け取り，水素分子になったとする。　〔　　　　　〕

(3) 実験結果のa〜dから，亜鉛，銅，マグネシウムをうすい塩酸中で陽イオンになりやすい順に左から並べよ。ただし，元素記号を使って並べること。　〔　　　→　　　→　　　〕

Ⅱ 図1の電池には，すぐに電圧が下がるなどの欠点があった。この欠点を改善したものに，うすい硫酸亜鉛水溶液に亜鉛板を，うすい硫酸銅水溶液に銅板をひたし2種類の水溶液をセロハン膜で仕切った図2のような電池がある。この電池は（　X　）電池と呼ばれ，2つの電極を導線でつなぐと，導線内を電子が（　Y　）へ移動し，電流は（　Z　）へ流れる。

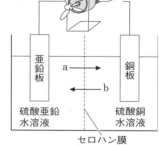

図2

(4) 文章Ⅱの空欄Xに入る言葉を答え，空欄Y，Zにあてはまる言葉を，次のア，イから1つずつ選び，記号で答えよ。ただし，同じ記号を何度用いてもよい。

　　　　　　　X〔　　　　〕Y〔　　　〕Z〔　　　　〕

　ア　亜鉛板から銅板　　　イ　銅板から亜鉛板

(5) 図2の電池が放電しているとき，セロハン膜を通過するイオンa，bとして最も適当なものを次のア〜オから1つずつ選び，記号で答えよ。　　　　a〔　　　〕b〔　　　〕

　ア　H^+　　　イ　OH^-　　　ウ　Zn^{2+}　　　エ　Cu^{2+}　　　オ　SO_4^{2-}

144 〈イオンと電気エネルギー〉

（北海道・函館ラ・サール高）

Ⅰ，Ⅱの文章を読み，あとの問いに答えなさい。

Ⅰ 亜鉛 Zn に塩酸を加えると，亜鉛が溶けて水素 H_2 が発生する。それは，

$$Zn + 2HCl \longrightarrow ZnCl_2 + H_2 \quad \cdots\cdots①$$

と表される化学変化が起こるためである。この化学反応式は次のように考えられる。

①式左辺の塩化水素 HCl は水溶液中では電離し，水素イオン H^+ を生じる。右辺の生成物 H_2 と見比べることで，この変化では水素イオンが電子⊖を受け取っていることがわかる。

$$xH^+ + x⊖ \longrightarrow H_2 \quad \cdots\cdots②$$

また，①式右辺の塩化亜鉛 $ZnCl_2$ は水溶液中では電離し，亜鉛イオン Zn^{x+} を生じる。左辺の反応物 Zn と見比べることで，亜鉛が溶ける変化では亜鉛が電子⊖を放出していることがわかる。

$$Zn \longrightarrow Zn^{x+} + x⊖ \quad \cdots\cdots③$$

つまり，②式と③式の反応に関わる電子の数をそろえ，塩化物イオン Cl^- を補うと①式が得られる。

(1) 上記②，③式中の x にあてはまる適当な整数を答えよ。 〔　　　　　　〕

(2) アルミニウム Al も塩酸に溶け，次のように変化する。

$$Al \longrightarrow Al^{3+} + 3⊖$$

これと上記②式を参考にして，アルミニウムと塩酸が反応するようすを化学反応式で答えよ。ただし，化学反応式の係数には x を用いないこと。

〔　　　　　　　　　　　　　〕

Ⅱ 図1のように，うすい硫酸に2種類の金属をひたし，それらを導線でつなぐと検流計の針がふれ，電流が流れたことがわかる。たとえば，電極Aに銅板，電極Bに亜鉛板を用いるとそれぞれ設問Ⅰの②式，③式と同じ反応が起こり，導線を電子が流れる。

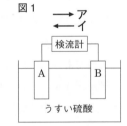

図1

(3) 図1のように，物質がもつ化学エネルギーを電気エネルギーとして取り出す装置を何というか。漢字で答えよ。 〔　　　　　〕

(4) 電極Aに銅板，電極Bに亜鉛板を用いた場合，電流が流れる向きは，図中ア・イのどちらか。記号で答えよ。 〔　　　〕

(5) 電極Aと電極Bに，亜鉛 Zn，銀 Ag，スズ Sn，鉄 Fe のいずれかを用いてこの装置をつくり，電流が流れる向きを調べると，右の表のようになった。この結果から，これらの金属を陽イオンになりやすい順に並べ，元素記号を用いて答えよ。

電極Aの金属	電極Bの金属	電流が流れる向き
亜鉛	銀	イ
銀	スズ	ア
亜鉛	鉄	イ
スズ	鉄	ア

（なりやすい）〔　　>　　>　　>　　〕（なりにくい）

(6) 鉄板の表面に亜鉛をうすくメッキしたものはトタンと呼ばれ，屋根やガードレールに用いられる。トタンには，図2のように亜鉛に傷がついて，鉄がむき出しになった部分に弱酸性の雨水が付着しても，鉄の腐食を防ぐ性質がある。なぜこのような性質があるのかを，「陽イオン」という言葉を用いて25字以内で答えよ。ただし，元素記号は用いないこと。

図2

〔　　　　　　　　　　　　　〕

新傾向 **145** 〈ダニエル電池・燃料電池〉　　　　　　　　　　　　　（奈良・西大和学園高改）

電池について，次の文章I，IIを読み，あとの問いに答え
なさい。

I　図1のような素焼き板で仕切られたビーカーに，亜鉛
　　板を硫酸亜鉛水溶液に，銅板を硫酸銅水溶液に浸して電
　　圧を測定したところ，電圧計は＋1.1Vを示した。この
　　電池をダニエル電池といい，1836年にイギリス人のダ
　　ニエルが開発した。

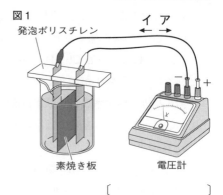
図1
発泡ポリスチレン
イ ア
－ ＋
素焼き板
電圧計

(1)　亜鉛板と銅板ではどちらが－極になるか。

〔　　　　　　　　　〕

(2)　電流は図1のア，イどちらの向きに流れるか。記号で答えよ。　　〔　　　　　〕

(3)　亜鉛板ではどのような反応が起こるか。電子e⁻と化学式を用いて答えよ。

〔　　　　　　　　　　　　　　　　　　〕

II　水を電気分解すると，水素と酸素ができる。逆に水素と酸素が結びつくと水ができ，同時にエネ
　　ルギーが発生する。このエネルギーを熱や電気のエネルギーとして利用することができる。この変
　　化では水だけが生じるので水素は環境にやさしいクリーンなエネルギー源として注目されている。
　　気体の水素2gが完全燃焼すると，液体の水が18g生成するとともに286kJのエネルギーが生じる。
　　このエネルギーを熱エネルギーとして得る代わりに，電気エネルギーとして効率よく取り出すよう
　　に工夫された電池が燃料電池である。

　　　　図2は水酸化カリウム（KOH）水溶液を用いた燃料
　　電池であり，このようにアルカリ性の水溶液を用いた
　　燃料電池をアルカリ型燃料電池という。

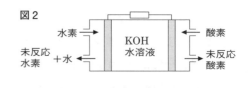
図2
水素 → ← 酸素
未反応
水素 ← ＋水
KOH
水溶液
→ 未反応
酸素

(4)　この電池を1時間運転したところ，45gの水が生成
　　した。これに用いた水素の燃焼で生じるエネルギーは
　　何kJか。　　　　　　　　　〔　　　　　　　　〕

難 (5)　この電池を1時間運転したときの平均電圧が0.8Vのとき，この電池から1時間あたりに取り出
　　すことのできる電気エネルギーは336kJであった。水素の燃焼で生じるエネルギーのうち，電気エ
　　ネルギーに変換された割合，すなわち燃料電池のエネルギー変換効率は何％か。小数第1位を四捨
　　五入して整数で答えよ。

〔　　　　　　　　　〕

難 (6)　水酸化カリウム水溶液の代わりに，酸性の水溶液であるリン酸（H_3PO_4）水溶液を用いた酸型燃料
　　電池というものも存在する。酸型燃料電池では，酸素の代わりに空気を用いることも可能であるが，
　　アルカリ型燃料電池では，酸素しか用いることができない。この理由を述べた次の文中の空欄にあ
　　てはまる内容を15字以内で答えよ。

〔　　　　　　　　　　　　　　　　　　〕

　　　水酸化カリウムが □　　　 ことによって，炭酸カリウム（K_2CO_3）が生成し，電池内部の抵抗が増大
　　するため。

〈電池〉 （熊本・九州学院高）

2019年秋，旭化成名誉フェローで名城大教授の吉野彰氏がノーベル化学賞を受賞した報道を聞いて電池にとても関心をもった中学2年生の太郎君は，電池のしくみについて実験をしてみることにした。あとの問いに答えなさい。

〔**実験1**〕うすい塩酸を入れたビーカーに亜鉛板と銅板を浸し，光電池用モーターにつないだ。オキシドールを加えておき，長時間，光電池用モーターを回し続けてみた。

その後，実験前とあとで，電子てんびんを用いて，金属板（電極）の質量の変化をはかってみた。ただし，オキシドールは途中で電圧が下がるのを防ぐために使用した。

また，質量をはかるときは，キッチンペーパーで水気を十分ふき取ってから行った。

〔**実験2**〕2つの金属と水溶液の組み合わせをかえて，光電池用モーターが回るかどうかを調べてみた。

組み合わせ	A	B	C	D	E
電極①	亜鉛板	亜鉛板	マグネシウムリボン	銅板	マグネシウムリボン
電極②	銅板	銅板	銅板	銅板	亜鉛板
水溶液	砂糖水	食塩水	レモン汁	うすい塩酸	食塩水
結果					

(1) 2019年秋にノーベル化学賞を受賞した吉野彰氏が開発した電池とはどのような電池か。その電池の名称を答えよ。

〔　　　　　　　　　〕

(2) 吉野彰氏は，環境問題の解決に貢献し，持続可能な社会を実現することを目標に，電池の開発を進めたという。吉野彰氏が開発した電池は，充電により何度も使えるものを示しており，小型・軽量で高性能，かつ電圧が安定しており，大きな電流が得られることから，ノート型コンピュータなどのモバイル機器にも広く利用されている。充電により何度も使える電池のことを何というか。漢字4字で答えよ。

〔　　　　　　　　　〕

(3) **実験1**において，－極（負極）で起こる化学変化を，化学式や電子を使った反応式で答えよ。ただし，電子については，電子を表す英単語electronの頭文字をとって，e^-で示すものとする。

〔　　　　　　　　　〕

(4) **実験1**において，実験前と実験後の各電極の質量の変化を調べてみた。その結果として最も適当なものを次のア～ケから1つ選び，記号で答えよ。

〔　　　　　　　　　〕

	－極(負極)	＋極(正極)		－極(負極)	＋極(正極)
ア	増加した	変化なし	カ	変化なし	減少した
イ	増加した	増加した	キ	減少した	変化なし
ウ	増加した	減少した	ク	減少した	増加した
エ	変化なし	変化なし	ケ	減少した	減少した
オ	変化なし	増加した			

(5) **実験2**において，結果はどのようになるか。光電池用モーターが回った場合は○，回らなかった場合は×を表に記入せよ。

頻出 147 〈光の反射①〉

（奈良・天理高）

右の図のように，同じ大きさの2枚の平面鏡A，Bをそれぞれの反射面を内側にし，はさむ角度を60°にして机の上に置いた。Xからさまざまな角度で鏡Aに光を当てると，その反射光が鏡Bに当たって反射した。

鏡Aに(1)，(2)の角度で光を入射させたとき，鏡Bで反射した直後の光の道筋を示したものをあとのア～エからそれぞれ1つずつ選び，記号で答えなさい。

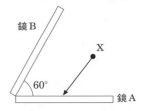

(1) 〔　　　　〕 (2) 〔　　　　〕

(1)
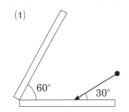

(2)
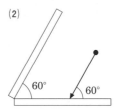

ア
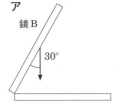

イ
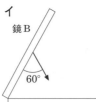

ウ
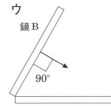

エ
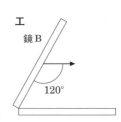

148 〈光の反射②〉

（長崎・青雲高）

次の文章を読み，あとの問いに答えなさい。

光源Sから発したレーザー光が右の図の方眼上に立てた鏡P，Q，Rで反射をくり返した。鏡Qを図の実線の位置から点線の位置までわずかにずらすと，レーザー光線が鏡Pに2回目，3回目に当たる点は，鏡Qをずらす前に比べて左右どちら向きに移動するか。次のア～オから1つ選び，記号で答えよ。　　　　　　　　　　〔　　　　〕

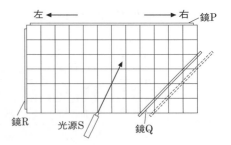

ア　2回目，3回目の点はいずれも右側に移動する。

イ　2回目，3回目の点はいずれも左側に移動する。

ウ　2回目の点は右側に，3回目の点は左側に移動する。

エ　2回目の点は左側に，3回目の点は右側に移動する。

オ　2回目の点は右側に移動し，3回目の点はQをずらす前と同じ位置に戻る。

149 〈光の屈折とプリズム〉
（茨城高）

次の文章を読み，あとの問いに答えなさい。

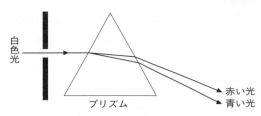

　右の図のように，スリットを通した白色光をガラスのプリズムに入射すると，赤い光よりも青い光のほうが大きな角度で屈折する。（ただし，図は赤い光と青い光の進み方の違いがわかるように大げさにかいたものであり，正確ではない。）赤い光と青い光の屈折する角度の違いを考えに入れると，プリズムと同じ材質のガラスでつくられた凸レンズでは，赤い光の焦点距離と青い光の焦点距離について，どのようなことが言えるはずか。正しいものを次のア〜エから1つ選び，記号で答えよ。

〔　　　　　〕

　ア　青い光の焦点距離のほうが，赤い光の焦点距離よりも短い。

　イ　赤い光の焦点距離のほうが，青い光の焦点距離よりも短い。

　ウ　赤い光の焦点距離と青い光の焦点距離は，等しい。

　エ　与えられた条件だけでは，何とも言えない。

頻出 **150** 〈光の性質〉
（愛知・東邦高改）

光の性質について，さまざまな実験を行った。次の問いに答えなさい。

(1)　**図1**の矢印のように，空気中から水中に向けて光を当てたとき，①水中を進む光の道筋と②水面で反射した光の道筋として最も適当なものを，それぞれ**図1**のア〜ケから1つ選び，記号で答えよ。

①〔　　　　〕　②〔　　　　〕

(2)　**図2**の矢印のように空気中から水中に向けて光を当てたとき，Aから光を観察すると光は見えなかった。その理由として最も適当なものを次のア〜エから1つ選び，記号で答えよ。また，このような性質を何というか，答えよ。　　　　理由〔　　〕　性質〔　　　　　〕

　ア　光が水中に入らず反射したため。

　イ　光が水中から空気中に出なかったため。

　ウ　光が水中で吸収されたため。

　エ　光が水中で曲がりながら進んだため。

(3)　(2)の性質を利用しているものを次のア〜エから1つ選び，記号で答えよ。　　　　〔　　　　〕

　ア　光ファイバー　　イ　鏡　　ウ　めがね　　エ　発光ダイオード

(4)　**図3**のように水槽の底に十円玉を置き，Bから観察した。Bから見て，十円玉は**図3**のどの点にあるように見えるか，最も適当なものを**図3**のア〜エから1つ選び，記号で答えよ。

〔　　　　〕

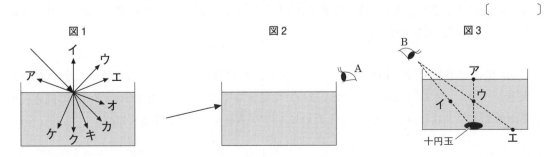

頻出　151　〈凸レンズによる像①〉　　　　　　　　　　　　　　　　　　　　　　　（長崎・青雲高）

下の図のように，凸レンズから左に30cm離して置いた長さ6cmの矢印**AB**の像**CD**が凸レンズから右に20cm離して置いたスクリーンにくっきりとうつし出された。あとの問いに答えなさい。

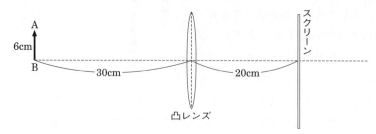

(1)　このように，スクリーンにうつし出される像を何というか。　　　　　　　〔　　　　　　　〕

(2)　矢印の先端**A**の像**C**点と，凸レンズの左右の焦点**F**，**F′**を下の図中に示せ。作図に必要な補助
　　線も残すこと。

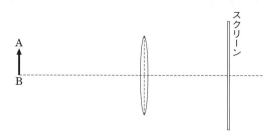

(3)　相似形となる直角三角形の辺の比を使って，次の①，②の値を求めよ。

　　①　矢印**AB**の像**CD**の長さ。　　　　　　　　　　　　　　　　　　　〔　　　　　　　〕

難　②　この凸レンズの焦点距離。　　　　　　　　　　　　　　　　　　　〔　　　　　　　〕

(4)　凸レンズの下半分に不透明な紙を貼り付けると，スクリーン上の像はどのようになるか。次のア
　　〜オから1つ選び，記号で答えよ。　　　　　　　　　　　　　　　　　　〔　　　　〕

　　ア　像**CD**の中心から**C**側半分が見えなくなる。

　　イ　像**CD**の中心から**D**側半分が見えなくなる。

　　ウ　像**CD**の中心から**C**側半分が見えなくなり，像がうすれる。

　　エ　像**CD**の中心から**D**側半分が見えなくなり，像がうすれる。

　　オ　像**CD**全体が見えるが，像がうすれる。

難(5)　凸レンズを右に6cm移動すると，スクリーン上の像がぼやけた。スクリーンを左右どちら向き
　　に何cm移動すると矢印**AB**の像がくっきりうつし出されるか。　　　　　〔　　　　　　　〕

(6)　スクリーンをはずし，凸レンズの右1mほど離れたところから凸レンズを通して矢印**AB**を観察
　　する。さらに，凸レンズだけを矢印**AB**にゆっくり近づけていくと，凸レンズを通して見える矢印
　　ABはどのように変化するか。次の説明文が正しくなるように，（　　）内のア，イからそれぞれ正
　　しいものを選び，記号で答えよ。

　　　　　　　　　　　　　　　①〔　　　　〕②〔　　　　〕③〔　　　　〕④〔　　　　〕

　　　「矢印**AB**は最初①（ア　同じ向き　　イ　さかさま）に見えていたが，大きさがしだいに②（ア
　　大きく　　イ　小さく）なり，いったんぼやけて見えなくなる。その後再び③（ア　同じ向き　イ
　　さかさま）に見えはじめて，大きさがしだいに④（ア　大きく　　イ　小さく）なる。」

（大阪・清風南海高）

難 **152** 〈凸レンズによる像②〉

次の文章を読み，あとの問いに答えなさい。

図1のように，凸レンズの前方（図では凸レンズの左側）20 cmで光軸から上に5 cmの位置Aに小さな赤色光源を置く。また，光軸から下に2.5 cmの位置Bに小さな青色光源を置く。ただし直線PQが光軸である。

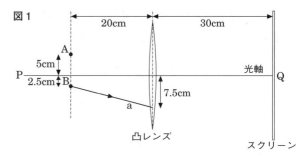

図1

凸レンズの後方（図では凸レンズの右側）30 cmの位置にスクリーンを置くと，スクリーン上に赤と青の点がうつった。ただし，光軸とスクリーンの交点がQである。

⑴　スクリーン上の赤色の明るい点は，Qからどちら側に何cm離れているか。ただし，方向は図の上下で答えよ。　　　　　　　　　　　方向〔　　　　　〕〔　　　　　　　　　〕

⑵　この凸レンズの焦点距離を求めよ。　　　　　　　　　　　　　　　　〔　　　　　　　　　〕

⑶　図1で青色光源から出て，光軸から下に7.5 cmの位置で凸レンズに入射する光aがある。この光aが凸レンズを通過したあと，スクリーンまでの間で光軸と交わるのは，凸レンズの後方何cmの位置か。　　　　　　　　　　　　　　　　　　　　　　　　〔　　　　　　　　　〕

図2のように凸レンズの中心から上側半分を光を通さない板（遮光板）でおおった。

⑷　スクリーンにうつる点はどのようになるか，最も適当なものを次のア〜エから1つ選び，記号で答えよ。　　　　　　　　　　　〔　　　　　〕

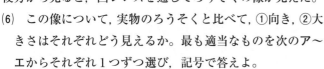

図2

遮光板

　ア　赤色の点だけがうつる。　　　イ　青色の点だけがうつる。
　ウ　赤色と青色の点がうつる。　　エ　点はうつらない。

遮光板を取り去り，凸レンズをスクリーンのほうにゆっくりと近づけると，スクリーン上の赤色と青色の点は一旦ぼやけ，再び点がうつった。

⑸　再び赤色と青色の点がうつるまで，凸レンズを移動した距離を求めよ。　　〔　　　　　　　〕

凸レンズをもとの位置に戻して光源を取り除き，図3のようにろうそくを凸レンズの前方10 cmに置いた。凸レンズの後方から見ると，凸レンズを通してろうそくの像が見えた。

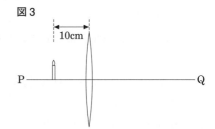

図3

⑹　この像について，実物のろうそくと比べて，①向き，②大きさはそれぞれどう見えるか。最も適当なものを次のア〜エからそれぞれ1つずつ選び，記号で答えよ。

①〔　　　　　〕②〔　　　　　〕

　ア　光軸から上向き　　イ　光軸から下向き
　ウ　大きく　　　　　　エ　小さく

次に，図4のようにスクリーンを凸レンズの後方30 cmの位置に置く。そして，反射面を凸レンズのほうに向けた鏡を凸レンズの前方で十分に離れた位置から徐々に凸レンズに近づけていく。鏡がある位置にきたときスクリーンにろうそくの明瞭な像ができた。

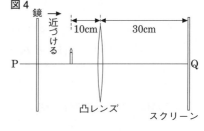

図4

⑺　スクリーンにろうそくの像がうつったときの，凸レンズと鏡の距離を求めよ。〔　　　　　　　〕

難 153 〈屈折率〉

（大阪桐蔭高）

次の文章を読み，あとの問いに答えなさい。

　水中にある物体を空気中から見ると，実際の位置よりも浅いところにあるように見える。このときの深さを，「見かけの深さ」という。これについて考えてみよう。

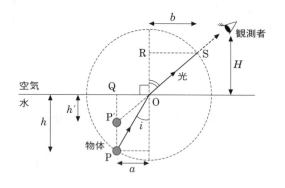

i〔度〕	a〔m〕	b〔m〕	$b \div a$
1	0.0175	0.0233	1.33
2	0.0349	0.0464	1.33
3	0.0523	0.0696	1.33
4	0.0698	0.0928	1.33
5	0.0872	0.1160	1.33
6	0.1045	0.1390	1.33
7	0.1219	0.1621	1.33
8	0.1392	0.1851	1.33
9	0.1564	0.2080	1.33

　図のように，点Oを中心とする半径1mの円周上の水中にある点Pに置いた物体を空気中の観測者から見る。物体Pからの光は点Oを通り，点Sのほうへ進む。これを上方の観測者から見ると物体は点Pの真上にある点P′にあるように見える。物体Pおよび点Sから点Oまでの水平距離をそれぞれa〔m〕，b〔m〕とおく。このとき，表のようにさまざまな入射角iに対して，

$$\frac{b}{a} = n（一定値）$$

となる関係が成立する。このnを「空気に対する水の屈折率」といい，表は入射角iに対するa, b, $b \div a$の値の関係を示したものである。

　さて，物体の水面からの深さhは，aを用いて，

　　$h = （　①　）$　……[1]

また，△ORSと△P′QOは相似であるので，

　　$OP′ = （　②　）$

であることから，上方から見た場合の見かけの深さ$h′$は，a, bを用いて，

　　$h′ = （　③　）$　……[2]

となるので，式[1]と式[2]より

　　$\dfrac{h′}{h} = （　④　）$

である。表のようにiが小さな角度のとき，a^2やb^2は1に比べて非常に小さくなる。このような場合，$\sqrt{1-a^2}$や$\sqrt{1-b^2}$は，ほぼ1とみなしてよい。このことから，nを用いて，

　　$\dfrac{h′}{h} = （　⑤　）$

という関係があることがわかる。

　以上から，水中の物体を上方から見るときの見かけの深さ$h′$は実際の深さのhの（　⑥　）倍になることがわかる。逆に水中の点Pにある物体側から見ると観測者の水面からの見かけの高さは，実際の高さHの（　⑦　）倍になると考えられる。

(1)　文章中の空欄①～③にあてはまる式を次のア～サからそれぞれ1つずつ選び，記号で答えよ。

①〔　　　　〕②〔　　　　〕③〔　　　　〕

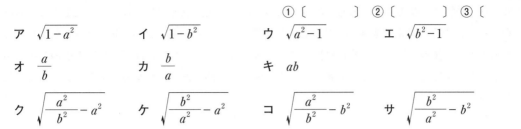

ア　$\sqrt{1-a^2}$　　　　イ　$\sqrt{1-b^2}$　　　　ウ　$\sqrt{a^2-1}$　　　　エ　$\sqrt{b^2-1}$

オ　$\dfrac{a}{b}$　　　　カ　$\dfrac{b}{a}$　　　　キ　ab

ク　$\sqrt{\dfrac{a^2}{b^2}-a^2}$　　ケ　$\sqrt{\dfrac{b^2}{a^2}-a^2}$　　コ　$\sqrt{\dfrac{a^2}{b^2}-b^2}$　　サ　$\sqrt{\dfrac{b^2}{a^2}-b^2}$

(2)　文章中の空欄④にあてはまる数式を次のア～エから1つ選び，記号で答えよ。　　　　〔　　　　〕

ア　$\dfrac{a\sqrt{1-b^2}}{b\sqrt{1-a^2}}$　　　イ　$\dfrac{b\sqrt{1-b^2}}{a\sqrt{1-a^2}}$　　　ウ　$\dfrac{a\sqrt{1-a^2}}{b\sqrt{1-b^2}}$　　　エ　$\dfrac{b\sqrt{1-a^2}}{a\sqrt{1-b^2}}$

(3)　文章中の空欄⑤に入る数式を，nを用いて答えよ。　　　　　　　　　　〔　　　　〕

(4)　文章中の空欄⑥，⑦に入る数値を，四捨五入して小数第2位まで答えよ。

⑥〔　　　　〕⑦〔　　　　〕

頻出 154 〈音波と振動数〉　　　　　　　　　　　　　　　　　　　　　　（大阪教育大附高平野）

次の文章を読み，あとの問いに答えなさい。

　梅雨の晴れ間を「五月晴れ（さつき）」という。これは現在の6月が旧暦の五月に相当したためである。この時期は梅雨前線に向かって南からしめった空気が流れ込み，空気中の湿度が高くなるとともに，人家近くでイエバエなどの昆虫の活動が活発になる。このことから「うるさい」を「五月蝿い」と表記するという。以下は，中学生の理科子さんが，学習した内容をもとに，ハエの音は本当にうるさいのかを考察するために，生物が発する音について調べた記録の一部である。

(1)　ハエの羽音を調べるために音を観察する方法として，オシロスコープを用いることができる。図1は音の振動のようすを表したものである。グラフの横軸は時間を表している。振幅を知るには図1のどこを見ればよいか。最も適当なものを①～④から1つ選び，番号で答えよ。　　　　　　〔　　　　〕

図1

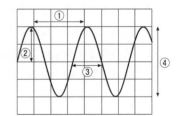

(2)　いろいろなおんさを鳴らしたときのオシロスコープに表示される波形を図2に示した。いずれのグラフも目盛りは等しい。以下の観察の内容が正しくなるように（　a　），（　b　）にあてはまる適当な語句を答えよ。

a〔　　　　〕

b〔　　　　〕

〔観察〕Aに比べてBのほうが（　a　）音である。また，Cのほうが（　b　）音である。

図2

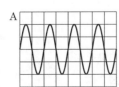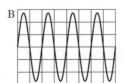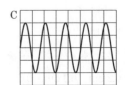

(3)　ハエの羽音の振動数には200Hz前後のものがあり，人の耳にはよく聞こえやすい音である。羽が発音体となり，ハエが羽ばたく回数と羽音の振動数が一致する場合，200Hzの音を15秒間鳴らす間に，ハエは何回羽ばたいているか答えよ。　　　　　　　　　　〔　　　　〕

155 〈弦の音〉 (三重高)

図1のような装置で，弦の長さ，おもりの数，弦の太さを変え，弦の振動のしかたと発生する音の関係を調べた。弦の長さは木片を移動して変え，PQ間の長さを弦の長さとし，PQの中央をはじいて弦を振動させた。実験では，弦は同じ材質で太さの異なるものを，おもりは同じ質量のものを複数用意し，条件を変えて行った。表は，実験a〜eで設定した条件をまとめたものである。あとの問いに答えなさい。

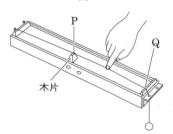

図1

	実験a	実験b	実験c	実験d	実験e
弦の長さ	80 cm	60 cm	80 cm	60 cm	40 cm
おもりの数	1個	1個	1個	4個	4個
弦の直径	0.2 mm	0.2 mm	0.1 mm	0.2 mm	0.1 mm

⑴　弦の長さが変わると，弦の振動と音の高さはどのようになるか。次のア〜オから1つ選び，記号で答えよ。　　　　　　　　　　　　　　　　　　　　　　　　　　　　　　〔　　　〕

　ア　弦の長さが短くなると弦の振動数は大きくなり，音は低くなる。

　イ　弦の長さが短くなると弦の振動数は大きくなり，音は高くなる。

　ウ　弦の長さが短くなると弦の振動数は小さくなり，音は低くなる。

　エ　弦の長さが短くなると弦の振動数は小さくなり，音は高くなる。

　オ　弦の長さが短くなっても弦の振動数は変わらず，音の高さは変化しない。

⑵　弦の太さが変わると，弦の振動と音の高さはどのようになるか。次のア〜オから1つ選び，記号で答えよ。　　　　　　　　　　　　　　　　　　　　　　　　　　　　　　〔　　　〕

　ア　弦の太さが細くなると弦の振動数は小さくなり，音は低くなる。

　イ　弦の太さが細くなると弦の振動数は小さくなり，音は高くなる。

　ウ　弦の太さが細くなると弦の振動数は大きくなり，音は低くなる。

　エ　弦の太さが細くなると弦の振動数は大きくなり，音は高くなる。

　オ　弦の太さが細くなっても弦の振動数は変わらず，音の高さは変化しない。

⑶　弦をはる強さが変わると，弦の振動と発生する音の高さがどのようになるか調べるためには，表のどの実験とどの実験を比べればよいか。次のア〜カから1つ選び，記号で答えよ。　〔　　　〕

　ア　実験aと実験d

　イ　実験aと実験e

　ウ　実験bと実験d

　エ　実験bと実験e

　オ　実験cと実験d

　カ　実験cと実験e

⑷　図2のように，弦の長さ，弦をはる強さを同じにして，弦の中央をはじく幅を0.2 cm，0.4 cm，0.6 cmと変えて弦を振動させた。図3は，この実験のようすを真上から見た図である。弦の振動のしかたと発生する音はどのようになるか。最も適当なものを次のア〜オから1つ選び，記号で答えよ。　　　　　　　　　　　　　〔　　　〕

図2

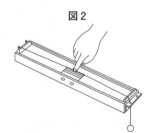

ア　弦の振動が大きくなると，音の高さが低くなる。

イ　弦の振動が大きくなると，音の高さが高くなる。

ウ　弦の振動が大きくなると，音の大きさが小さくなる。

エ　弦の振動が大きくなると，音の大きさが大きくなる。

オ　弦の振動が大きくなっても，音の高さも音の大きさも変化しない。

図3

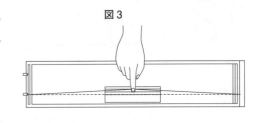

頻出 156　〈音の伝わる速さ〉　　　　　　　　　　　　　　　　　　　　　（千葉・東邦大付東邦高）

次の文章を読み，あとの問いに答えなさい。

　空気中を音が伝わる現象は，音を出す物体が空気を振動させ，その空気の振動がまわりの空気に伝わることで生じる。この音が伝わる速さは音を出している物体の速さに影響されない。また，1秒間に空気が振動する回数を振動数といい，その単位はHz（ヘルツ）で表される。

　水平でまっすぐなレールの上を電車が一定の速さ61.2km/hで走っている場合を考える。この電車の先頭にはAさんが乗っていて，電車の前方には止まっているBさんがいるとする。

　AさんとBさんとの間の距離が170mになったときから，Aさんが振動数1900Hzの音が出る笛を2秒間吹き続けた。ただし，この笛の音が空気中を伝わる速さは340m/sであり，風はないものとする。また，笛の音は最初から最後までBさんにはっきり聞こえているものとする。

(1)　この電車の速さは何m/sか。　　　　　　　　　　　　　　　　　　〔　　　　　　〕

(2)　Aさんが笛を吹き始めてから，Bさんに笛の音が聞こえ始めるまでに何秒かかるか。

〔　　　　　　〕

難 (3)　Aさんが笛を吹き終えてから，Bさんに笛の音が聞こえなくなるまでに何秒かかるか。

〔　　　　　　〕

難 (4)　Bさんは何秒間笛の音を聞くことになるか。　　　　　　　〔　　　　　　〕

(5)　(4)で笛の音が聞こえている間にBさんのところでは3800回空気が振動したことになる。Bさんが聞く笛の音の振動数は何Hzか。

〔　　　　　　〕

(6)　一定の振動数を出している物体がある。この物体が止まっている人に近づいてくる。この物体が止まったまま音を出す場合と比べ，この人が聞く音がどのように変化するかについて述べた文として，最も適当なものを次のア〜オから1つ選び，記号で答えよ。

〔　　　　　　〕

ア　音の振動数が大きくなるため，音は高くなる。

イ　音の振動数が大きくなるため，音は低くなる。

ウ　音の振動数が小さくなるため，音は高くなる。

エ　音の振動数が小さくなるため，音は低くなる。

オ　音の振動数は変わらないが，音は大きくなる。

18 ≫物理分野 力と圧力

▶解答→別冊 *p.46*

157 〈力とばね〉

（大阪星光学院高）

自然の長さが同じばねA，ばねBの２本のばねを使って，ばねに加える力とばねの伸びとの関係を調べる実験を図１のようにして行った。その結果，図２のグラフが得られた。これについて，あとの問いに答えなさい。ただし，ばねを自然の長さから1.0 m伸ばすのに必要な力の大きさをばね定数と呼び，その単位は〔N/m〕で表される。また，ばねの質量は無視できるものとする。

図１

図２

⑴　ばねAとばねBのばね定数はそれぞれいくらか。A〔　　　　　　〕　B〔　　　　　　〕

⑵　質量の無視できる棒の両端にばねA，Bを取り付け，それぞれのばねのもう一方の端を天井に固定した。次に，5.0 Nの重力がはたらくおもりを棒が天井と平行になるように移動させたところ，図３の状態でつり合った。このときのばねAにはたらく力の大きさを求めよ。〔　　　　　　〕

⑶　図３のとき，ばねは何m伸びたか。〔　　　　　　〕

⑷　図３で，ばねA，Bを１本のばねとみなしたとき，ばね定数はいくらか。〔　　　　　　〕

⑸　図４のように，ばねA，Bをつないで，ばねAの上端を天井に付け，ばねBの下端に2.0 Nの重力がはたらくおもりをつるした。ばねA，Bを１本のばねとみなしたとき，このばねのばね定数はいくらか。〔　　　　　　〕

次に，ばねの自然の長さがともに0.20 m，ばね定数が未知の２本のばねC，Dを用意し，それぞれの上端を天井に0.50 m離してつるした。

難 ⑹　ばねC，Dのもう１つの端をつないで図５のように5.0 Nの重力がはたらくおもりをつるすと，ばねC，Dのなす角が直角になり，Cの長さが0.30 m，Dの長さが0.40 mになってつり合った。ばねC，Dのばね定数はそれぞれいくらか。　C〔　　　　　　〕　D〔　　　　　　〕

図３

図４

図５

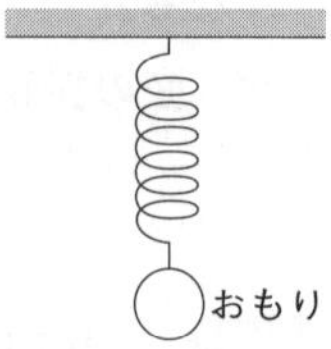

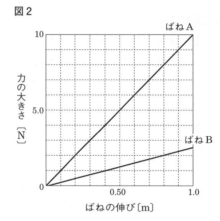

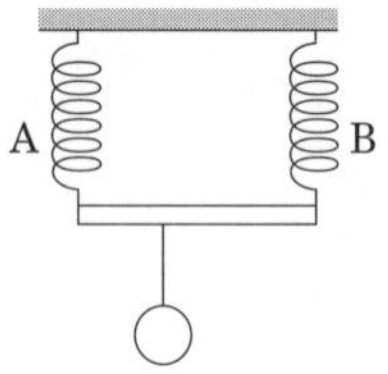

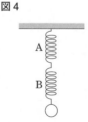

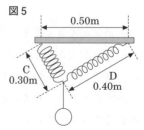

頻出 158 〈力・ばね・台ばかり〉

（広島・崇徳高改）

球，木片，ばね，台ばかりを使って，実験を行った。球と木片の質量は等しく，用いたばねは，1Nの力を加えると1.6cm伸びる。ばねの質量は無視できるほど小さいものとする。次の問いに答えなさい。

図1

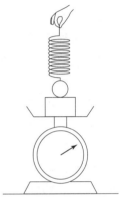

(1) 図1のように，ばねに球をつり下げると，ばねが自然の長さから8cm伸びたところで静止した。球にはたらく重力の大きさは何Nか。　〔　　　　　　　〕

(2) 図1には2つの力の矢印A，Bが示されている。それぞれどのような力を表しているか。

　A〔　　　　　　　　　　　　　〕B〔　　　　　　　　　　　　　〕

(3) 図2のように，台ばかりにのせた木片に，ばねとつないだ球を置き，ばねを自然の長さの状態からゆっくりと引き上げていく。このとき，ばねの伸びと台ばかりの目盛りの関係を表したグラフを次のア〜エから1つ選び，記号で答えよ。ただし，質量100gの物体にはたらく重力の大きさを1Nとする。　〔　　　　　〕

図2

ア　　　　　　　　イ　　　　　　　ウ　　　　　　　　エ

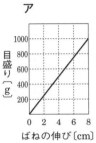 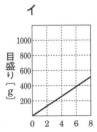 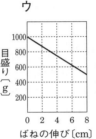

頻出 159 〈圧力〉

（熊本・真和高）

各辺の長さがそれぞれ10cm，20cm，30cm，質量100kg（質量100gの物体にはたらく重力の大きさを1Nとする）の直方体が水平な机の上に置いてある。これについて，次の問いに答えなさい。

(1) 直方体にはたらく力は何があるか，すべて答えよ。〔　　　　　　　　　　　　〕

(2) 直方体の密度〔g/cm³〕を求めよ。ただし，小数第2位を四捨五入し小数第1位まで答えよ。

　　　　　　　　〔　　　　　　　　　　〕

(3) 直方体のA面が机と接するとき，直方体が机を押す圧力〔Pa〕はいくらか。

　　　　　　　　　　　　　　　　　　　　　　　　〔　　　　　　　　　　〕

(4) 直方体のB面が机と接するときと，A面が机と接するときの圧力を比べた。直方体が机を押す圧力を同じにしたい。AＢどちらの面が机と接するときに，何kgのおもりをのせればよいか。

　　　　　　　　　　　　面〔　　　　　　　〕質量〔　　　　　　　〕

(5) 直方体のC面が机と接するとき，直方体に上向きに400Nの力を加えた。直方体が机を押す圧力〔Pa〕はいくらか。　〔　　　　　　　　　　〕

頻出 **160** 〈力のつり合いと作用・反作用〉 （福岡大附大濠高改）

直方体**A**と直方体**B**を図1のように水平な床の上に重ねて置いた。図1
の①～⑥の矢印は，物体**A**，物体**B**または床のどれかにはたらいている
力の向きと作用点のみを表している（矢印の長さは力の大きさに関係な
く，すべて同じ長さにしている）。次の問いに答えなさい。

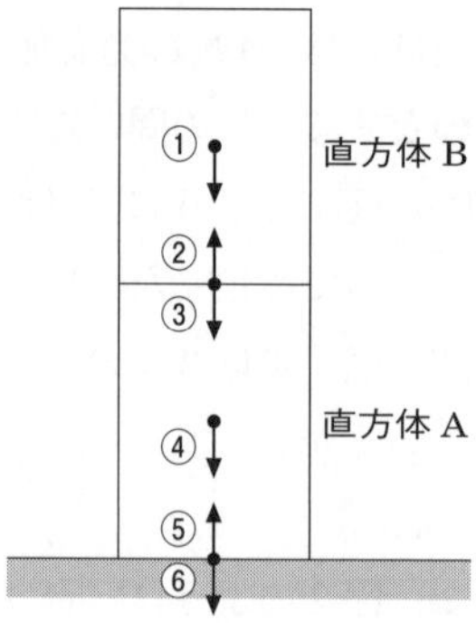

(1) 図1の力①の名称を漢字で答えよ。　　　　　　　　　〔　　　　　　〕

(2) 直方体**A**にはたらいている力を図1の①～⑥からすべて選び，番号
　で答えよ。　　　　　　　　　　　　　　　　　　　　〔　　　　　　〕

(3) 図1でお互いにおよぼし合っている2力（作用・反作用の関係の2
　力）の組み合わせとして正しいものを次のア～コからすべて選び，記
　号で答えよ。　　　　　　　　　　　　　　　　　　　〔　　　　　　〕

　　ア　①と②　　　イ　②と③　　　ウ　③と④　　　エ　④と⑤
　　オ　⑤と⑥　　　カ　①と③　　　キ　①と④　　　ク　②と⑥
　　ケ　③と⑤　　　コ　③と⑥

(4) 図1でつり合っている力の組み合わせとして正しいものを次のア～
　カからすべて選び，記号で答えよ。　　　　　　　　　〔　　　　　　〕

　　ア　①と②　　　　イ　②と③　　　　ウ　③と⑤
　　エ　④と⑤　　　　オ　①＋③と②　　カ　③＋④と⑤

(5) 直方体**A**にはたらく重力の大きさが4N，直方体**B**にはたらく重力
　の大きさが5Nのとき，図1の力⑤の大きさを求めよ。
　　　　　　　　　　　　　　　　　　　　　　　　　　〔　　　　　　〕

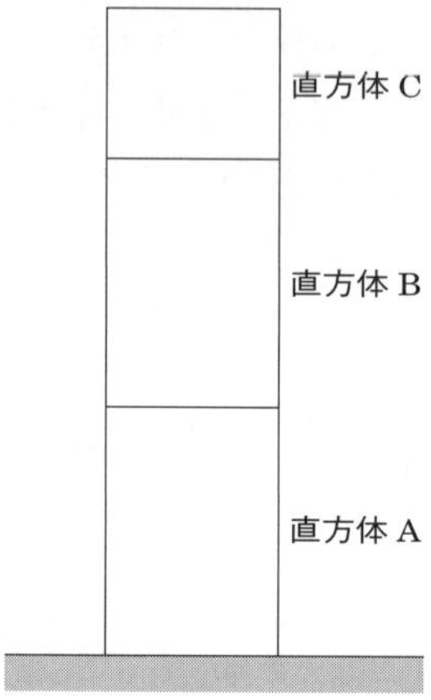

(6) 図2のように，直方体**B**の上に直方体**C**を重ねた。直方体**C**を重ねても大きさが変わらない力を
　図1の①～⑥からすべて選び，番号で答えよ。　　　　　　　　　　　〔　　　　　　〕

図1

①　↓　直方体B
②　↑
③　↕
④　↕　直方体A
⑤　↕
⑥　↕

図2

直方体C

直方体B

直方体A

新傾向 **161** 〈水圧〉 （東京・筑波大附駒場高）

Ⅰ，Ⅱの文章を読み，あとの問いに答えなさい。

Ⅰ　同じ体積で質量の違う5種類の立方体A，B，C，D，Eが
　ある。それぞれの立方体の一辺は10cmである。質量はAが最
　も小さく，A，B，C，D，Eの順に大きくなっていて，その
　比は1：2：4：8：16である。BとEを，水の入った水槽に入
　れ，その上面が水面に接するようにし，それからゆっくり放し
　たところ，図のように，底面が水面から深さ10cm，80cmの
　位置でそれぞれ止まった。

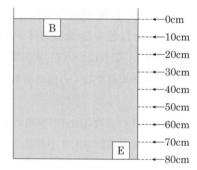

　　B　←0cm
　　　　←10cm
　　　　←20cm
　　　　←30cm
　　　　←40cm
　　　　←50cm
　　　　←60cm
　　　　←70cm
　　E　←80cm

難 (1) A，C，Dを同じようにゆっくり放したら，どの位置で止まるか。止まったときの立方体の底面の，
　水面からの深さをそれぞれ答えよ。

　　　　　　　　A〔　　　　　　〕C〔　　　　　　〕D〔　　　　　　〕

Ⅱ　今度は長さ10cmの針金を12本使って，それぞれの針金が立方体の一辺となるようにした。この立
　方体の底面をゴム膜でおおい，4つの側面のうち互いに向かい合う2面も同様にゴム膜でおおった。
　残りの側面の2面は伸び縮みしない板でおおった。なお，上面は何もおおっていない。これを，中に水が
　入らないように注意しながらBと同じ深さで固定した。ただし，ゴム膜の質量は考えないものとする。

(2) 側面のゴム膜と底面のゴム膜の変化を模式的に表した図の組み合わせとして，最も適当なものはどれとどれか。次のア～オからそれぞれ1つずつ選び，記号で答えよ。

〈側面〉 ア　イ　ウ　エ　オ

〈底面〉 ア　イ　ウ　エ　オ

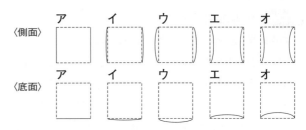

側面〔　　　〕 底面〔　　　〕

162 〈水圧と浮力〉

(石川・星稜高)

図1のように，20gのふたつきフィルムケースに280gのおもりを入れて，ばねばかりで全体（フィルムケースとおもり）にはたらく重力の大きさをはかった。

次に，このフィルムケースを図2のように水中に沈めて，ばねばかりの示す値を調べた。

100gの物体にはたらく重力の大きさを1N，水の密度を1g/cm³，ばねばかりとフィルムケースをつなぐ糸の質量と体積は無視できるものとして，次の問いに答えなさい。

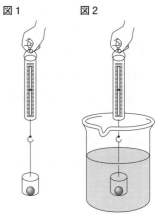

図1　図2

(1) 図1のとき，全体にはたらく重力の大きさは何Nか。整数で答えよ。　　　　　〔　　　　　〕

(2) 水に沈めたときは沈めないときに比べて，全体にはたらく重力の大きさはどのようになるか。次のア～ウから1つ選び，記号で答えよ。　　　　　〔　　　〕

　ア　大きくなる。　　　イ　小さくなる。　　　ウ　変わらない。

(3) 図2のとき，ばねばかりは2.7Nを示した。物体にはたらく浮力の大きさは何Nか。小数第1位まで答えよ。　　　　　〔　　　　　〕

(4) 浮力は水中の物体が受ける水圧により生じる力である。その水圧の大きさを矢印で示したものはどれか。次のア～ウから1つ選び，記号で答えよ。　　　　　〔　　　〕

ア　　　　　　　イ　　　　　　　ウ

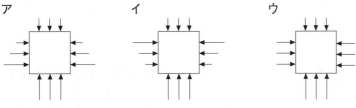

図3

(5) 浮力は，水中にある物体が押しのけた体積分の水にはたらく重力の大きさに等しいことがわかっている。このとき，フィルムケースの体積は何cm³か。整数で答えよ。　　　　　〔　　　　　〕

(6) 図3のようにフィルムケース内のおもりを380gにし，フィルムケースを半分だけ沈めるとばねばかりは何Nを示すと考えられるか。小数第2位を四捨五入し，小数第1位まで答えよ。

〔　　　　　〕

⚠ 163 〈ばねと浮力〉

次の文章を読み，あとの問いに答えなさい。

　質量が無視できる軽いばねP，ばねQがある。自然長(力を加えないときの長さ)はともに5.0 cmであり，それぞれのばねの両端に力を加えて伸びを調べると，1.0 cm伸ばすのに，ばねPは0.15 N，ばねQは0.10 Nの力を加えればよいことがわかった。

　次に，中心軸にそって穴が通った，直径5.0 cm，質量が未知の同じ球を3つ(球A，球B，球C)用意した。これらの球A，球B，球CとばねP，ばねQ，質量の無視できる棒を用いて以下の装置を組み立て，**実験1〜4**を行った。

〔**装　置**〕　球Cを棒に通し，棒の一端に固定した。次にばねQ，球B，ばねP，球Aの順に棒に通し，それぞれのばねと両端にある球を結び，球Aと球Cの中心間の距離が80.0 cmになるよう球Aを棒に固定した(図1)。このとき，球Bは棒にそってなめらかに移動できる。

〔**実験1**〕　球Aを上端にして手で持ち，球Cを下端にして装置全体を鉛直に静止させた(図2)。

〔**実験2**〕　球Bを持って，球Aを上端，球Cを下端にして装置全体を鉛直に静止させた(図3)。

〔**実験3**〕　実験2に引き続き，球Cを水平に置いた台ばかりの上に載せ装置全体を鉛直に静止させた(図4)。

〔**実験4**〕　実験3に引き続き，球Cの一部を水中に沈めて装置全体を鉛直に静止させた(図5)。

　注：図中のばねの長さや台ばかりの指針は実験の結果を反映していない。

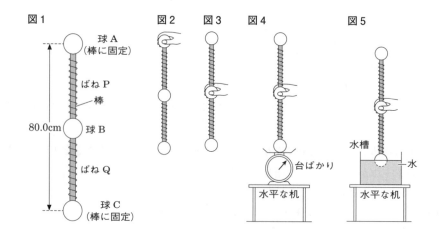

(1)　**実験1，2**の結果について述べた次の文章中の(①)〜(③)に入る適当な数値を答えよ。

　　①〔　　　　　　〕 ②〔　　　　　　〕 ③〔　　　　　　〕

　　実験1の結果，ばねP，ばねQはともに30.0 cmずつ伸び，球Bは球A，球Cの中点で静止した。このことから，球A，球B，球Cにはたらく重力の大きさは(①)Nであることがわかった。また，**実験2**の結果，ばねPは自然長より(②)cm，ばねQは自然長より(③)cm伸びて装置全体は静止した。

(2)　**実験3**で，ばねP，ばねQの長さを等しくし，球Bが球A，球Cの中点で静止するように調節した。このとき，台ばかりの示す値を求めよ。　　　　　　　　〔　　　　　　〕

(3)　**実験4**で，ばねPの伸びが14.0 cm，ばねQの伸びが46.0 cmになるように調節した。このとき，装置が水から受ける浮力の大きさを求めよ。　　　　　　　　〔　　　　　　〕

難 **164** 〈力の合成と浮力〉

次の文章を読み，あとの問いに答えなさい。

　16Nの物体Aに，伸びない軽い2本の糸を付ける。なめらかに回る小さな滑車を通して，糸の他方の端に形も材質も同じで，20Nの重力がはたらく物体B，Cを付ける。糸の長さは同じである。

　図1に示される位置関係を保つよう，物体Aを手でつかんで動かさないようにしておく。2つの小さな滑車の間隔は60cmで同じ高さに取り付けられている。図1の状態のとき，滑車から物体Aの上面までの糸の長さは50cmであり，滑車から40cm下方に物体Aの上面がある。

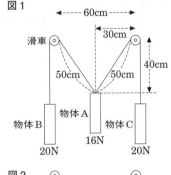

図1

(1)　手を離すと物体Aは鉛直方向に動き始める。動く向きが上向きであるか，下向きであるか答えよ。ただし，角度をもってはたらく2力の合力は，2力を辺とする平行四辺形の対角線で表される。　　　〔　　　　　　〕

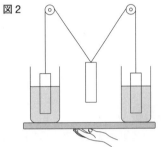

図2

(2)　位置を図1の状態に戻して，再び物体Aを動かないようにする。同じ深さまで水を入れた同形の容器を2つ用意して，図2のように，物体Bおよび物体Cが同じ体積だけ水中にあるようにする。そして，2つの容器の水面の高さに差がないようにしながら，容器の位置を変えてみる。容器をある高さにして物体Aから手を離しても，物体Aがその位置で上方にも下方にも動かないとき，糸1本ずつが物体Aを糸の方向に引いている力の大きさはいくらか。ただし，物体Bおよび物体Cが容器の底に触れることはないものとする。　　　〔　　　　　　〕

(3)　(2)のつり合いの状態から始めて，2つの容器をゆっくり下げていく。2つの容器の水面の高さに差がないようにしながら，物体B，Cが水からすべて出てしまうまで容器を下げていく。容器を下げ始めてから，物体Aの状態がどうなるか，次のア～キから2つ選べ。　〔　　　〕〔　　　〕

　ア　B，Cの一部が水中にある場合，容器を止めるたびに，ゆっくり下降していた物体Aも止まる。

　イ　B，Cの一部が水中にある場合，容器を止めても，物体Aは止まらない。

　ウ　B，Cの一部が水中にある場合，容器を止めるたびに，ゆっくり上昇していた物体Aも止まる。

　エ　B，Cが水から離れるとき，物体Aにはたらく力はつり合っている。そのとき，物体Aの上面は滑車と同じ高さのところにある。

　オ　B，Cが水から離れるとき，物体Aにはたらく力はつり合っている。そのとき，物体Aの上面と滑車との高さの差は40cmより小さい。

　カ　B，Cが水から離れるとき，物体Aにはたらく力はつり合っている。そのとき，物体Aの上面と滑車との高さの差は40cmより大きい。

　キ　B，Cが水から離れるとき，物体Aにはたらく力はつり合っていない。

新傾向 **165** 〈およぼし合う力〉

真空の宇宙空間でも，ロケットは速さを増すことができる。この理由を，力が示す性質に基づいて説明しなさい。

頻出 **166** 〈静電気〉 (石川・星稜高)

次の文章を読み，あとの問いに答えなさい。

　4つの発泡ポリスチレンの球a，b，c，dを違う種類の布で別々に摩擦した。これらを糸でつる
して近づけると下の図のようになった。このとき，bの球を摩擦した布と同じ種類の電気を帯びてい
る球はどれか。あてはまるものをすべて選び，記号で答えよ。

〔　　　　　　　　〕

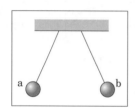 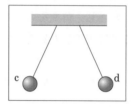 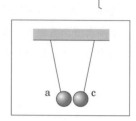

167 〈放電〉 (福岡・西南学院高改)

次の文章を読み，あとの問いに答えなさい。

　右の図のように，＋の電気を帯びたアクリル製のパイプにネオン管を
手で持って近づけると，パチッと音がしてネオン管が一瞬だけ光った。
このとき，＋の電気，または－の電気をもった粒子が，どのように移動
したか。簡単に説明せよ。

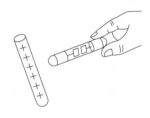

〔

〕

168 〈陰極線（電子線）①〉 (千葉・成田高改)

次の文章を読み，あとの問いに答えなさい。

　図1は誘導コイルを使って放電管内に放電を起こさせる実験装置である。誘導コイルは（　①　）装
置で，誘導コイルのスイッチを入れてから真空ポンプで放電管内の空気の気圧を1気圧から下げると，
放電管内で放電が起こるようになる。このとき，放電管内では放電が（　②　）。また，放電管内を流
れる電流の向きは電極（　③　）の向きである。

　図2の放電管はクルックス管と呼ばれるもので，内部には十字
の形をした電極がある。放電管のX端子とY端子を誘導コイルの
（　④　）にそれぞれつないで放電を起こすと管内の蛍光物質を塗
った面に十字形の影が見られる。このとき放電管内ではX端子側
の電極から（　⑤　）と呼ばれる（　⑥　）の電気をもった粒子が飛
び出している。

図1

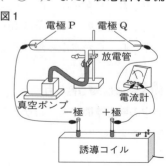

(1) 文章中の（　①　）～（　③　）にあてはまる適当な語句を次の
　　ア～カからそれぞれ1つずつ選び，記号で答えよ。

　　　　　　　　①〔　　　　〕　②〔　　　　〕　③〔　　　　〕

　ア　高電圧をつくり出す　　　イ　大電流をつくり出す

　ウ　起きたときだけ電流が流れる

　エ　起きても起きなくても一定の大きさの電流が流れ続ける

　オ　PからQ　　　　　　　カ　QからP

(2) 文章中の（　④　）～（　⑥　）にあてはまる適当な語句を次のア～カからそれぞれ1つずつ選び，
　　記号で答えよ。　　　　　　　　　　　　　　④〔　　　　〕　⑤〔　　　　〕　⑥〔　　　　〕

　ア　＋極と－極　　　イ　－極と＋極　　　ウ　電子　　　エ　陽子　　　オ　負　　　カ　正

---

169 〈陰極線（電子線）②〉　　　　　　　　　　　　　　　　　　　　　　　　（富山一高）

「陰極線」についての説明として誤っているものを次のア～エから1つ選び，記号で答えなさい。

　　　　　　　　　　　　　　　　　　　　　　　　　　　　　　　　　　　　〔　　　　〕

　ア　陰極線は，真空放電管（クルックス管）の中の－極から出て，＋極に引かれるように流れる。

　イ　十字形の金属板を真空放電管（クルックス管）に入れて電圧を加えると，＋極の後ろに十字形の
　　　影ができる。

　ウ　図1のように，直進する陰極線の上下の電極板に電圧を加えると，陰極線が電極板の－極のほ
　　　うに曲がる。

　エ　図2のように，直進する陰極線にU字形磁石を近づけると，陰極線が曲がる。

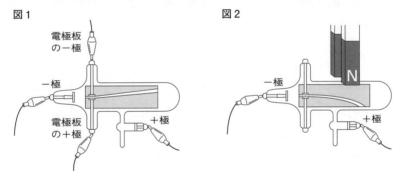

（新傾向）**170** 〈放射線・放射性物質〉　　　　　　　　　　　　　　　　　　　（愛知・東海高改）

次の問いに答えなさい。

(1) 放射性物質によってがんが発生する可能性が高くなると指摘されている。そのしくみについて説
　　明した次の文章中の（　A　），（　B　）に，それぞれあとの語群から最も適当な語句を選び，答えよ。
　　　放射性物質は（　A　）を出して，別の物質に変わる。この（　A　）が細胞内の（　B　）を傷つけ
　　てがんが発生しやすくなる。　　　　　　　　　A〔　　　　　　　〕　B〔　　　　　　　〕

　　語群：ウラン，プルトニウム，二酸化炭素，オゾン，紫外線，活性酸素，フロン，窒素酸化物，
　　　　　小胞体，細胞質，養分，遺伝子，免疫，水分，塩分，陰極線，ニュートリノ，放射能，
　　　　　放射性同位体，放射線

(2) 放射線が人体にどれぐらいの影響があるかを表す単位を何というか。カタカナで答えよ。

　　　　　　　　　　　　　　　　　　　　　　　　　　　　　　　　　　　　〔　　　　〕

頻出 171 〈回路と電流〉

（三重・高田高）

右の図の回路で，R_1，R_2，R_3は同じ大きさの抵抗である。次の問いに答えなさい。

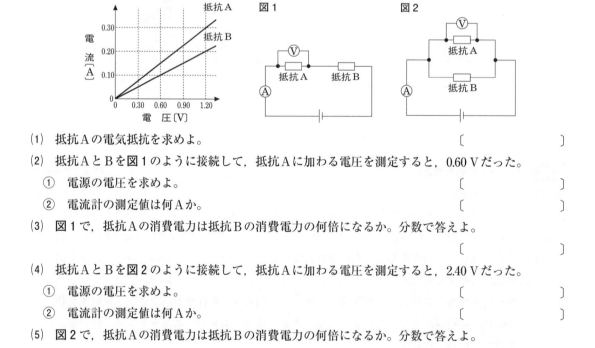

(1)　スイッチX，Yを両方とも閉じたとき，それぞれの抵抗R_1，R_2，R_3を流れる電流I_1，I_2，I_3の大小関係はどうなるか。次のア～カから1つ選び，記号で答えよ。　　　　　〔　　　　　〕

ア　$I_1 > I_2 > I_3$　　　イ　$I_1 < I_2 < I_3$

ウ　$I_1 = I_2 > I_3$　　　エ　$I_1 = I_2 < I_3$

オ　$I_1 > I_2 = I_3$　　　カ　$I_1 < I_2 = I_3$

(2)　次に，スイッチXを閉じたまま，スイッチYを開いた。R_1，R_2を流れる電流I_1，I_2の大きさはスイッチYを開く前に比べてどのようになるか。正しい組み合わせを次のア～カから1つ選び，記号で答えよ。

〔　　　　　〕

	ア	イ	ウ	エ	オ	カ
I_1	小さくなる	小さくなる	変わらない	変わらない	大きくなる	大きくなる
I_2	小さくなる	大きくなる	小さくなる	大きくなる	小さくなる	大きくなる

頻出 172 〈電圧と電流〉

（福岡大附大濠高）

下のグラフは，抵抗A，Bのそれぞれについて，加わる電圧と流れる電流の関係を示したものである。あとの問いに答えなさい。

(1)　抵抗Aの電気抵抗を求めよ。　　　　　　　　　　　　　　　　　　　　　〔　　　　　〕

(2)　抵抗AとBを図1のように接続して，抵抗Aに加わる電圧を測定すると，0.60Vだった。

　①　電源の電圧を求めよ。　　　　　　　　　　　　　　　　　　　　　　　　〔　　　　　〕

　②　電流計の測定値は何Aか。　　　　　　　　　　　　　　　　　　　　　　〔　　　　　〕

(3)　図1で，抵抗Aの消費電力は抵抗Bの消費電力の何倍になるか。分数で答えよ。

〔　　　　　〕

(4)　抵抗AとBを図2のように接続して，抵抗Aに加わる電圧を測定すると，2.40Vだった。

　①　電源の電圧を求めよ。　　　　　　　　　　　　　　　　　　　　　　　　〔　　　　　〕

　②　電流計の測定値は何Aか。　　　　　　　　　　　　　　　　　　　　　　〔　　　　　〕

(5)　図2で，抵抗Aの消費電力は抵抗Bの消費電力の何倍になるか。分数で答えよ。

〔　　　　　〕

難 173 〈抵抗〉

（北海道・函館ラ・サール高改）

右の図は，ニクロム線R_1に電源を接続した回路である。導線の抵抗の値はR_1の抵抗の値に比べて非常に小さく，無視できるものとする。次の問いに答えなさい。

(1) ニクロム線R_1には，どの向きに電流が流れるか。また，ニクロム線R_1に流れる電流やその両端に加わる電圧を測定するとき，電流計や電圧計はニクロム線R_1に対して直列に接続するか，並列に接続するか。次のア～エからそれぞれ1つずつ選び，記号で答えよ。

　　　　　　　　　電流の向き〔　　　　〕　電流計〔　　　　〕　電圧計〔　　　　〕

　ア　X→Y　　　イ　Y→X　　　ウ　直列　　　エ　並列

(2) 次の文章の空欄　①　～　⑤　にあてはまる語句として適当なものを，あとのア～クからそれぞれ1つずつ選び，記号で答えよ。なお，同じ記号を何度用いてもかまわない。

　　　　　　　①〔　　　　〕　②〔　　　　〕　③〔　　　　〕　④〔　　　　〕　⑤〔　　　　〕

> 　電流計と電圧計は基本的な構造は同じで，どちらもそれ自身が抵抗をもっている。電流計は自身に流れる電流の強さをはかる装置である。電流計に接続したことで，回路を流れる電流が変化してしまうことがないように，電流計自身の抵抗の値は非常に　①　く設計されている。一方，電圧計は測定対象にかかる電圧の大きさをはかる装置である。電圧計を接続したことで，回路にかかる電圧が変化してしまうことがないように，電圧計自身の抵抗の値は非常に　②　く設定されている。この違いを踏まえると，電流計を電圧計の代わりに使用することができる。すなわち，抵抗の値の　③　な抵抗線を電流計に対して　④　に接続し，これら全体を1つの電圧計とみなすのである。このとき，電流計が示す電流の値を　⑤　の法則によって電圧の値として読みかえればよい。

　ア　直列　　　　　イ　並列　　　　　ウ　大き　　　　エ　小さ

　オ　キルヒホッフ　カ　レンツ　　　　キ　オーム　　　ク　ジュール

　電源を用いてニクロム線R_1に1.2Vの電圧を加えたところ，150mAの電流が流れた。

(3) ニクロム線R_1の抵抗の値は何Ωか。整数で答えよ。必要があれば小数第1位を四捨五入すること。

　　　　　　　　　　　　　　　　　　　　　　　　　　　　　　　〔　　　　　　〕

　次に，ニクロム線R_1（断面積3mm²）と同じ材質で，さまざまな長さと断面積の8本のニクロム線A～Hを用意し，抵抗の値を調べたところ，右のグラフに示す結果が得られた。ただし，ニクロム線Aの断面積は0.5mm²である。なお，長さと断面積が同じ抵抗線を2本並列接続したものと，長さが同じで断面積が2倍の抵抗線1本は，抵抗の値が等しいので，同じものとみなすことができる。

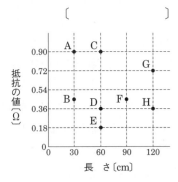

(4) ニクロム線A～Hを断面積の大きさで分類すると，何種類に分けられるか。〔　　　　　　〕

(5) ニクロム線R_1と同じ断面積のニクロム線をA～Hからすべて選び，記号で答えよ。ただし，同じ断面積のものがない場合は，最も近い断面積のものを答えよ。　　　　　　　〔　　　　　　〕

(6) ニクロム線R_1と同じ材質で，長さ1m，断面積1mm²のニクロム線R_2の抵抗の値は何Ωか。小数第1位まで答えよ。必要があれば小数第2位を四捨五入すること。　　〔　　　　　　〕

難　**174** 〈電気抵抗〉

次の文章の〔　　　〕にあてはまる適当な文字式と，□□□にあてはまる適当な数値を答えなさい。

(1)〔　　　　　〕　(2)〔　　　　　〕　(3)〔　　　　　〕　(4)〔　　　　　〕　(5)〔　　　　　〕

(6)〔　　　　　〕　(7)〔　　　　　〕　(8)〔　　　　　〕　(9)〔　　　　　〕　(10)〔　　　　　〕

抵抗線 R_1(R_1〔Ω〕)，R_2(R_2〔Ω〕)がある。R_1，R_2 は同じ材質でできており，半径の比は $1:\sqrt{2}$，長さの比は $2:1$ である。このとき，次の関係が成り立つ。

$$R_1 = \boxed{\text{(1)}} \times R_2 \quad\cdots\cdots①$$

電球にかけた電圧と流れた電流の関係を調べると，図1のようになった。グラフは原点を通るが直線ではないので，電球の電気抵抗は電圧によって変化することがわかる。これに対し，抵抗線の電気抵抗は電圧により変化しないものとする。

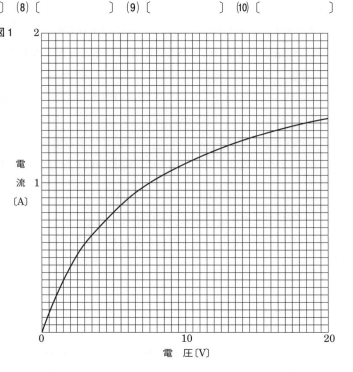

図1

電　流〔A〕

電　圧〔V〕

15 V の電池，電球，30 Ω の抵抗線 R_1，R_2 を用い図2の回路を組んだところ，AB 間の電圧は 0 V であった。

電球にかかる電圧を V〔V〕，流れた電流を I〔A〕としたとき，30 Ω の抵抗線に流れた電流は V を用いて表すと〔　(2)　〕〔A〕であるから，

$$\bigl[\,\text{(2)}\,\bigr] \times R_1 = IR_2 \quad\cdots\cdots②$$

の関係がある。また，①を②に代入すると，

$$V = \boxed{\text{(3)}} \times I \quad\cdots\cdots③$$

の関係があることがわかる。電球は③と図1の曲線のどちらの関係も満たすので，図1に③の直線をかき曲線との交点を求めることにより，$V = \boxed{\text{(4)}}$〔V〕，$I = \boxed{\text{(5)}}$〔A〕とわかる。

図2で用いたものと同じ電球を2個，20 V の電池，40 Ω の抵抗線2本(R_3，R_4)，電気抵抗が不明の抵抗線 R_5 を用いた図3の回路を組んだところ，R_5 には D→C の向きに 0.3 A の電流が流れた。

電球1にかかる電圧を V〔V〕，流れた電流を I〔A〕としたとき，R_4 に流れた電流は I を用いて表すと〔　(6)　〕〔A〕であるから，R_4 にかかる電圧は $40 \times (\bigl[\,\text{(6)}\,\bigr])$〔V〕である。電球1にかかる電圧と R_4 にかかる電圧の和が電源の電圧に等しいから，V と I は，

$$V + \boxed{\text{(7)}} \times I = \boxed{\text{(8)}} \quad\cdots\cdots④$$

の関係があることがわかる。このとき，$V = \boxed{\text{(9)}}$〔V〕，$I = \boxed{\text{(10)}}$〔A〕とわかる。

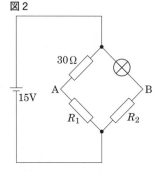

図2

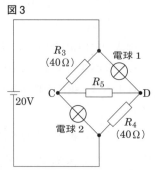

図3

175 〈電流回路〉

（兵庫・灘高）

次の問いに答えなさい。

(1) 次の文章中の（　①　）～（　⑤　）にあてはまる式を答えよ。

①〔　　　　　　　　〕②〔　　　　　　　　〕③〔　　　　　　　　〕

④〔　　　　　　　　〕⑤〔　　　　　　　　〕

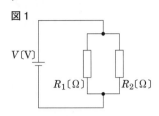

図1

　2個の抵抗 R_1〔Ω〕，R_2〔Ω〕を直列に接続したときの回路全体の抵抗は（　①　）〔Ω〕である。また，抵抗 R_1〔Ω〕，R_2〔Ω〕を並列に接続したときの回路全体の抵抗は，次のようにして求められる。図1において，2個の抵抗を並列に接続したもの全体に V〔V〕の電圧を加えると，抵抗 R_1 に（　②　）〔A〕，抵抗 R_2 に（　③　）〔A〕の電流が流れ，合計で（　④　）〔A〕の電流が流れるから，V〔V〕をこれで割って，回路全体の抵抗は（　⑤　）〔Ω〕と求められる。

(2) 2Ωの抵抗2個と x〔Ω〕の抵抗1個を図2のように接続した。xを含んだ式で回路全体の抵抗を表せ。

〔　　　　　　　　〕

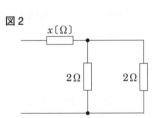

図2

難 (3) 図3のように，点線で囲った2Ωの抵抗と x〔Ω〕の抵抗の組み合わせ（ユニットと呼ぶ）を，図2の回路にもう1つ付け加えた回路を考える。xを含んだ式で回路全体の抵抗を表せ。

〔　　　　　　　　〕

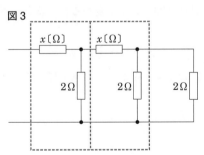

図3

難 (4) (2)の回路全体の抵抗と(3)の回路全体の抵抗が等しくなるのは，xの値がいくらのときか。〔　　　　　〕

難 (5) xが(4)で求めた値をとる場合，図4のようにユニットを全部で5つ並べ，一端に2Ωの抵抗をつなぎ，他端に64Vの電池をつないだ。

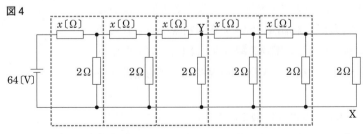

図4

① 図のX点を流れる電流はいくらか。〔　　　　　　〕

② 図のY点とX点の間の電圧はいくらか。〔　　　　　　〕

頻出 **176** 〈電力・電力量・発熱量〉　　　　　　　　　　　　　　　　　　　　　　　（愛知・中京大附中京高改）

100 V用で40 Wの電球Aと100 V用で100 Wの電球Bを用いて図1，図2のような回路をつくった。あとの問いに答えなさい。

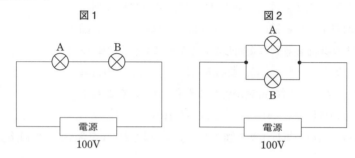

図1　　　　　　　　　　　　　　　　　　　図2

(1)　電球Aと電球Bをそれぞれ1つずつ100 Vの電源につないで点灯させたとき，明るさ，および流れる電流の大きさを比較するとどのようなことがいえるか。簡単に説明せよ。

(2)　図1，2の4つの電球を，例にならって明るい順に並べよ。

〔例〕図1のA→図1のB→図2のA→図2のB

〔　　　　　〕→〔　　　　　〕→〔　　　　　〕→〔　　　　　〕

(3)　図2の回路全体で消費される電力は何Wか。　　　　　　　　　　　〔　　　　　〕

(4)　図2の電球Aで消費された電力の80％が熱に変わるとすると，電球Aの1分間の発熱量は何Jになるか。　　　　　　　　　　　　　　　　　　　　　　　　　　　　〔　　　　　〕

(5)　図2の回路全体で5分間に消費される電力量は何Jか。　　　　　　　〔　　　　　〕

(6)　図1の回路全体で消費される電力は何Wか。四捨五入により，小数第1位まで答えよ。

〔　　　　　〕

177 〈電流と発熱量〉　　　　　　　　　　　　　　　　　　　　　　　　　　　（福岡・久留米大附高）

ある電熱器に加える電圧V〔V〕とそのときに流れる電流I〔A〕を測定したところ，図1のようになった。

この電熱線を使った次の実験Ⅰ～Ⅲについてあとの問いに答えなさい。ただし，電力が水の加熱に利用できる割合はいずれも同じであるとし，実験に使用した電源の電力料金は1kWh（キロワット時）あたり20円とする。また，いずれの実験においても室温は同じであるとする。

〔実験Ⅰ〕電熱器を100 Vの電源に図2のようにつないで，2.0 kgの水を室温から沸騰させる。水が室温から沸騰しはじめるまでに24分かかった。

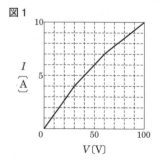

図1

〔**実験Ⅱ**〕電熱器を2つ用意し，図3のように100Vの電源につないだ。電熱器1つあたり2.0kg，合計4.0kgの水を室温から沸騰させる。

〔**実験Ⅲ**〕電熱器を2つ用意し，図4のように100Vの電源につないだ。電熱器1つあたり2.0kg，合計4.0kgの水を室温から沸騰させる。

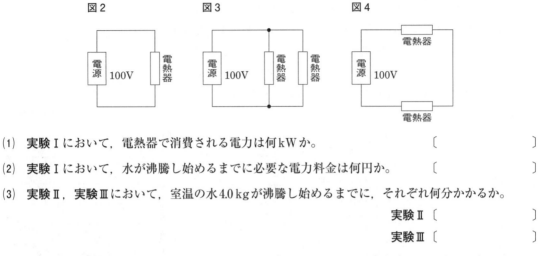

(1) **実験Ⅰ**において，電熱器で消費される電力は何kWか。　〔　　　　　〕

(2) **実験Ⅰ**において，水が沸騰し始めるまでに必要な電力料金は何円か。　〔　　　　　〕

(3) **実験Ⅱ**，**実験Ⅲ**において，室温の水4.0kgが沸騰し始めるまでに，それぞれ何分かかるか。

実験Ⅱ〔　　　　　〕

実験Ⅲ〔　　　　　〕

(4) **実験Ⅱ**，**実験Ⅲ**において，室温の水4.0kgを沸騰させるための電力料金は，それぞれ何円か。

実験Ⅱ〔　　　　　〕

実験Ⅲ〔　　　　　〕

頻出 178 〈電磁誘導・モーター・電力〉　　　　　　　　　　　　　　　　（石川・星稜高）

次の問いに答えなさい。

(1) 図1のように，コイルの上部すれすれに，棒磁石を一定の速さで水平に動かした。このとき，検流計の針はどのように動くか。次のア～エから1つ選び，記号で答えよ。　　　　　　　　　　　　〔　　　　　〕

ア　針は一方向にふれたままとなる。

イ　針は一方向にふれたあと，もとの位置に戻る。

ウ　針は一方向にふれたあと，もとの位置に戻り，再び同じ方向にふれたあと，もとの位置に戻る。

エ　針は一方向にふれたあと，もとの位置に戻り，逆方向にふれたあと，もとの位置に戻る。

図1

検流計へ

(2) 図2は，モーターが回転するしくみを示すものである。図の向きに電流を流したとき，整流子側からコイルを見ると，モーターは時計回り，反時計回りのどちら向きに回転し続けるか。

〔　　　　　〕

(3) 消費電力がそれぞれ100V－18W，100V－54W，100V－90Wの3つの電球を並列につなぎ，100Vの電源につないだ場合，全体の消費電力は何Wになるか。

〔　　　　　〕

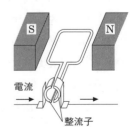

図2

電流

整流子

179 〈発熱量と電力量〉 (広島大附高)

電流のはたらきに関する**A**, **B**の文章を読み，あとの問いに答えなさい。

A　ある電熱線に電圧を加え，流れる電流を測定したところ，図1のようになった。この電熱線を3
本に切り分け，図2のようなヒーターを3種類(X, Y, Z)つくっ
た。切り分けるときには，それぞれ6Vの電圧を加えたときに電力
が6W，9W，18Wになるようにした。ヒーターに発生する熱量が
何によって決まるのかを調べるため，ヒーターX, Y, Zを用いて
図3のようにして，水の量を変えずにそれぞれ6Vの電圧を加え，
電流を流す時間と水の上昇温度との関係を調べた。図4は，この実
験結果を示している。

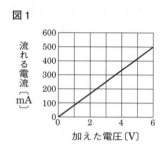
図1

図2

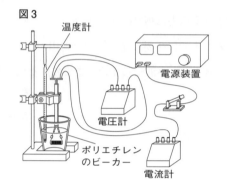
図3

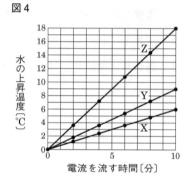
図4

(1)　切り分ける前の電熱線の抵抗の値は何Ωか。　　　　　　　　　　　〔　　　　　　　〕

(2)　ヒーターXに流れる電流の値は何Aか。　　　　　　　　　　　　　〔　　　　　　　〕

(3)　下線部のようにヒーターX, Y, Zについて1つずつ別々に測定するの
　　ではなく，1台の電源装置を用いて3つのヒーターX, Y, Zそれぞれに
　　6Vの電圧を同時に加えることのできる回路をつくり，電流を流す時間と
　　水の上昇温度との関係を調べたい。これに関して，次の問いに答えよ。

　①　この回路を回路図で表せ。ただし，ヒーターは電気抵抗の図記号を用
　　　いて表し，X, Y, Zがわかるように図中に記せ。また，電流計，電圧
　　　計は省略することとする。

　②　この回路をつくったとき，一番大きな電流が流れる導線には，何Aの
　　　電流が流れるか。　　　　　　　　　　〔　　　　　　　〕

(4)　図4の実験結果を用いて，ヒーターの電力と水の上昇温度
　　との関係を表すグラフを作成し，どのような関係にあるのか
　　知りたい。次の問いに答えよ。

　①　グラフを作成するにあたって，一定にしておかなければ
　　　ならない量は何か。　　　〔　　　　　　　　　　〕

　②　①で答えた量について値を1つ設定し，右にグラフを作
　　　成せよ。　　　①で答えた量の設定値〔　　　　　　　〕

　③　ヒーターの電力と水の上昇温度とはどのような関係にあ
　　　るか答えよ。　　　　　　　　〔　　　　　　　　　〕

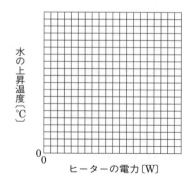

⑸　ヒーターXに10分間電流を流したときの電力量は何Jか。

〔　　　　　　　　〕

B　食卓を照らす60Wの白熱電球2個を，5.6WのLED電球2個に取り換えた。これらの電球は毎日午後6時から10時までの4時間使用している。1か月(30日間)の電力量は電球を取り換えたことによって何kWh減少するか。ただし，小数第1位を四捨五入し，整数で答えよ。

〔　　　　　　　　〕

新傾向 **180**〈電磁石と発光ダイオード〉　　　　　　　　　　　　　　　　　　　　　　　(東京・お茶の水女子大附高)

次の文章を読み，あとの問いに答えなさい。

　ばねについた磁石の下側にコイルを置く。図1のように，ばねの長さを自然長になるところ(A)まで上げてから手を離す。すると磁石は下向きに動き，コイルの直上(B)で磁石が止まり，上昇してもとの位置(A)に戻る動きをしばらくくり返す。コイルには発光ダイオードが付いており，電流が矢印の方向に流れると点灯する。図2はこのときの磁石の位置と発光ダイオードの点灯を表したもので，磁石はAとBの間を2往復しており，■でぬられたところで発光ダイオードは点灯した。

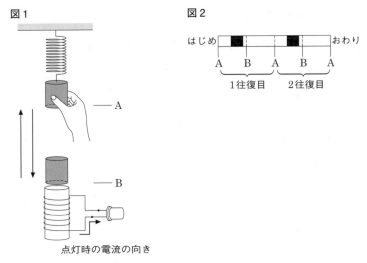

⑴　図2のように発光ダイオードが点灯したとき，ばねについた磁石の下側は何極になるか。

〔　　　　　　　　〕

難⑵　ばねについた磁石の上下を反対にして，同様な実験を行った。発光ダイオードが点灯したところを，図2のように下の図に表せ。

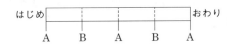

181 〈電磁誘導と発光ダイオード〉 （京都・同志社高）

次の文章を読み，あとの問いに答えなさい。

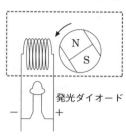

　右の図の点線で囲まれたコイルと磁石からなる部分は，自転車のライト
の発電機である。図のように，磁石でつくられた回転子が回転しており，
Ｎ極がコイルに近づくときに発光ダイオードが点灯した。

　図の発光ダイオードの＋と－を入れ替えて接続した。回転子の最初の位
置および回転の速さが同じだとすると，回転子が１回転する間の次の①～
④の４つの過程で，発光ダイオードは点灯するか。点灯するものには○，点灯しないものには×と答
えよ。　　　　　　　　　　　① 〔　　　　　〕 ② 〔　　　　　〕 ③ 〔　　　　　〕 ④ 〔　　　　　〕

① 　Ｎ極が近づくとき

② 　Ｎ極が遠ざかるとき

③ 　Ｓ極が近づくとき

④ 　Ｓ極が遠ざかるとき

頻出 182 〈電流と磁界①〉 （兵庫・武庫川女子大附高）

電流と磁界について，次の問いに答えなさい。

(1) 図１のような回路をつくり，コイルに棒磁石を出し入れしたとき
　のコイルに流れる電流のようすを観察した。①～④の問いに答えよ。

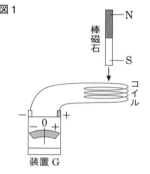

図１

　① 　装置Ｇは，コイルに電流が流れたかどうかを調べるものである。
　　名称を答えよ。　　　　　　　　　　　　　〔　　　　　　　　　〕

　② 　図のように，棒磁石のＳ極をコイルに近づけていくと，装置Ｇ
　　の針がふれた。ふれた向きは＋側，－側のどちらか。

　　　　　　　　　　　　　　　　　　　　　　〔　　　　　　　　　〕

　③ 　②のように，コイルの内部の磁界が変化すると，コイルに電流
　　が流れる。このような現象を何というか。

　　　　　　　　　　　　　　　　　　　　　　〔　　　　　　　　　〕

難 ④ 　図２のように，Ｕ字形磁石の間に導線をつるし，導線の両端と
　　コイルをつなぎ回路をつくった。図の状態で静止している棒磁石
　　を，図の矢印の方向へ引き上げた。棒磁石のＳ極が図の状態から
　　コイルを出るまでの間，導線にはたらく力の向きを次のア～エか
　　ら１つ選び，記号で答えよ。

　　　　　　　　　　　　　　　　　　　　　　〔　　　　　　　　　〕

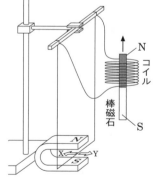

図２

　　ア 　Ｘの向き

　　イ 　Ｙの向き

　　ウ 　はじめはＸの向き，そのあとＹの向き

　　エ 　はじめはＹの向き，そのあとＸの向き

難 (2) 図３のように，鉄心に巻き付けたコイルＡ，コイルＢに，それぞれ直流電源とスイッチ，および
　　装置Ｇをつないだ。①～③の問いに答えよ。

① スイッチを入れ，コイルAに電流を流した瞬間，装置Gの針が
ふれた。このとき，コイルBの北側にはN極，S極のどちらが生
じるか。また，装置Gの針がふれた向きは＋側，－側のどちらか。

磁極〔　　　　　　　　〕

針がふれた向き〔　　　　　　　　〕

図3

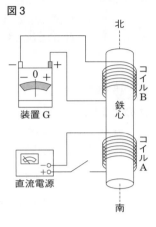

②コイルAに一定の強さの電流を流し続けているとき，装置Gの針
のふれはどのようになるか。最も適当なものを次のア～ウから1
つ選び，記号で答えよ。　　　　　　　　　　　〔　　　　　〕

ア　＋側で静止する。

イ　－側で静止する。

ウ　ゼロ点で静止する。

③ 次の文章は，②の状態からスイッチを切り，その後，再び入れたときに，装置Gの針がどのよ
うにふれるかを説明したものである。（ ⅰ ）～（ ⅲ ）にあてはまる語句を，それぞれあとの
ア～カから1つずつ選び，記号で答えよ。　　　(i)〔　　　〕 (ii)〔　　　〕 (iii)〔　　　〕

スイッチを切ると，コイルAに電流が流れなくなり，コイルAをつらぬく磁界の磁力が減少する。
その結果，コイルBの南側には，その変化をさまたげるように（ ⅰ ）極が生じ，装置Gの針は
（ ⅱ ）に向かってふれる。しばらくして，再びスイッチを入れると，コイルAをつらぬく磁界に，
新たに変化が起こり，装置Gの針は（ ⅲ ）に向かってふれる。

ア　N

イ　S

ウ　＋側からゼロ点

エ　－側からゼロ点

オ　ゼロ点から＋側

カ　ゼロ点から－側

183 〈電流と磁界②〉　　　　　　　　　　　　　　　　　　　　　　　　　　　　　　（石川・金沢大附高）

下の図のように，金属棒を使ってレールをつくり，その間に磁石のS極を上にして並べた。金属棒の
レールに電流を流したところ，金属のパイプが動き出した。あとの問いに答えなさい。

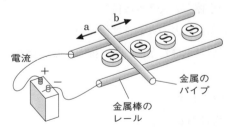

(1) 金属のパイプは，図のa，bどちらの向きに動き出したか。その記号を答えよ。　　〔　　　〕

(2) 電流の＋と－を切り替え，磁石のN極を上にしたときに，金属のパイプは図のa，bどちらの向
きに動き出すか。その記号を答えよ。　　　　　　　　　　　　　　　　　　　　　〔　　　〕

(3) (2)の状態で電源の電流を大きくすると，金属のパイプの動きはどうなるか，答えよ。

〔　　　　　　　　　　　　　　　　　〕

頻出 184 〈慣性の法則〉 (高知学芸高)

次の文章を読み、あとの問いに答えなさい。

　A君が、バス停でバスに乗り込み進行方向に向かって立った。バスが発車するとき、A君は a 後ろ向きに倒れそうになった。次に、直線道路を一定の速さで走っているバスが、信号が変わったためブレーキをかけると、進行方向に向かって立っていたA君は b 前向きに倒れそうになった。下線部 a，b の説明として適当な文を次のア～エからそれぞれ1つずつ選び、記号で答えよ。

a〔　　　〕　b〔　　　〕

　ア　止まっているA君にバスの床から前向きの力がはたらくから。
　イ　動いているA君にバスの床から前向きの力がはたらくから。
　ウ　止まっているA君にバスの床から後ろ向きの力がはたらくから。
　エ　動いているA君にバスの床から後ろ向きの力がはたらくから。

185 〈力の分解と仕事〉 (京都・洛南高)

10 V の一定電圧で1秒あたり40 J の仕事をするモーターがある。このモーターで力のつり合いを保ちながら、ロープを巻き取る装置をつくった。図のように、この装置を使って斜面に置かれた80 N の重力がはたらく物体を斜面にそって点Pから点Qまで引き上げる。このときの電気エネルギーはすべて仕事に変わっているものとして、次の問いに答えなさい。

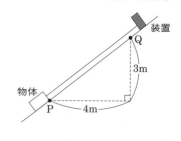

(1)　この装置を流れる電流は何Aか。 〔　　　　　　〕

(2)　斜面には摩擦がないものとして、次の①，②に答えよ。

　①　物体を引き上げるとき、ロープにかかる力の大きさは何Nか。 〔　　　　　　〕

　②　この物体を点Pから点Qまで引き上げるのに何秒かかるか。 〔　　　　　　〕

難(3)　実際には斜面に摩擦があるので、物体を点Pから点Qまで引き上げるのに6.8秒かかった。なお、物体が動いている間にはたらいている摩擦力の大きさは一定である。次の①～③に答えよ。

　①　物体が動いているときの摩擦力の大きさは何Nか。 〔　　　　　　〕

　②　物体が動いているときの垂直抗力の大きさは何Nか。 〔　　　　　　〕

　③　物体を点Pから点Qまで引き上げたとき、垂直抗力がした仕事は何Jか。〔　　　　　　〕

頻出 186 〈力の分解・仕事・運動とエネルギー〉 (東京・開成高)

図1のように、なめらかな斜面に質量5 kg の台車を置き、台車にひもを付け、滑車を通して、おもりをつるした。1 kg の物体にはたらく重力の大きさを9.8 N として、次の問いに答えなさい。

図1

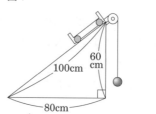

図2

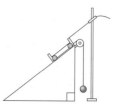

(1) おもりの質量をある値にして，静かに放すと，おもりは動きださなかった。このとき，おもりの質量はいくらか。 〔　　　　　　　〕

(2) (1)のように，1つの物体にいくつかの力がはたらいても，物体が動きださないとき，それらの力の関係を何というか。 〔　　　　　　　〕

次に，図2のように，台車にテープを付け，台車が斜面を下りるようすを記録タイマーで記録する。おもりの質量を2kgにして，静かに放すと，台車とおもりはともに動きだした。図3は，そのときの記録テープを0.1秒ごとに(5打点ごとに)切り，1mm方眼紙に貼り付けたものである。

図3

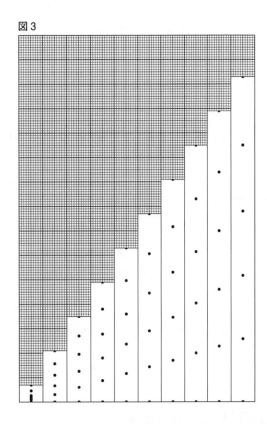

(3) 台車が斜面にそって6.3cm走り下りるのは，台車が動きだしてから何秒後か。 〔　　　　　　　〕

(4) 台車が斜面にそって40cm走り下りたときの速さは何cm/sか。ただし，記録テープで，40cm走り下りたところの前後3打点ずつ(合わせて6打点)を用いて計算すること。 〔　　　　　　　〕

(5) 台車が斜面にそって40cm走り下りるまでに，台車にはたらく重力が台車にする仕事はいくらか。 〔　　　　　　　〕

(6) 台車が斜面にそって走り下りると，おもりは台車と同じ速さで持ち上がる。このとき，台車の位置エネルギーと運動エネルギーはそれぞれどのように変わるか。また，おもりの位置エネルギーと運動エネルギーはそれぞれどのように変わるか。右のア〜ケから1つずつ選び，記号で答えよ。

台車〔　　　　〕

おもり〔　　　　〕

	位置エネルギー	運動エネルギー
ア	大きくなる	大きくなる
イ	大きくなる	変わらない
ウ	大きくなる	小さくなる
エ	変わらない	大きくなる
オ	変わらない	変わらない
カ	変わらない	小さくなる
キ	小さくなる	大きくなる
ク	小さくなる	変わらない
ケ	小さくなる	小さくなる

187 〈仕事〉

（愛媛・愛光高）

図1のように，一辺が0.05mで，質量1.5kgの立方体が水平な床に置いてある。このとき，立方体にはたらく重力の大きさを15Nとする。

図2のように，質量0.3kgの動滑車と軽いひもを使って，点Pに力Fを加え，図1の立方体をつるした。次の問いに答えなさい。

図1

0.05m

(1) 力Fは何Nか。

〔　　　　　　〕

(2) 立方体を0.3m持ち上げるのにひもは何m引けばよいか。

〔　　　　　　〕

(3) 立方体を0.3m持ち上げるのに力Fがする仕事は何Jか。

〔　　　　　　〕

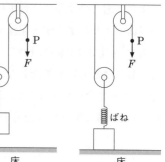

図2　　　　図3

P
F

P
F

ばね

床　　　　　床

　図3のように，質量0.3kgの動滑車と軽いひもと軽いばねを使って，力Fを加えて立方体を引き上げようとしたところ，ばねの全長が0.45mとなった。ばねは自然の長さが0.3mで，4Nの力で引くと0.1m伸びる。

(4) この立方体の底面で床を押す圧力は何Paか。　　　　　　　　〔　　　　　　〕

(5) 力Fは何Nか。　　　　　　　　　　　　　　　　　　　　　　〔　　　　　　〕

難 (6) ばねの全長が0.45mとなった状態から，立方体を床から浮かせるには，このあとひもを少なくとも何m引けばよいか。　　　　　　　　　　　　　　〔　　　　　　〕

頻出 188 〈物体の運動規則性〉

（東京・筑波大附高）

台車が斜面を下る運動について，次の実験を行った。これについて，あとの問いに答えなさい。なお，摩擦と空気抵抗の影響はないものとする。

〔実験1〕図1(a)のように，1kgの台車が下っていく運動を記録タイマーで調べると，記録テープには図1(b)のように記録された。次に，2kgの台車を用いて同様の実験を行うと，結果は1kgのときと同じになった。

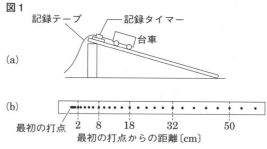

図1

記録テープ　　　記録タイマー
台車

(a)

(b)

最初の打点　2　8　18　　32　　　50
最初の打点からの距離〔cm〕

〔実験2〕図2のように，2kgの台車とばねばかりを糸でつなぎ，実験1と同じ斜面にその台車を置いて静止させ，ばねばかりの値を調べると，XNだった。その後糸を切ると，台車は斜面を下っていった。

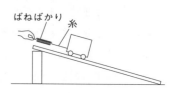

図2

ばねばかり　糸

〔実験3〕1kgの台車とばねばかりを糸でつなぎ，**実験2**と同じ斜面

にその台車を置いて静止させ，ばねばかりの値を調べると，$\dfrac{X}{2}$N

だった。次に，ばねばかりの値がXNになるまで，**図3**のように

斜面を傾けた。その後糸を切ると，台車は斜面を下っていった。

図3

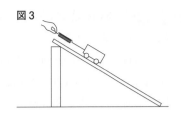

(1) **実験1**の結果について，台車の速さと時間の関係をグラフにすると，正しいものはどれか。次の
ア〜エから1つ選び，記号で答えよ。

〔　　　　　〕

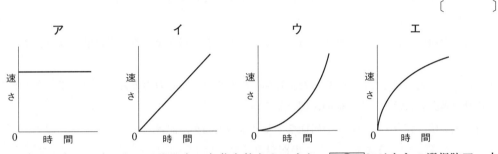

(2) 次の文章中の（　A　）にあてはまる力の名称を答えよ。また，[①]にはあとの選択肢**ア〜ウ**
から，[②]にはあとの選択肢**エ〜カ**から正しいものを1つずつ選び，記号で答えよ。

A〔　　　　　　〕

①〔　　　〕　②〔　　　　〕

　　斜面を下る台車には，2種類の力がはたらいており，それは重力と（　A　）である。台車が
下っていくときに，この2力の合力の大きさは[①]。

　　実験2と**実験3**を比べると，糸を切った直後の，重力と（　A　）の合力の大きさは[②]。

[①]の選択肢

ア　だんだん大きくなる

イ　だんだん小さくなる

ウ　変化しない

[②]の選択肢

エ　実験2のほうが大きい

オ　実験3のほうが大きい

カ　等しい

(3) 次の①〜③の文は，斜面を運動する台車について述べたものである。正しければ○を，間違って
いれば×をそれぞれ記せ。

①〔　　　〕　②〔　　　　〕　③〔　　　　〕

① 斜面の傾きが等しいとき，質量の大きい台車のほうが，速さの増え方が大きい。

② 台車にはたらく力の合力が等しいとき，質量の小さい台車のほうが，速さの増え方が大きい。

③ 台車の質量が等しいとき，斜面の傾きが大きいほうが，台車にはたらく重力の大きさが大きい。

頻出 189 〈物体の運動とエネルギー〉　　　　　　　　　　　　　　　　　　　　（広島・如水館高）

次の問いに答えなさい。

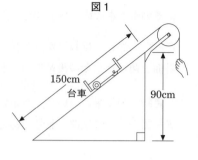

図1

右の図1は，10Nの重力がはたらく台車に糸を付けて，高さ90cm，長さ150cmの斜面を滑車を通して静かに引き上げている図である。ただし，斜面や滑車の摩擦は無視できるほど小さく，台車はたいへん小さいものとする。

(1) 斜面を引き上げられるとき台車にはたらく重力による位置エネルギーは，だんだん大きくなる，だんだん小さくなる，変わらない，のどれか。　　〔　　　　　　　　　　　　〕

(2) 台車を斜面の頂上まで引き上げるのに3秒かかった。斜面を登る台車の平均の速さはいくらか。

〔　　　　　　　　　　　〕

(3) 台車は一定の速さで斜面を登った。物体にはたらいている力の合力が0ならば，物体は等速直線運動で運動し続けることを何の法則というか。　　〔　　　　　　　　　　　〕

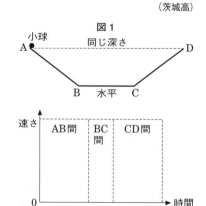

図2
記録タイマー
台車
紙テープ

右の図2は，引き上げた台車が斜面を下るときの運動を，記録タイマーで調べたようすである。この記録タイマーは1秒間に60打点を打つもので，テープに記録された打点のようすは図3で表されている。

(4) 記録タイマーが12打点を打つのにかかる時間は何秒か。

〔　　　　　　　　　〕

(5) 図3のCD間の平均の速さはいくらか。

〔　　　　　　　　　〕

図3

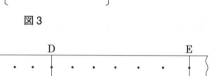

```
  A  B        C              D                              E
  |·:·.· · ·  ·  |  ·   ·   · |  ·    ·    ·    ·    ·   ·  |
  0cm 2.9cm   11.5cm        26.5cm                       47.0cm
```

頻出 190 〈力学的エネルギー〉　　　　　　　　　　　　　　　　　　　　　　　（茨城高）

図1のように，AB，BC，CDの3本のレールをなめらかにつなぎ，レール上で小球をすべらせる実験を行った。BC間は水平であり，A点とD点は同じ高さにしてある。小球の大きさ及び摩擦は無視できるものとして，次の問いに答えなさい。

図1
小球　　　同じ深さ
A　　　　　　　　　　D
　B　水平　C

(1) A点で小球を静かに放してレール上をすべらせたとき，小球の速さと，小球を放してからの時間の関係を表すグラフの概略を，右欄にかけ。ただし，右欄でAB間，BC間，CD間と書かれた部分に，それぞれの部分を通過するときのグラフを対応させてかけ。また，定規は使わなくても構わないが，どのようなグラフかわかるようにかくこと。

速さ
AB間｜BC間｜CD間
0　　　　　　　　　　時間

(2) A点で小球を静かに放してレール上をすべらせたとき，小球がAB間，BC間，CD間を通過するときの小球にはたらく力について正しいものを次のア〜キから1つずつ選び，記号で答えよ。

AB間〔　　　　　〕　BC間〔　　　　　〕　CD間〔　　　　　〕

ア　運動方向と同じ向きに，大きさが一定の力がはたらいている。

イ　運動方向と同じ向きに，だんだん大きくなる力がはたらいている。

ウ　運動方向と同じ向きに，だんだん小さくなる力がはたらいている。

エ　運動方向と反対向きに，大きさが一定の力がはたらいている。

オ　運動方向と反対向きに，だんだん大きくなる力がはたらいている。

カ　運動方向と反対向きに，だんだん小さくなる力がはたらいている。

キ　力はつり合ったままである。

(3)　レールをCD間の中点Mで切断し，図2のような状態にした。このとき，A点で小球を静かに放してレール上をすべらせたとき，Mから飛び出したあとの小球の経路として最も近いものを，図2のア〜ウから1つ選び，記号で答えよ。

〔　　　　　〕

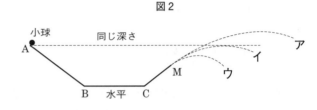
図2

191　〈浮力と仕事・力学的エネルギー〉　　　　　　　　　　（奈良・東大寺学園高）

次の文章を読み，あとの問いに答えなさい。

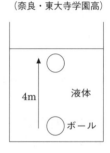

密度1.4 g/cm³の液体が十分大きな容器に入れられている。液体から十分深いところに，体積100 cm³，質量120 gのボールがある。このボールは液体中でも変形しないものとする。なお，質量100 gの物体にはたらく重力の大きさを1 Nとする。また，力の向きと物体の動いた向きが正反対のときは，仕事を負（マイナス）の値として扱うこととする。

まず，ボールに液体の抵抗力や摩擦力がはたらかない場合を考えてみる。

(1)　このボールにはたらく浮力は何Nか。　　　　　　　　　　　　　　　　　〔　　　　　　　　〕

(2)　ボールが4 m上昇する間に，浮力がする仕事W_1は何Jか。また，ボールにはたらく重力がする仕事W_2は何Jか。　　　　　　　　　W_1〔　　　　　　〕　W_2〔　　　　　　〕

(3)　ボールのはじめの速さを0 m/sとすると，4 m上昇したあとのボールの運動エネルギーKとW_1，W_2の間に成り立つ関係式の正しいものをア〜エから1つ選び，記号で答えよ。　　　　　〔　　　　　〕

ア　$K = W_1 + W_2$　　　イ　$K = W_1 - W_2$　　　ウ　$K = -W_1 + W_2$　　　エ　$K = -W_1 - W_2$

難(4)　(3)の現象では，ボールの位置エネルギーも運動エネルギーも増加していることになる。では，ボールと液体を含めた装置全体の力学的エネルギーが保存されるとすると，ボールのエネルギーの増加分はどこから来たと考えられるか。

〔　　〕

次に，ボールにはたらく液体の抵抗力や摩擦力の合計が常に0.05 Nの場合を考えてみる。

(5)　ボールが液体中を4 m上昇するとき，ボールの運動エネルギーの増加は何Jか。

〔　　　　　　　　〕

(6)　(5)の場合，力学的エネルギーは保存されない。失われた力学的エネルギーは何になったと考えられるか。　　　　　　　　　　　　　　　　　　　　　　　　　　　　　　　〔　　　　　　　　〕

〈ふり子の運動・位置エネルギー〉 　　　　　　　　　　　　　　　　（千葉・市川高）

次の文章を読み，あとの問いに答えなさい。

　1.0 Nの力で1.0 cm伸びるばねと，3.0 Nの重力がはたらく物体を用意した。水平な天井に取り付けた糸と一端を壁に取り付けたばねで物体を支えたところ，図1の状態で静止した。物体が静止している位置をA点とする。ただし，物体の大きさは考えないものとし，ばねと糸の質量は無視できるものとする。

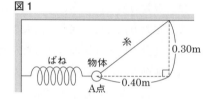

図1

(1)　糸が物体を引く力は何Nか。

〔　　　　　　　　　　〕

(2)　ばねの伸びは何cmか。

〔　　　　　　　　　　〕

　A点にある物体から静かにばねを外したところ，図2のように物体はA点と同じ高さのB点との間でふり子の運動をした。B点に到達したとき，物体から糸が外れた。ただし，空気抵抗は無視できるものとする。

図2

(3)　糸が外れた直後，物体が受ける力（複数の力を受けているときはその合力）の矢印をかけ。ただし，力の矢印の長さは考えないものとする。

(4)　糸が外れたあと，物体はどの向きに運動をするか。

〔　　　　　　　　　　　　　　　　　　　〕

　図3のように，次の①〜③のとき，それぞれ物体から糸が外れた。

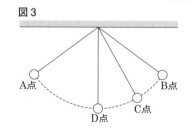

図3

　①　A点で運動を始めてからはじめてB点に到達したとき
　②　A点で運動を始めてからはじめてC点（B点とD点の間の点）に到達したとき
　③　A点で運動を始めてからはじめてD点（糸が天井と垂直になる点）に到達したとき

(5)　以下の文章は，①〜③で糸が外れたあとに，物体がそれぞれの最高点に達したときのエネルギーについて述べたものである。　a　は「等しい」または「異なる」から選び，　b　，　c　は上の①〜③から選び，記号で答えよ。

　　　　　　a〔　　　　　　〕 b〔　　　　　　〕 c〔　　　　　　〕

　物体が最高点に達したとき，①〜③の力学的エネルギーの大きさは　a　。最高点での運動エネルギーが最も小さいのは　b　である。したがって，最高点の位置エネルギーが最も大きいのは　c　である。

(6)　①〜③で糸が外れたあとに，物体が地面に落下する直前にもつそれぞれの運動エネルギーの大小関係を〔　　〕内の記号から適当なものを用いて示せ。ただし，同じ記号をくり返し用いてもよい。
　　〔①，②，③，＞，＜，＝〕（解答例：②＞①＝③）

〔　　　　　　　　　　〕

難 **193** 〈落下運動と慣性の法則〉　　　　　　　　　　　　　　　　　　　　　　　　　　　（兵庫・灘高）

立っている人がボールを持ち上げて手を離すとボールは地面に落ちる。手を離してから地面に落ちるまでの時間を t〔s〕とすると，それは地面から手までの高さ h〔m〕で決まり，$h=5t^2$ という関係の成り立つことが知られている（より正確には係数は4.9であるが簡単のため5として以下の計算をせよ）。空気の抵抗は無視するものとする。次の問いに答えなさい。

(1)　高さ1.25 mでボールを放すと，地面に落ちるまでの時間は何秒か（図1）。

〔　　　　　　　　　〕

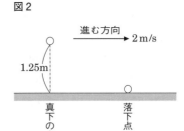

図1
ボールを放す点
1.25m

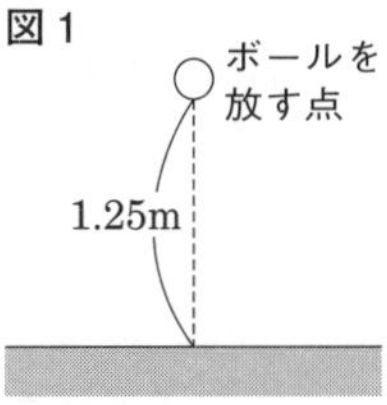

　水平な地面を一定の速さでまっすぐ進みながらボールを放すと，ボールは進んでいる人の足元に落ちる。進んでいる人から見たボールの動きは，立ち止まってボールを放した場合の動きとまったく同じである（自分の身体にそって足元まで落ちる）。

(2)　速さ2 m/sでまっすぐ進みながら，高さ1.25 mでボールを放した場合ボールを放した点の真下の点と，ボールの落下点との距離は何mか（図2）。

〔　　　　　　　　　〕

図2
進む方向
2 m/s
1.25m
真下の点　　　落下点

　次に，斜面を一定の速さで上りながらボールを放すと，やはりボールは足元に落ちる。この場合も，進んでいる人から見たボールの動きは，立ち止まってボールを放した場合の動きとまったく同じである。

(3)　図3のように速さ5 m/sで斜面に平行に進みながら，高さ1.8 mでボールを放すと，放した点の真下の点と，落下点との（斜面にそっての）距離は何mか。

〔　　　　　　　　　〕

図3
5 m/s
1.8m

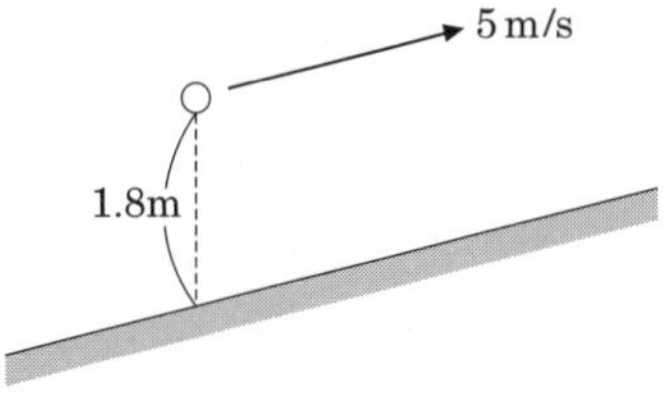

　以上の考えを用いると，斜めに発射された物体の動きを計算することができる。

(4)　図4のように，水平な地面から図で示した発射方向に速さ20 m/sで物体を発射した場合を考える。発射してから2.4秒後の物体の位置はどこか。水平距離と高さで答えよ。

水平距離〔　　　　　　　〕

高さ〔　　　　　　　〕

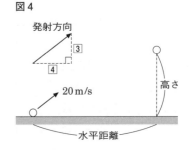

図4
発射方向
③
④
20 m/s
高さ
水平距離

(5)　その場合，最高点に達するのは発射してから何秒後か。また，最高点の高さは何mか。

時間〔　　　　　　　〕

高さ〔　　　　　　　〕

エネルギーとその移り変わり／さまざまな物質の利用

▶解答→別冊 *p.58*

194 〈燃料〉 (愛知・名城大附高)

次の問いに答えなさい。

(1) 石油や石炭などの化石燃料を使用すると，大気中の二酸化炭素が増えて，地球温暖化などの問題を引き起こす。それに対し，光合成がもとになっている生物に由来し，使用しても二酸化炭素を増やさない資源のことを何と呼ぶか。最も適当なものを次のア〜オから1つ選び，記号で答えよ。

〔　　　　〕

ア　バイオマス　　　　　　イ　リサイクルエンジン　　　　ウ　エコモーター
エ　クリーンエネルギー　　オ　ディーゼルエンジン

(2) 燃料電池はエネルギーの変換効率が大変よく，地球環境に優しい発電システムとして注目されている。燃料電池は，燃料となる気体と，空気中の酸素を供給することによって継続して電力を取り出すことができる。一般的に使われている燃料電池の燃料となる気体とは何か。最も適当なものを次のア〜オの中から1つ選び，記号で答えよ。

〔　　　　〕

ア　窒素　　イ　フッ素　　ウ　塩素　　エ　水素　　オ　アンモニア

195 〈エネルギーの変換〉 (北海道・駒澤大附苫小牧高改)

次の文章を読み，あとの問いに答えなさい。

　水力発電では高低差を利用した水の □(1)□ エネルギーを用いて発電機のタービンを回転させ，タービンの □(2)□ エネルギーに変換する。タービンの中にはコイルと磁石があり，タービンが回転することにより □(3)□ が起こり，□(2)□ エネルギーを □(4)□ エネルギーに変換し，それを送電線により送っている。火力発電では石油や石炭などの □(5)□ エネルギーを燃焼して得られる □(6)□ エネルギーにより，ボイラーの中の水蒸気を高温・高圧にして発電機のタービンを回転させることで □(4)□ エネルギーを得る。原子力発電ではウランの □(7)□ エネルギーを利用する。

　しかし，これらの発電方法にはそれぞれ問題点がある。たとえば，水力発電では雨が降らないと発電できないという，□(8)□ に大きく依存している。火力発電では石油などを燃焼する際に放出される □(9)□ が地球温暖化の原因とされている。原子力発電では使用済み □(7)□ 燃料の処理が以前から問題となっていたが，□(10)□ 第一原発の事故により原子力発電そのものの安全性が世界的に見直されるようになっている。

　以上のような既存の発電方法に代わり，新たに □(11)□ 発電や □(12)□ 発電といったクリーンで安全な発電方法が注目を集めつつあるが，これらも □(8)□ に大きく依存する傾向があり，安定供給という点で心配がある。その一方で，冬に降った □(13)□ やゴミを焼却する際に出る □(6)□ エネルギーといった今まで捨てていたエネルギーを建物の冷暖房に利用したり，穀物から抽出したアルコールを燃料として利用するといったいわゆる □(14)□ エネルギーの開発など，エネルギーを確保するためにさまざまな方策が講じられている。

問　上の文章中の □(1)□ 〜 □(14)□ にあてはまる最も適当な語句を次のア〜ツから1つずつ選び，記号で答えよ。

(1) 〔   〕 (2) 〔   〕 (3) 〔   〕 (4) 〔   〕 (5) 〔   〕

(6) 〔   〕 (7) 〔   〕 (8) 〔   〕 (9) 〔   〕 (10) 〔   〕

(11) 〔   〕 (12) 〔   〕 (13) 〔   〕 (14) 〔   〕

ア	風力	イ	地熱	ウ	太陽光	エ	位置	オ	熱
カ	電磁誘導	キ	化学	ク	電気	ケ	天候	コ	一酸化炭素
サ	バイオマス	シ	福岡	ス	福島	セ	運動	ソ	二酸化炭素
タ	核	チ	雨	ツ	雪				

---

196 〈燃料電池とエネルギーの変換効率〉 　　　　　　　　　　　　　　　（千葉・渋谷教育学園幕張高）

次の文章を読み，あとの問いに答えなさい。

　家庭用燃料電池(エネファーム)は燃料として水素を用いたもので，生じるのは水だけであり，地球環境に優しく，徐々に普及が進んでいる。エネファームでは，水素の燃焼にともなって放出されるエネルギーを電気エネルギーとして取り出す。さらに，他の電池では利用されていなかった熱エネルギーを，水を温めることに利用している。つまり，水素の燃焼にともなって放出されるエネルギーを，電気エネルギーと熱エネルギーの両方に変換する。

　a 放出されるエネルギーのうち，電気エネルギーに変換できる割合を発電効率と呼ぶ。たとえば，火力発電の発電効率はおよそ40%，原子力発電の発電効率はおよそ30%（事故が起こったときの補償などは除く）といわれている。現在のエネファームは56%前後の発電効率で発電でき，将来的には最高で80%の発電効率が期待されている。

(1) 下線部 a について，次の問いに答えよ。ただし，エネファームの発電効率は56%とする。

① 2gの水素の燃焼にともなって放出されるエネルギーは286kJである。エネファームで2gの水素から取り出せる電気エネルギーは何kJか。整数で答えよ。　　　　　　　　　〔　　　　　〕

② ①において，電気エネルギーとして取り出せなかったエネルギーは，すべて熱エネルギーに変換されると考える。エネファームで2gの水素が燃焼すると，1kgの水の温度を何℃上昇させることができるか。整数で答えよ。ただし，1Jのエネルギーは1gの水の温度を0.24℃上昇させる。

〔　　　　　〕

　火力発電では，電気エネルギーとして取り出すことのできなかったエネルギーはほとんど利用されない。エネファームでは，捨てられた熱エネルギーを有効に利用する。しかし，電極として高価な白金が必要であることや，b 水素を得るために多くのエネルギーが必要であることなど，問題点も残っている。

(2) 下線部 b について，水素を工業的に得る方法の1つに水の電気分解がある。この方法で2gの水素を得るためには，1.8Vで，10Aの電流を5時間21分40秒（19300秒）流し続け，電気分解しなければならない。

① 上の電気分解を行ったときの電力は何Wか。整数で求めよ。　　　　〔　　　　　〕

② 2gの水素を得るために必要なエネルギーは何kJか。整数で求めよ。　〔　　　　　〕

　実際のエネファームは，水素を天然ガスの改質という方法で取り出している。この方法で2gの水素を得るためには，およそ210kJのエネルギーが必要である。触媒を使えばもっと効率よく水素を取り出すことができるので，研究が続けられている。このほか，発電効率を上昇させつつ，白金の含有量を減らした電極の開発や，燃料として水素以外の物質を使う燃料電池も研究されており，今後の発展が期待できる。

新傾向 **197** 〈いろいろなエネルギー〉 (北海道・北海高)

次の会話文を読み，あとの問いに答えなさい。

ケンジ君：2018年の胆振東部地震によって全道で停電となりました。停電してはじめて都市型の生活は電気エネルギーに頼っていると痛感しました。電気のない生活は考えられません。

先　　生：電気はエネルギーの輸送や変換が容易で，使用するときには廃棄物が出ないこと，家電製品はスイッチ1つではたらくなど，電気エネルギーは非常に利用しやすいエネルギーだから，生活のなかの多くの場面で電気が使われているよね。

ケンジ君：しかし，日本の石炭火力発電に関して海外から批判されていますが，なぜ石炭だけが問題なのですか。

先　　生：①石炭，石油，天然ガスのなかでは最も二酸化炭素を排出するからだね。

ケンジ君：②もし，石炭の代わりに天然ガスを使用すると，二酸化炭素の排出量を少なくすることができますね。

先　　生：確かにそうだけど，石炭火力発電の高効率化によっても二酸化炭素の排出量を減らすことができる。日本はこれに取り組んでいるんだ。特定のエネルギー資源に依存しすぎると，国際情勢の変化があった場合，エネルギー供給が途絶えるリスクがあるんだよ。

ケンジ君：石油，石炭，天然ガスのほとんどを輸入している日本では，③再生可能エネルギーの開発を早急に進めなくてはなりませんね。

表1　1人が1日に消費する電力量kWh（2016年）

北米	32.6
オセアニア	23.7
日本	21.0
西欧	14.9
ロシア・その他旧ソ連邦諸国・東欧	9.9
中東	10.5
中国	10.3
中南米	5.7
アジア（除く日本，韓国）	5.4
アフリカ	1.4
世界平均	7.7

表2　日本の発電電力量に占める各エネルギー資源の割合％（2016年）

石　炭	33
石　油	8
天然ガス	39
水　力	8
原子力	2
その他	10

表3　燃焼して同じ熱量を得るために排出される二酸化炭素排出量の比（石炭を10とする）

石炭	10
石油	8
天然ガス	6

(1) 下線部①について，石炭，石油，天然ガスのように，大昔に生きていた動植物の遺骸などが変化して生成した燃料のことを何というか。漢字4文字で書け。

〔　　　　　　　　〕

(2) 日本において，1日に消費する1人あたりの電力量は，25WのLED蛍光灯5本を何日間つけたままにした電力量に等しいか。表1の数値を利用して計算し，整数で答えよ。

〔　　　　　　　　〕

難 (3)　下線部②について，発電のための石炭の使用を止め，石炭による発電量をすべて天然ガスによる火力発電によって供給できたとすると，2016年の日本で発電のために排出された二酸化炭素のうち，およそ何％が削減されるか。**表2**，**表3**を利用し，小数第1位を四捨五入し整数で答えよ。ただし，発電による二酸化炭素の発生は石炭，石油，天然ガスによるものとし，燃焼で得られる熱量がそのまま電気エネルギー(発電電力量)になっているものとする。また，石油による発電量は変わらないものとする。

〔　　　　　〕

(4)　下線部③について，再生可能エネルギーの説明として最も適当なものはどれか。次のア～オから1つ選び，記号で答えよ。

〔　　　　　〕

ア　電気エネルギーを再度もとのエネルギー資源に戻すことができるエネルギーのことである。

イ　利用する以上の速さで自然界によって補充されるエネルギーのことである。

ウ　地球にあるものから得られるエネルギーのことである。

エ　岩石に含まれる放射性物質が放出する核エネルギーのことである。

オ　天然ガスの主成分であるメタンのように化学的に合成できるエネルギーのことである。

難 **198**　〈プラスチック①〉　　　　　　　　　　　　　　　　　　　　　　　　　　(群馬・前橋育英高改)

いろいろなプラスチックを集め，水に沈むか沈まないか調べるとともに，各プラスチックの特徴についても調べた。次の問いに答えなさい。

次の①～④の各プラスチックの水に対する浮き沈みについて，水に浮くものは(い)，水に沈むものは(ろ)と示せ。また，各プラスチックの特徴について最も適当なものをあとのア～エから他と重ならないように1つずつ選び，記号で答えよ。

①〔　　　〕〔　　　　〕　②〔　　　〕〔　　　　〕
③〔　　　〕〔　　　　〕　④〔　　　〕〔　　　　〕

①　ポリプロピレン　　　②　ポリエチレンテレフタラート

③　ポリエチレン　　　　④　ポリ塩化ビニル

ア　薬品に強い。　　イ　熱に強い。　　ウ　燃えにくい。　　エ　透明で圧力に強い。

199　〈プラスチック②〉　　　　　　　　　　　　　　　　　　　　　　　　　　(佐賀・弘学館高)

プラスチックに関する文章として誤りを含むものを次のア～オから1つ選び，記号で答えよ。

〔　　　　　〕

ア　ポリエチレンテレフタラート(PET)は軽くて丈夫で透明性が高く燃えにくい。また，ペットボトルなどに利用されている。

イ　ポリプロピレン(PP)はポリエチレン(PE)より強度や耐久性がある。

ウ　電気を通すプラスチックが実用化されている。

エ　土に埋めると微生物によって分解されるプラスチックが開発されている。

オ　ポリスチレン(PS)は水に浮かべると沈み，燃えにくい。

新傾向 **200** 〈日常生活と化学物質〉　　　　　　　　　　　　　　　　　　　　（大阪教育大附高池田）

Aさんは，“日常生活と化学物質”について考える機会をもった。Ⅰ～Ⅲの文章を読み，あとの問い
に答えなさい。

Ⅰ　表1は，ある身近な品物の成分表示である。<u>この品物がはたらくと</u>
　　<u>きの理屈はわかっていたつもりだが</u>，入っている理由がわからない成
　　分もあった。この品物は黒色の粉末状物質が詰まった内袋と，それを
　　包む外袋からなる。外袋から内袋を取り出し，よくもんでいると温か
　　くなってきた。使い終わったあと，内袋の中身を取り出し実験を行った。

表1
品名　＊＊＊＊＊
成分　鉄粉，水，
活性炭，塩類
吸水性樹脂，
バーミキュライト

(1)　ある身近な品物とは何か，想像して答えよ。　　〔　　　　　　　　　　　〕

(2)　含まれている成分名やその他の適当な語句を用いて，下線部について説明せよ。
　〔　　　　　　　　　　　　　　　　　　　　　　　　　　　　　　　　　　　　　　〕

(3)　外袋と内袋で，正反対の役割が求められるのはどんな点か書け。
　〔　　　　　　　　　　　　　　　　　　　　　　　　　　　　　　　　　　　　　　〕

(4)　成分表示によると内袋には炭素の粉末が入っている
　　ようである。酸化銅の粉末と混ぜて試験管で加熱し，発
　　生する気体を調べることで確認できると考えた。この
　　実験装置を図示し，発生する気体の確認法を図中に書け。

(4)の解答欄

Ⅱ　ある日，Aさんがクラブ活動でねんざしたときに，
　　友人が冷却材を使って冷やしてくれた。友人は「これ
　　は，あらかじめ冷やしておかなくても，中の固体と液
　　体が混ざれば冷えてくる」と言って袋をパチンとたた
　　き足に当ててくれた。この袋の中には液体の入った内
　　袋と白色の固体が入っており，外からたたくと破れや
　　すい内袋が破れ固体と混ざるようだ。おかげで，ねん
　　ざはひどくならずにすんだ。本当にありがたい友人である。表2は
　　その冷却材の成分表示である。Aさんは，“シリカゲル”が入って
　　いる理由がわからなかったので，先生に聞いてみた。先生は「シリ
　　カゲルは，溶液に粘りを出すために入れる。粘りがあると，ないと
　　きと比べ（　　　）が起こりにくいので余計なところに熱が伝わりに
　　くい。つまり，冷却材は無駄に早く温まらずに，冷えた状態の時間
　　を延ばすことができる。」と教えてくれた。

表2
品名　冷却材
成分　硝安，水，
シリカゲル
＊硝安：硝酸アンモニウム

(5)　先生の言葉の（　　　）にあてはまる，熱の伝わり方を書け。　　〔　　　　　　〕

Ⅲ　Aさんは次のようにまとめた。
　〈私たちは，物質のもつエネルギーを利用しているが，物質が変化するときに熱の出入りが起こっ
　　ている。化学変化で得られるエネルギーは熱以外に □ ① □ などがあり，日常生活では □ ② □ ・
　　□ ③ □ ・ □ ④ □ がその例である。〉

(6)　□ ① □ ～ □ ④ □ にあてはまる語句を答えよ。□ ① □ はエネルギーの種類を3種類，□ ② □ ～
　　□ ④ □ は品物名（熱を直接の目的とするもの以外で）を書くこと。

　　　　　　　　　　　　①〔　　　　　　　〕〔　　　　　　　〕〔　　　　　　　〕

　　　　　　　　　　②～④〔　　　　　　　〕〔　　　　　　　〕〔　　　　　　　〕

模擬テスト

✔ 実際の入試問題のつもりで，1回1回時間を守って，模擬テストに取り組もう。

✔ テストを終えたら，それぞれの点数を出し，下の基準に照らして実力診断をしよう。

80 ～ 100点	国立・私立難関高校入試の合格圏に入る最高水準の実力がついている。自信をもって，仕上げにかかろう。
60 ～ 79点	国立・私立難関高校へまずまず合格圏。まちがえた問題の内容について復習をし，弱点を補強しておこう。
～ 59点	国立・私立難関高校へは，まだ力不足。難問が多いので悲観は無用だが，わからなかったところは復習しておこう。

1 次の実験を行った。あとの問いに答えなさい。 (各3点，計18点)

〔実験〕

図1のように，辺の長さの比が7：24：25である斜面をつくり，台車を斜面上に置いて静止させた。このとき加えていた力は斜面に平行であった。この力を取り除き，台車が斜面を下るときの運動を，$\frac{1}{50}$秒間

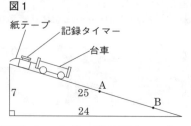

図1

紙テープ　記録タイマー
台車

7　25　A
24　　　B

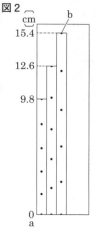

図2
cm　　　b
15.4

12.6

9.8

0
a

隔で点を打つ記録タイマーを用いて紙テープに記録した。台車の前面が図1の点Aおよび点Bを通過したとき，紙テープに記録された打点をそれぞれa，bとする。なお，台車の重さは10Nで，図2は，記録された紙テープをaから5打点ごとに切って順に台紙に貼ったものである。

(1) 下線部の力の大きさは何Nか。

(2) 図2の縦軸・横軸が表すものとして正しいものを次のア〜エから1つ選び，記号で答えよ。

　ア　台車の速さ

　イ　点Aから台車までの距離

　ウ　台車が受ける摩擦力の大きさ

　エ　台車が点Aを通過してからかかった時間

(3) 台車は1秒間に何cm/sずつ速くなっているか。

(4) 台車が点Aを通過してから点Bを通過するまでについて，横軸に点Aから台車までの距離をとるとき，次の①，②を表すグラフとして適当なものを右のア〜シからそれぞれ1つずつ選び，記号で答えよ。

　① 台車にはたらく合力の大きさ

　② 台車の運動エネルギー

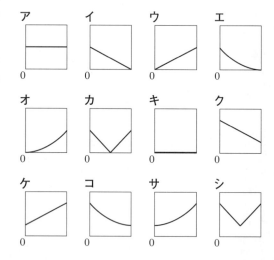

(1)		(2)	縦軸	横軸
(3)		(4)①		②

2　次の太陽系の惑星の公転周期に関する表を参考に，次の問いに答えなさい。　　（各3点，計18点）

(1)　太陽系の惑星のうち，環をもつ惑星はいくつあるか。

(2)　太陽系の惑星を表の2つのグループA，Bに分けたとき，グループAの惑星を何というか答えよ。

(3)　次の文が正しく成り立つように（　①　），（　②　）にあてはまる適当な語句を答えよ。

　　グループAの惑星はグループBの惑星と比べると，（　①　）が小さく（　②　）が大きい特徴がある。

(4)　地球の公転周期は大まかに1年（365日）とされているが，正確には365日ちょうどではない。地球の公転周期として最も適当なものを次のア〜エから1つ選び，記号で答えよ。

　ア　364日12時間　　　イ　364日18時間

　ウ　365日6時間　　　　エ　365日12時間

(5)　太陽系の惑星に関する説明として正しいものを次のア〜オから1つ選び，記号で答えよ。

　ア　どの惑星も公転軌道は交わらない。

　イ　水より密度が小さい惑星は，木星，土星，天王星の3つである。

　ウ　質量が小さい惑星は，より速く運動することができるので，公転周期がより短くなる。

　エ　すべての惑星は，自転の向きも公転の向きも同じである。

　オ　すべての惑星は，衛星をもつ。

惑星	公転周期	グループ
水星	88日	A
金星	225日	
地球	1年	
火星	1年322日	
木星	11年315日	B
土星	29年167日	
天王星	84年7日	
海王星	248年	

(1)		(2)		(3)①		②	
(4)		(5)					

3　次の問いに答えなさい。　　（各4点，計16点）

(1)　水分子10個の質量は，水素原子100個の質量の1.8倍である。酸素原子1個の質量は，水素原子1個の質量の何倍か。

(2)　次の文章中の（　①　），（　②　）にあてはまる適当な語句をそれぞれ答えよ。

　　地層の重なりに大地から力が加わるとさまざまな地形の特徴が現れ，傾斜した地層や，波打ったように見える（　①　）のつくりが見られる。地層に大きな力が加わると岩石が割れて断層ができる。断層があるところは過去に（　②　）が起きた証拠になる。

(3)　放射線やその性質として正しいものを次のア〜オからすべて選び，記号で答えよ。

　ア　放射線は物体を通り抜ける能力がある。

　イ　放射線は1種類のみである。

　ウ　放射性物質から出される放射線量は時間とともに減少する。

　エ　胸部レントゲン1回で照射される放射線量は，1年間に受ける自然放射線量より多い。

　オ　体内に入った放射性物質から放射線が出ることはない。

(1)		(2)①		②		(3)	

4 消化について次の実験を行った。あとの問いに答えなさい。 ((1)完答3点，他各3点，計18点)

〔実験〕① 試験管A，Bを用意し，表のように溶液を入れて40℃で10分間保った。

② それぞれの試験管から溶液を取り，試薬を用いてデンプンとデンプンの分解物(デンプンが分解されてできたもの)の有無を調べた。

試験管	溶液	試薬X	試薬Y
A	1%デンプン溶液2mL＋水2mL	×	○
B	1%デンプン溶液2mL＋だ液2mL	○	×

(1) この**実験**に関して，正しいことを述べている文を次のア～カから2つ選び，記号で答えよ。

ア 試薬Xはヨウ素液である。

イ 試験管Aにはデンプンの分解物が含まれていた。

ウ だ液に含まれる消化酵素は温度が高くなるほどよくはたらく。

エ だ液に含まれる消化酵素をリパーゼという。

オ だ液に含まれる消化酵素と同じはたらきをする消化酵素は，すい液にも含まれている。

カ デンプンの最終分解物は小腸で吸収されて毛細血管に入る。

(2) この**実験**について，友人と次のような会話をした。(a)，(b)にあてはまる内容として適当なものを，あとのア～エからそれぞれ1つずつ選び，記号で答えよ。

友 人：「この実験からいえることは，40℃にすると，だ液がデンプンの分解物に変化する，ということ？」

わたし：「それは違うと思うな。こういう実験をすればはっきりするよ。新しい試験管に(a)を入れて40℃で10分間保った後，試験管の液にデンプンとデンプンの分解物があるかを調べよう。(b)，だ液がデンプンの分解物に変化したのではない，といえるよね。」

(a)：ア 1%デンプン溶液4mL

イ だ液2mLと1%ブドウ糖水溶液2mL

ウ だ液2mLと水2mL

エ 水4mL

(b)：ア デンプンが検出されれば

イ デンプンが検出されなければ

ウ デンプンの分解物が検出されれば

エ デンプンの分解物が検出されなければ

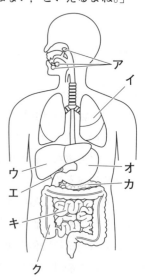

(3) 図はヒトの体内の器官の一部を模式的に表したものである。下の①～③にあてはまる器官を図のア～クからそれぞれ1つずつ選び，記号で答えよ。なお，同じ選択肢を選んでもよい。

① ペプシンを含む酸性の消化液を出す器官

② 消化酵素を含まないが，脂肪の消化を助ける液を蓄えて出す器官

③ ブドウ糖をグリコーゲンに変えて蓄える器官

(1)			(2)	a	b
(3) ①		②	③		

5　金属を用いた次の実験1〜4について，あとの問いに答えなさい。　((8) 4点，他各3点，計28点)

〔実験1〕　三角フラスコに亜鉛を入れ，塩酸を加えたところ，気体が発生した。

〔実験2〕　鉄粉と硫黄の粉末を乳鉢に入れ，乳棒を用いてよくかき混ぜたのち2つに分け，それぞれ試験管A，Bに入れた。試験管Aの混合物の上端を加熱し，少し赤くなったところで加熱を止めたが，混合物全体に反応が広がり，黒色の物質ができた。また，試験管Bは加熱することなく次の実験3で利用した。

〔実験3〕　実験2の試験管A，Bに，それぞれ塩酸を数滴加えたところ，試験管Aからは気体X，試験管Bからは気体Yが発生した。

〔実験4〕　マグネシウムの粉末をステンレス皿にうすく広げて加熱する実験を，4つの班が行ったところ，加熱前のマグネシウムの質量と加熱後の固体の質量の関係が下表のようになった。なお，1〜3班ではマグネシウムはすべて酸化マグネシウムに変化したが，4班では完全に反応が進まず，未反応のマグネシウムが残った。

	1班	2班	3班	4班
加熱前のマグネシウム〔g〕	1.29	2.25	3.51	5.07
加熱後の固体〔g〕	2.15	3.75	a	8.15

(1)　実験1で発生する気体を捕集するのに最適な方法を漢字で記せ。

(2)　実験1で発生する気体と同じ気体が発生する実験を次のア〜オから1つ選び，記号で答えよ。

　　ア　銅にうすい硫酸を加える。　　　　イ　酸化銀を加熱する。

　　ウ　炭酸水素ナトリウムを加熱する。　　エ　水酸化バリウムと塩化アンモニウムを混合する。

　　オ　アルミニウムに水酸化ナトリウム水溶液を加える。

(3)　実験2で生じる黒色の物質は何か。名称を答えよ。

(4)　実験2において，加熱を止めたあとも反応が続く理由を答えよ。

(5)　実験3において，試験管Aで起こる反応を化学反応式で答えよ。

(6)　実験3で発生した気体Yの性質として最も適当なものを次のア〜オから1つ選び，記号で答えよ。

　　ア　刺激臭があり，水でぬらした赤色リトマス紙を青色に変える。

　　イ　水に少し溶け，石灰水を白くにごらせる。

　　ウ　水に溶けにくく，空気より密度が非常に小さく燃えやすい。

　　エ　無色で，助燃性を示す。　　　　　オ　腐卵臭があり，有毒である。

(7)　実験4で起こる変化を化学反応式で答えよ。

(8)　実験4の表中のaにあてはまる適当な数値を答えよ。

(9)　実験4の4班の実験において，未反応のマグネシウムの質量は何gか。割り切れない場合は，四捨五入して小数第2位まで答えよ。

(1)		(2)		(3)	
(4)					
(5)				(6)	
(7)		(8)		(9)	

1 〔A〕，〔B〕の文章を読み，あとの問いに答えなさい。　　　((5)各3点，他各2点，計31点)

〔A〕 藤原良経が歌った和歌「うちしめり　あやめぞかおる　ほととぎす　鳴くや五月の雨の夕暮れ」には，梅雨の頃に開花するアヤメという植物が登場する。アヤメは被子植物に分類されている。図は，被子植物の花の断面を模式的に表している。

(1) 図のA～Dに示す各部の名称を答えよ。

(2) 被子植物と異なり，図中のXがむき出しになっている植物を次のア～オからすべて選び，記号で答えよ。

　　ア　アブラナ　　　イ　イチョウ　　　ウ　スギ　　　エ　イヌワラビ　　　オ　ツツジ

(3) 被子植物に関して，図中のYに花粉がつくことを何というか。またその後，図のZは何になるか答えよ。

〔B〕 生物がもつ形や性質などの特徴を形質という。形質には，エンドウの種子の形の丸形としわ形のように互いに対をなす形質があり，これを（　a　）という。そして，（　a　）に対応する遺伝子を対立遺伝子といい，これは（　b　）分裂の際，別々の生殖細胞に分かれて入る。これを（　c　）の法則という。この（　c　）の法則などの遺伝の規則性を発見した人物は，オーストリアの（　d　）である。

　しかし実際には，（　d　）が発見した遺伝の規則性にはあてはまらない遺伝形質も多く存在する。たとえば，カイコはからだに黒いしま模様のある個体(PPという遺伝子の組み合わせ)と体色が白い個体(ppという遺伝子の組み合わせ)があり，これらをかけ合わせて得られる子では，すべてからだが灰色の個体(Ppという遺伝子の組み合わせ)になる。このような個体を中間雑種という。

　（　d　）の発見した遺伝の規則性についてより詳しく知るため，エンドウを用いた実験を行った。

〔実験〕エンドウの草丈の顕性形質の遺伝子をA，潜性形質の遺伝子をaとする。純系の草丈が高い個体(以降P_1と呼ぶ)と，純系の草丈が低い個体(以降P_2と呼ぶ)をかけ合わせ，子(以降F_1と呼ぶ)を得た。F_1は，すべて草丈が高くなった。

(4) 文章中の（　a　）～（　d　）にあてはまる適当な語句を答えよ。

(5) 実験について，次の問いに答えよ。

① P_1とP_2それぞれがつくる生殖細胞の遺伝子をAかaで答えよ。

② F_1を自家受粉して得られる子(F_2と呼ぶ)の草丈について，高いものと低いものの個体数の比はどのようになると考えられるか，次の例にならって答えよ。　例「高い：低い＝1：2」

(1)	A		B		C		D
(2)				(3)	Yに花粉がつくこと		Zは何になるか
(4)	a		b		c		d
(5)	①P_1		P_2		② 高い：低い＝		：

2 次の問いに答えなさい。

(1) 次の文章中の ① ， ② にあてはまる適当な語句を漢字で答えよ。

　　大気中の水蒸気が冷やされて水滴に変わることを ① という。空気を冷やしていったとき，水蒸気の ① が始まるときの温度を，その空気の ② という。

(2) 気温30℃の空気 2 m³ 中に含まれている水蒸気量が27.2 g のとき，この空気の湿度は何%になるか。右の表を参考に，小数第 1 位まで答えよ。必要があれば小数第 2 位を四捨五入すること。

(3) (2)の空気を14℃に冷やしたとき，水蒸気から水滴に状態変化した水の量は 1 m³ あたり何 g になるか。小数第 1 位まで答えよ。必要があれば小数第 2 位を四捨五入すること。

(4) 天気や雲のようす，気温，湿度，気圧，風向，風力，雨量，雲量などをまとめて何というか。漢字で答えよ。

(5) 1 気圧は1013 hPa である。1013 hPa は何 N/m² か答えよ。

(6) 風に関する次の文章中の ③ ～ ⑥ にあてはまる適当な語句および数字を答えよ。

　　風向きは ③ 方位で表し，北西から南東に吹いている風は「 ④ の風」という。風力は風力階級で表し，0～ ⑤ の ⑥ 段階に分けられている。

(7) 『南西の風，風力 3，くもり』を天気図に用いられる記号で解答欄の図に表せ。

(8) 予報期間が24時間で，そのときの天気が下の図のように変化したとき，この天気をどのように表現するか。あとのア～オから 1 つ選び，記号で答えよ。

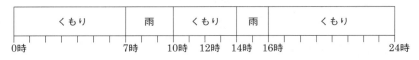

ア　くもり　　　　　イ　雨　　　　　　　ウ　くもり時々雨

エ　くもり一時雨　　オ　くもりのち雨

温度〔℃〕	飽和水蒸気量〔g/m³〕
14	12.1
16	13.6
18	15.4
20	17.3
22	19.4
24	21.8
26	24.4
28	27.2
30	30.4

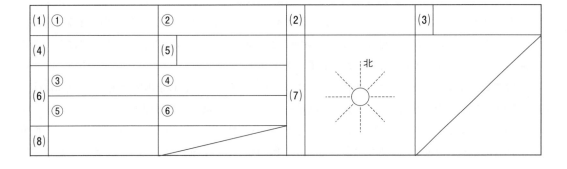

3 水溶液に含まれているイオンと水溶液の性質との関係を調べるため，ある濃度の硝酸と水酸化カリウム水溶液を用いて，次のような操作で実験を行った。この実験について，あとの問いに答えなさい。

（各3点，計21点）

〔操作1〕 硝酸に水酸化カリウム水溶液を表のような条件で加えて，水溶液A〜Eをつくった。

水溶液	A	B	C	D	E
硝酸〔mL〕	10	10	10	10	10
水酸化カリウム水溶液〔mL〕	2	4	6	8	10

〔操作2〕 水道水をしみこませたろ紙の上に赤色リトマス紙a，bと青色リトマス紙c，dを図のように置き，ろ紙の両端を金属クリップではさみ，電源装置をつないだ。ろ紙の中央に水溶液Aをしみこませたたこ糸を置き，リトマス紙a〜dがどのように変色するかを確認した。水溶液B〜Eについても，同様に実験を行った。

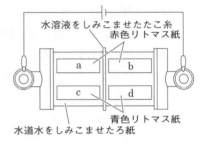

〔操作2の結果〕 水溶液A，Bを用いた場合と水溶液C，D，Eを用いた場合で，それぞれ同じリトマス紙が変色した。

(1) 硝酸と水酸化カリウム水溶液の反応を化学反応式で表せ。

(2) 水溶液Eをつくる際，硝酸に加えた水酸化カリウム水溶液の体積と水溶液中の水素イオンの数との関係を示すグラフのおおよその形として，最も適当なものを右のア〜クから1つ選び，記号で答えよ。

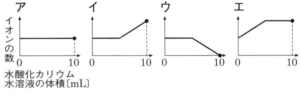

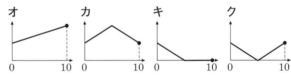

(3) 水溶液Eをつくる際，硝酸に加えた水酸化カリウム水溶液の体積と水溶液中のイオンの総数との関係を示すグラフのおおよその形として，最も適当なものを(2)の選択肢ア〜クから1つ選び，記号で答えよ。

(4) この実験において，『水素イオンと水酸化物イオン以外のイオンはリトマス紙の色の変化に影響を与えない』ということを確認したい。操作2と同様の方法でこれを確認するためには，たこ糸に何の水溶液をしみこませればよいか。物質名で答えよ。

(5) 操作2を行った結果，変色したリトマス紙はどれか。水溶液A，Bを用いた場合と，水溶液C，D，Eを用いた場合について，図のリトマス紙a〜dからすべて選び，記号で答えよ。

(6) 10 mLの水溶液Aと5 mLの水溶液Eを混合し，水溶液Fをつくった。水溶液Fを用いて操作2を行ったとき，変色したリトマス紙はどれか。図のリトマス紙a〜dからすべて選び，記号で答えよ。

(1)		(2)		(3)	
(4)		(5) A，B	C，D，E	(6)	

4 図1のように，一辺の長さがそれぞれ d，$2d$，$4d$ の直方体型の導体がある。この導体を抵抗器として用いることを考える。この導体の向かい合う2面をそれぞれⅠ，Ⅱ，Ⅲとし，図2〜図4のように，Ⅰ〜Ⅲのそれぞれの面に端子をつけて，回路に接続できるようにした導体を1個ずつ用意する(以下，これらの端子のついた導体をそれぞれ抵抗器Ⅰ，抵抗器Ⅱ，抵抗器Ⅲと呼ぶことにする)。導体の電気抵抗は，長さに比例し，断面積に反比例するものとする。なお，端子部分の電気抵抗は無視できるものとする。あとの問いに答えなさい。

(各3点，計24点)

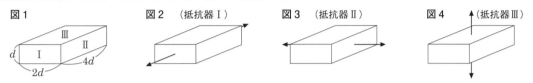

図1　　　図2 (抵抗器Ⅰ)　　　図3 (抵抗器Ⅱ)　　　図4 (抵抗器Ⅲ)

(1) 抵抗器Ⅰの端子の両端に6Vの電圧を加えたとき，125mAの電流が流れた。抵抗器Ⅰの抵抗値は何Ωか。

(2) 抵抗器Ⅱおよび，抵抗器Ⅲの電気抵抗はそれぞれ何Ωか。

次に，図5のように，抵抗器Ⅰ〜Ⅲのいずれかを10℃の水60gの中に入れ，電源装置を用いて6Vの電圧を加えた。水の温度は場所によらず一定であるものとし，水は蒸発することなく，抵抗器で発生した熱はすべて，水に与えられるものとする。これらは以下の問題すべてに適用されるものとする。また，水1gの温度を1℃上昇させるのに必要な熱量を4.2Jとして計算せよ。

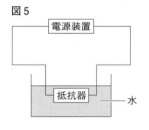

図5

(3) 抵抗器Ⅰを用いたとき，抵抗器Ⅰで消費される電力は何Wか。

(4) この水を最も短い時間で40℃まで温めるには，抵抗器Ⅰ〜Ⅲのどれを用いればよいか。また，その時間は何分何秒か。それぞれ答えよ。

(5) 次に，抵抗器Ⅰ〜Ⅲをすべて用いて，右のア〜オのようにそれぞれつないだ状態で，10℃の水60gの中に入れた。そして，電源装置を用いて全体に6Vの電圧を加えた。

ア　抵抗器Ⅰ　　抵抗器Ⅲ
Ⅰ─Ⅱ─Ⅲ
抵抗器Ⅱ

イ　Ⅰ─[Ⅱ／Ⅲ]

ウ　Ⅱ─[Ⅰ／Ⅲ]

エ　Ⅲ─[Ⅰ／Ⅱ]

オ　[Ⅰ／Ⅱ／Ⅲ]

① この水を最も短い時間で40℃まで温めるには，抵抗器Ⅰ〜Ⅲをどのように接続すればよいか。最も適当なものを上のア〜オから1つ選び，記号で答えよ。

② 電圧を1時間加え続けた直後に水の温度を測定した。このとき，40℃に最も近い温度になるのは抵抗器Ⅰ〜Ⅲをどのように接続すればよいか。最も適当なものを上のア〜オから1つ選び，記号で答えよ。

(1)		(2) 抵抗器Ⅱ		抵抗器Ⅲ		(3)	
(4) 抵抗器		時間　　　　分　　　　秒		(5) ①		②	

□ 執筆協力　西村賢治

□ 編集協力　エデュ・プラニング㈲　出口明憲　平松元子

□ 本文デザイン　CONNECT

□ 図版作成　甲斐美奈子

シグマベスト

最高水準問題集 高校入試
理科

本書の内容を無断で複写（コピー）・複製・転載することを禁じます。また，私的使用であっても，第三者に依頼して電子的に複製すること（スキャンやデジタル化等）は，著作権法上，認められていません。

編　者　文英堂編集部

発行者　益井英郎

印刷所　中村印刷株式会社

発行所　株式会社文英堂

〒601-8121　京都市南区上鳥羽大物町28
〒162-0832　東京都新宿区岩戸町17
（代表）03-3269-4231

最高水準
問題集

高校
入試

理科
解答と解説

文英堂

生物 分野

1 植物の生活と種類

001 (1) ①鏡台　②直射　③水平　④鏡筒
　　　 ⑤調節　⑥実像　⑦虚像

　　(2) a…外側　b…内側

　　(3) X…$\dfrac{1}{16}$　Y…5

解説 (1)(2)　凸レンズでは，焦点の外側に観察物を置いた場合は倒立の実像，焦点の内側に観察物を置いた場合は正立の虚像が観察できる。光学顕微鏡は，2枚の凸レンズを使って，拡大した実像を，さらに拡大した虚像で観察する器具である。

(3)　対物レンズの倍率を10倍から40倍にすると，顕微鏡の倍率は100倍から400倍となり，同じ長さに見える部分の実際の長さが$\dfrac{1}{4}$倍になるので，見える範囲の面積は，$\dfrac{1}{4} \times \dfrac{1}{4} = \dfrac{1}{16}$倍

したがって，見える光の粒子は，

$80 \times \dfrac{1}{16} = 5$ 個

002 (1) ア　　(2) イ，ウ

解説 (1)　双眼実体顕微鏡は，プレパラートをつくる必要がなく，観察物を20〜40倍程度に拡大して，立体的に観察することができる。また，見える像の向きは変わらず，しぼりや反射鏡はない。

(2)　ルーペは目に近づけて使い，観察物を動かしたり，自分自身が動いたりしてピントを合わせる。

003 (1) a…子房　b…胚珠　　(2) エ

解説 (2)　カキでは，子房が果実になる。オでは，種皮の部分にも色がぬられているが，種皮は胚珠の皮(珠皮)が成長したものである。

004 (1) ア…維管束　イ…形成層

　　(2) イ，ク　　(3) 被子植物

　　(4) ①イ　②イ　③イ　④ア

解説 (1)　道管と師管が集まって束のようになった部分を維管束という。細胞分裂がさかんに行われていて小さい細胞が多くあり，層のように見える部分を形成層という。

(2)(3)　ホウセンカ，タンポポ，サクラは被子植物の双子葉類，イネ，ユリ，ツユクサは被子植物の単子葉類，イチョウ，マツは裸子植物，スギゴケはコケ植物である。

(4)　④では，水が通る道管まで切り取っているので，すぐにしおれてしまう。また，③の切り口に出てきた少し甘みのある液は，師管を通って運ばれてきた物質である。

005 (1) 光合成　　(2) イ，ウ，カ

　　(3) a…エ　b…キ　　(4) 呼吸

解説 (2)　イ，ウ，カの細胞内で点のように見られるものは，葉緑体である。光合成は葉緑体で行われる。

(3)　水はエの道管(細胞がすき間なく並ぶ組織が見られるほうが葉の表側で，道管は葉脈内の表側を通っている)，二酸化炭素はキの気孔を通して取り入れられる。

(4)　デンプンなどの栄養分を酸素を使って分解してエネルギーを取り出すはたらきを呼吸(細胞の呼吸，内呼吸)という。このとき二酸化炭素と水ができる。

006 (1) A…気孔　B…孔辺細胞

　　(2) ①ア　②イ　③エ　　(3) ウ

　　(4) エ，カ

解説 (1)　1対の孔辺細胞の間のすき間を気孔といい，ここから気体の出入りが行われる。孔辺細胞の状態によって，気孔が開閉する。

(2)　気孔から水が水蒸気として放出される現象を蒸散という。

(4)　Aは(水面)，Bは(水面・茎)，Cは(水面・茎・葉の表側)，Dは(水面・茎・葉の裏側)，Eは(水面・茎・葉の表側・葉の裏側)から水が出ていく。水面からの水の蒸発量を①とすると，茎からの蒸散量は④，葉の表側からの蒸散量は⑳，葉の裏側からの蒸散量は㉠となる。これをもとに考える。エ…葉全体の蒸散量は㊿なので，茎からの蒸散量④の約20倍である。カ：葉と茎の蒸散量は㊙なので，水面からの水の蒸発量①の約84倍である。

007 (1) 根毛　　(2) 道管　　(3) ①

(4) Ⅰ…**D**　Ⅱ…**B**　Ⅲ…**A**　Ⅳ…**C**

(5) **1.3 mL**

解説 (1) 根毛があることにより表面積が増える。

(3) 光合成に必要な気体は二酸化炭素である。また，光合成によって発生する気体は酸素である。

(4) 水面に油を落としたのは，水面からの水の蒸発を防ぐためである。Aは茎と葉の表側，Bは茎と葉の裏側，Cは茎だけ，Dは茎と葉の表側と葉の裏側から水が出ていく。よって，水の減少量が最も多いⅠはDである。また，葉の表側より葉の裏側のほうが水が出ていきやすいので，Dの次に水の減少量が多いⅡはB，さらに，A，Cの順である。

(5) AのグラフはⅢで，4時間で約1.75 mL減少している。よって，3時間での水の減少量をx〔mL〕とすると，

$$4 : 3 = 1.75 : x \qquad x = 1.3125 ≒ 1.3 \text{ mL}$$

---

008 (1) ①イ　②カ　　(2) エ　　(3) **a**

(4) ウ，カ　　(5) オ

解説 (1)(2) ヨウ素液の反応によって，デンプンの有無を調べる。

(3)(4) ｂ，ｃは葉緑体がなく，ｃ，ｄには光が当たっていないので，ｂ，ｃ，ｄでは光合成を行ってデンプンをつくることはできない。

---

009 (1) オ，カ

(2) A…イ　B…ウ

解説 (1) 実験計画では，「植物が光合成を行うためには光が必要である」ことを調べるので，試験管A，Bの実験に加えて，植物が入っていない試験管ではBTB溶液の色が変化しないことを確認しなければならない。よって，試験管A，Bとオオカナダモの有無だけが異なる試験管オ，カを用意する。

(2) 試験管Aではオオカナダモの光合成によって試験管内の二酸化炭素が減少し，BTB溶液がアルカリ性になって青色に変化する。試験管Bではオオカナダモの呼吸によって試験管内の二酸化炭素が増加し，BTB溶液が酸性になって黄色に変化する。

---

010 (1) ア　　(2) ア

(3) アルカリ性の水溶液でうすい酢を中和して中性にし，ストローをさして息を吹き込む。

解説 (1) オオカナダモが光合成を行い溶液の色が変化した試験管はAなので，Aとオオカナダモの有無だけが異なる試験管を比較する。

(2) 二酸化炭素は，光合成によって植物に吸収され，呼吸によって植物から放出される。光合成のはたらきの強さは，光の強さによって変化する。うす暗いところで溶液の色が変化しなかったのは，光合成で吸収した二酸化炭素の量と，呼吸で放出された二酸化炭素の量が等しかったことによる。

(3) オオカナダモの光合成によって試験管A内にあるうすい酢の量は変化しないので，うすい酢を中和しないかぎり，試験管Aの溶液の色は青色にならない。また，光を4時間当てたことで溶液中の二酸化炭素が減少しているので，それを補っておく。

---

011 (1) デンプン　　(2) エ

(3) 気体検知管

(4) 光合成量が最大になる温度…**25℃**
　　植物が最もよく育つ温度…**20℃**

(5) 光合成量と呼吸量が等しくなったため。（18字）

(6) **6 時間以上**

解説 (2) ウ…酢酸オルセイン溶液で染色されるのは核や染色体である。

(4) 暗黒に置いたときは呼吸しか行わないので，暗黒に置いたときの二酸化炭素の増加量が呼吸量である。また，一定の明るさの照明を当てたときは光合成と呼吸のどちらも行うので，一定の明るさの照明を当てたときの二酸化炭素の減少量は，光合成量から呼吸量を引いた値である。よって，光合成量は，暗黒に置いたときの二酸化炭素の増加量と一定の明るさの照明を当てたときの二酸化炭素の減少量との和となる。この値が最も大きくなっている温度は25℃のときである（7.0＋13.5＝20.5）。植物が最もよく育つのは，光合成量から呼吸量を引いた値が最も大きいときなので，一定の明るさの照明を当てたときの二酸化炭素の減少

量が最も大きい20℃のときである。

(5) 光合成量と呼吸量が等しくなると，二酸化炭素の量は変化しない。

(6) 光を当てる時間をx〔時間〕とすると，光合成量と呼吸量が等しくなるのは

$$5.0 \times (24-x) - 15.0 \times x = 0$$

$x = 6$時間　よって，6時間以上。

入試メモ　光補償点…呼吸によって放出される二酸化炭素量と，光合成によって吸収される二酸化炭素量が等しくなり，見かけ上，二酸化炭素の出入りがなくなるときの光の強さを，その植物の補償点という。植物は，光補償点以下の光の強さでは生育できない。

※光合成量と呼吸量の関係についての問題は難関校でよく出題されるので，しっかり理解しておこう。

入試メモ　光補償点・光飽和点・光合成量・見かけの光合成量・呼吸量の関係は，下のグラフを使って理解しておこう。

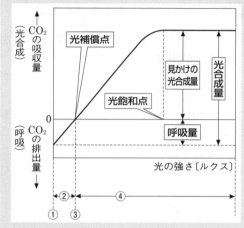

① 呼吸のみ　　　　　② 呼吸量＞光合成量
③ 呼吸量＝光合成量　④ 呼吸量＜光合成量

012　(1) イ　　(2) カ　　(3) エ
　　　(4) **0.1 mg**

解説　(1) 光がないと光合成はできない。

(2) 実験に使ったオオカナダモの葉の光合成量と呼吸量が等しくなる点が500ルクスであったと考えられる。

(3) 光の強さが3000ルクスのときと4000ルクスのときで増加量が同じなので，3000ルクスのときはすでに光飽和の状態に達しているといえる。このとき，質量の増加量は4.8 mgとなっている。光飽和点に達する直前までは光合成による質量の増加量は光の強さにおよそ比例する。この実験では明るさが500ルクス明るくなるごとに質量が1.2 mgずつ増加しているので，最初に質量の増加量が4.8 mgになるのは2500ルクスのときであると考えられる。

(4) 光合成量は，質量の増加量（これを見かけの光合成量という）と呼吸量の和によって示される。光の強さが0ルクスのときは呼吸しか行わないので，このときの質量の減少量が呼吸量である。よって，

$$(4.8 + 1.2) \text{mg} \div 10 \text{枚} \div 6 \text{h} = 0.1 \text{mg/枚・h}$$

013　(1) ①胞子　②子房
　　　(2) a…葉緑体　b…光合成
　　　(3) ウ

解説　(2) 植物は葉緑体を含む細胞をもち（すべての細胞に葉緑体があるわけではない），その中で光合成を行っている。

(3) タンポポ，エンドウ，シロツメクサは双子葉類である。

014　(1) X…エ　Y…ア　Z…ウ
　　　(2) B…合弁花類　C…単子葉類
　　　(3) 裸子植物　　(4) 胞子
　　　(5) からだの表面全体
　　　(6) タンポポ…**B**　スギ…**D**

解説　(1)〜(3) 図より，Aは離弁花類，Bは合弁花類，Cは単子葉類，Dは裸子植物，Eはシダ植物となる。アは双子葉類，イは単子葉類，ウは離弁花類の観点を示している。

(4) Eのシダ植物とFのコケ植物は胞子でふえる。

(6) タンポポは双子葉類の合弁花類，スギは裸子植物である。

015　ウ，オ，ク

解説 図より，穂の部分に種子があり，葉が平行脈となっているので，エノコロゲサは種子植物のうちの被子植物の単子葉類であるとわかる。

---

016 (1) 胞子 (2) イ，オ (3) 無性生殖

解説 (2) ア，ウ…コケ植物には根・茎・葉の区別はなく，維管束も存在しないため葉脈のようなつくりもない。そのため，水はからだの表面全体から吸収する。

エ…コケ植物は葉緑体をもち，光合成によって有機物を合成する。

(3) 下線部のような栄養生殖や出芽，分裂のように受精をともなわないなかまのふやし方を無性生殖という。これに対して，受精をともなうなかまのふやし方を有性生殖という。

---

2 動物の生活と種類

---

017 (1) 肝臓
(2) 記号…C 名称…すい臓
(3) 記号…D 名称…小腸
(4) 脂肪

解説 (1)～(3) Aは肝臓，Bは胃，Cはすい臓，Dは小腸，Eは大腸である。炭水化物，タンパク質，脂肪のそれぞれを消化する消化酵素を含んでいる消化液はすい臓から分泌されるすい液である。また，消化された栄養分は小腸から血管やリンパ管の中に吸収される。

(4) 脂肪は脂肪酸とモノグリセリドに消化されて小腸から吸収されるが，小腸の柔毛の壁を通り抜けると再び結びついて脂肪となり，柔毛内のリンパ管の中に入る。その後，リンパ液によって首のつけ根付近まで送られたあと，静脈の中に入り，血液によって全身へ運ばれる。

---

018 (1) タンパク質…ア 脂肪…ウ
(2) ウ   (3) イ
(4) A…ウ B…ア C…イ D…エ
    (C，Dは順不同)   (5) ア

解説 (1) サツマイモには，デンプン(炭水化物)が多く含まれている。

(2) だ液はデンプンを分解して麦芽糖などに変える

はたらきがある。また，デンプンにヨウ素液を加えると青紫色になり，麦芽糖などにベネジクト液を加えて加熱すると赤褐色になる。したがって，③では，だ液を入れていなくてデンプンが変化せずに残っている試験管cが青紫色に変化し，④では，だ液を入れてデンプンが麦芽糖などになっている試験管bが赤褐色になる。

(5) Aブドウ糖とBアミノ酸は柔毛の表面から吸収されて毛細血管に入り，CとD(脂肪酸とモノグリセリド)は柔毛の表面から吸収されたあと，再び脂肪となってリンパ管に入る。

---

019 (1) ヘモグロビン   (2) エ
(3) X…ウ   Y…ア
(4) 細胞(の)呼吸[内呼吸]

解説 (1) 赤血球の中のヘモグロビンという色素は，鉄を含んでいる。ヘモグロビンは酸素の多いところでは酸素と結びつき，酸素の少ないところでは酸素を放すという性質をもっていて，酸素を運ぶはたらきをしている。

(2)(3) 血管Aは，心臓から肺へ出ていく血液が流れる血管なので肺動脈といい，酸素量は少なく，二酸化炭素量が多い静脈血が流れている。肺で二酸化炭素(物質X)を放出して酸素(物質Y)を受け取り，動脈血となって血管Bの肺静脈を通って心臓へ戻ってくる。この血液が，大動脈を通って全身へ運ばれる。

(4) 細胞では，血液によって運ばれてきた栄養分を，同じように血液によって運ばれてきた酸素を使って二酸化炭素と水に分解する。このとき生じるエネルギーが，生命活動に必要なエネルギーとなる。このようなはたらきを細胞(の)呼吸，または内呼吸という。

---

020 (1) (消化)酵素
(2) ①アミノ酸
    ②脂肪酸，モノグリセリド
(3) ①可溶性デンプンを用いたデンプン
      溶液とかたくり粉を用いたデンプ
      ン溶液を準備し，問題文と同様の
      手順で，実験操作を行う。
    ②ウ

解説 (1) だ液に含まれるアミラーゼはデンプンを

分解し，胃液に含まれるペプシンはタンパク質を分解する。アミラーゼやペプシンなどの物質を(消化)酵素という。

(2) 消化酵素のはたらきによって，デンプンはブドウ糖に，タンパク質はアミノ酸に，脂肪は脂肪酸とモノグリセリドに分解される。

(3) 可溶性デンプンを用いた実験2のⅡでは，色の変化が起きないと予想され，実際には赤褐色に変化した結果が出たであろうことがわかる。赤褐色に変化したということから，可溶性デンプンの水溶液には最初から麦芽糖などの糖が含まれていることがわかる。①最初の実験のデンプン溶液は可溶性デンプンを用い，翌日の実験のデンプン溶液はかたくり粉を用いたので，これらのデンプン溶液を同じ条件下で実験に用いて比べるとよい。

②科学的な実験とは，同じ条件で行えば同じ結果の得られる再現性のあるものである。異なる結果が出た場合，その違いがどのような実験条件の違いによるものか，それをさらに追求する姿勢が大切である。

---

021 (1) リンパ管　(2) イ，エ
(3) 名称…ブドウ糖[グルコース]
　　部位…C
(4) ア　(5) **616 cm³**　(6) **4 回**

解説 (1) 食物が消化されてできた栄養分は，小腸の柔毛で吸収される。柔毛には毛細血管とリンパ管が通っている。

(2) 消化酵素は何度もはたらくことができ，体温に近い温度で最もよくはたらく。タンパク質の分解に関わるペプシンは酸性でよくはたらくなど，中性で最もよくはたらくとは限らない。

(3) 図で，Aは肺，Bは肝臓，Cは小腸，Dは腎臓である。デンプンは最終的にブドウ糖(グルコース)にまで分解され，小腸から吸収される。

(4) 心臓の上の2つの部屋は心房，下の2つの部屋は心室である。血液は心房から心室へ流れるので，逆流を防ぐために，ア，ウのように心房から心室の向きに弁がついている。また，左心室から全身に血液が送られるので，ア，イのように左心室のまわりの筋肉が最もよく発達している。

(5) 1分間に心臓から送り出される血液の量は，
　　$70 \times 80 = 5600 \text{ cm}^3$
肺静脈を流れる血液に含まれる酸素の量と肺動脈に含まれる酸素の量の差がからだ全体に供給され

る酸素の量であり，その量は100 cm³あたり，
　　$18 - 7 = 11 \text{ cm}^3$
よって，1分間でからだ全体に供給される酸素の量は，
　　$11 \times 5600 \div 100 = 616 \text{ cm}^3$

(6) 図より，脳で生じたアンモニアは頭部→心臓→肺→心臓→肝臓と流れて，肝臓で尿素につくり変えられる。その後，尿素は肝臓→心臓→肺→心臓→腎臓と流れて，腎臓でこし取られて体外に排出される。

---

022 (1) 名前…**赤血球**
　　はたらき…**酸素を運ぶ。**
(2) **12600 cm³**

解説 (2)　$150 \text{ cm}^3 \times 140 \text{ g} \times 0.6 = 12600 \text{ cm}^3$

---

023 (1) あ…イ　い…ア　う…キ　え…ケ
　　お…ソ　か…シ
(2) **末しょう神経**
(3) ①**69.5 m/s** ②**70.5 m/s** ③**オ**
　　④**反射**

解説 (1)　耳や目などの感覚器官で受容した刺激は感覚神経を通して大脳に伝えられ，そこで視覚や聴覚の感覚が生じる。

(2) 図1で，うは感覚神経，きは運動神経で，これらをまとめて末しょう神経という。

(3) ①BC間とDE間の距離はごくわずかなので，この地点間の距離を考えずにA点からF点までの距離を求めると，
　　$75.4 + 19.6 + 34.2 = 129.2 \text{ cm}$
A点からF点まで刺激が伝わるのにかかった時間は，
　　$20.7 - 2.1 = 18.6 \text{ ミリ秒}$
$129.2 \text{ cm} = 1.292 \text{ m}$，$18.6 \text{ ミリ秒} = 0.0186 \text{ 秒}$より，
A点からF点までの平均の速さは，
　　$1.292 \text{ m} \div 0.0186 \text{ s} = 69.46\cdots \fallingdotseq 69.5 \text{ m/s}$
②A点からB点までの距離は75.4 cm，A点からB点まで刺激が伝わるのにかかった時間は，
　　$12.8 - 2.1 = 10.7 \text{ ミリ秒}$
$75.4 \text{ cm} = 0.754 \text{ m}$，$10.7 \text{ ミリ秒} = 0.0107 \text{ 秒}$より，
A点からB点までの平均の速さは，
　　$0.754 \text{ m} \div 0.0107 \text{ s} = 70.46\cdots \fallingdotseq 70.5 \text{ m/s}$
③B点からC点までの距離は10 nm，B点からC点まで刺激が伝わるのにかかった時間は，

12.9－12.8＝0.1 ミリ秒

10 nm＝10万分の1 mm＝1億分の1 m，0.1 ミリ秒＝0.0001秒より，B点からC点までの平均の速さは，

1億分の1 m÷0.0001 s＝1万分の1 m/s

④図1で，えは大脳なので，大脳を経由せずに起こる反応は反射である。

024 (1) ア…虹彩　イ…網膜
(2) a…感覚神経(視神経)　b…脊髄
(3) **18.4 cm**

解説 (1) 虹彩が広がったり縮んだりして，ひとみの大きさを変えることにより，目に入る光の量を調整している。網膜にうつった像が感覚神経を通して脳へ伝えられる。
(2) 目から脳へ刺激が伝わるときは脊髄を通らずに感覚神経から直接脳へ伝わる。
(3) (13.5＋20.9＋17.7＋18.4＋22.7＋13.3＋18.5＋18.5＋19.9＋20.5)÷10＝18.39≒18.4 cm

025 (1) ア…グリコーゲン
イ…アンモニア　ウ…脂肪
エ…リパーゼ　オ…胆汁
カ…ヘモグロビン　キ…体温
(2) **120倍**　(3) **120 mL**　(4) **36 mg**
(5) **21 mg**　(6) **15 mg**　(7) **310 mg**
(8) A…**0 mg/mL**　B…**5 mg/mL**

解説 (1) 古い赤血球は，肝臓や脾臓で壊されるが，そのとき赤血球の中のヘモグロビンも壊されてビリルビンという黄褐色の物質になる。ビリルビンは，ふつう腸に送られて便とともに排出されるが，ビリルビンが血液中で増加すると黄疸(皮膚や目の結膜が黄色くなる状態)が現れるときがある。
(2) 120 mg/mL÷1 mg/mL＝120倍
(3) 尿中のイヌリンの濃度が原尿中のイヌリンの濃度の120倍になっていることから，③で水分が再吸収されて，②の原尿は，③で120分の1の体積の尿となるといえる。よって，1 mLの尿をつくるために必要な原尿の体積は，
1 mL×120＝120 mL
(4) 0.3 mg/mL×120 mL＝36 mg

(5) 1分間につくられる尿は1 mLなので，1分間につくられた尿に含まれる尿素の量は，表の尿中の濃度[mg/mL]の値に等しい。
(6) 36－21＝15 mg
(7) (2)より，再吸収されなかった場合，尿中の濃度は原尿中の濃度の120倍になることがわかっている。よって，原尿中のブドウ糖の濃度が3 mg/mLで，ブドウ糖が再吸収されなかった場合の尿中の濃度は，
3 mg/mL×120＝360 mg/mL
実際の尿中のブドウ糖の濃度を表から読み取ると50 mg/mLになっているので，1分間に再吸収されるブドウ糖の量の最大値は，
360－50＝310 mg/mL
(8) A…2.5 mg/mL×120＝300 mg/mL
310 mgまで再吸収できるので，300 mgのブドウ糖はすべて再吸収される。
B…290＋310＝600 mg/mL
原尿中のブドウ糖の濃度は，
600 mg/mL÷120＝5 mg/mL

026 (1) 節足　(2) ウ　(3) エ
(4) ①a…ウ　c…オ　f…イ
②ア，ウ

解説 (1) 表より，イカ，ザリガニ，クロオオアリは無脊椎動物で，それ以外は脊椎動物なので，Aは脊椎をもたない，Bは脊椎をもつなかまである。無脊椎動物のうち，外骨格をもち，からだやあしに節がある動物のなかまを節足動物という。
(2) 入水管や出水管は，アサリやハマグリなどの二枚貝によく見られるつくりである。
(3) 表より，フナは魚類，イモリは両生類，カメはは虫類，ハトは鳥類，ウマは哺乳類なので，Gはえら呼吸，Iは肺呼吸をするなかまである。両生類の子はえら呼吸と皮膚呼吸，親は肺呼吸と皮膚呼吸を行う。
(4) ①図より，aは鳥類だけにあてはまる特徴なのでウ，bはは虫類だけにあてはまる特徴なのでエ，cは鳥類とはは虫類にあてはまる特徴なのでオ，dは両生類だけにあてはまる特徴なのでカ，eは魚類以外にあてはまる特徴なのでア，fは魚類だけにあてはまる特徴なのでイとなる。
②ハトの翼とフナの胸びれは，どちらもヒトの手にあたる器官である。

027
(1) ①軟体　②節足　③甲殻
(2) 外とう膜　　(3) G　　(4) E
(5) 頭胸部
(6) ①ブドウ糖[グルコース]
　　②エネルギー
(7) ヘモグロビン

解説 (1) イカやアサリなどの軟体動物は，水中で生活するものが多い。エビは，からだがかたい殻におおわれているので甲殻類のなかまである。
(2)〜(4) AやGのように，内臓を包んでいる膜を外とう膜という。また，イカのからだのつくりで，Bは血管，Cはえら心臓，Dは心臓，Eはえら，Fはあしの吸盤である。このように，イカには2つのえらの付け根にそれぞれ1つずつ心臓(えら心臓)があり，さらにその間にも心臓があるので，合わせて3つの心臓をもっている。
(5) エビやカニなどの甲殻類のからだは，頭胸部と腹部に分かれていて，内臓は頭胸部に含まれる。
(6) アサリやエビなどの細胞の呼吸では，おもにブドウ糖(グルコース)を分解して，からだを動かすエネルギーを得ている。
(7) ヒトの赤血球の中にはヘモグロビンという赤色の色素が含まれていて，酸素と結びつく。イカの血液の中の銅を含む青色の色素はヘモシアニンである。

028
(1) (チャールズ・)ダーウィン
(2) ①イ　②ア　③ア
(3) ①ウ　②ア，イ，ウ
(4) ①60%　②65%　③皮膚　④83%

解説 (1) ダーウィンはイギリスの博物学者で，ガラパゴス諸島をはじめ，世界各地で多くの生物標本を集めた。帰国後，研究の成果として「種の起源」を著して進化論を唱えた。
(2) ①中生代には，大型は虫類である恐竜が栄えた。
②裸子植物が栄えたのは中生代であるが，出現したのは古生代後期である。
③はじめて陸上で呼吸することができるようになった脊椎動物は両生類で，両生類が出現したのは古生代である。
(3) ①鳥類は，ふつう，ふ化するまで親が卵を温める。

②アメリカザリガニは，メス親が腹部に卵をつけたままふ化させる。アシナガバチは巣をつくり，そこに卵を産みつけると，メス親は巣の材料を調達したり食事のために花を訪れるとき以外は巣のそばにいる。クロオオアリも巣をつくり，そこに卵を産みつけると，メス親はずっとそばにいる。
(4) ①95－35＝60%
②心室内で，赤血球のうちの95%が酸素と結びついている血液と赤血球のうちの35%が酸素と結びついている血液が同じ割合で混ざる。よって，大動脈を通る血液中の赤血球で，酸素と結びついた赤血球の割合は，
　(95＋35)÷2＝65より，65%
③両生類の肺には肺胞がなく，酸素を効率よく取り入れられない。そのため，皮膚呼吸もさかんに行われ，肺呼吸の効率が悪い分を補っている。
④肺動脈と大動脈に出ていく血液量は等しく大動脈を通る血液は，赤血球のうちの35%が酸素と結びついている血液と赤血球のうちの95%が酸素と結びついている血液が1：4の割合で混ざり合ったものである。したがって，酸素と結びついている赤血球の割合は，
　(35×1＋95×4)÷5＝83より，83%

3 生物の細胞とふえ方

029
(1) X…組織　Y…器官
(2) 根，茎，葉，花　などから3つ
(3) ア，ウ　　(4) ウ

解説 (3) ゾウリムシ，ミカヅキモ，アメーバは単細胞生物である。
(4) 多細胞生物は，細胞分裂によって細胞の数が増加し，分裂した細胞が大きくなることによって成長する。

030
(1) ウ　　(2) b　　(3) エ
(4) 酢酸カーミン溶液
　　[酢酸オルセイン溶液]
(5) カバーガラスをかけて，押しつぶす。

解説 (2) bでは細胞分裂がさかんに行われていて，分裂中の細胞がたくさん観察される。この部分は，成長点と呼ばれる。

(3)(5)　うすい塩酸につけて細胞を離れやすくしておき，カバーガラスをかけて押しつぶすと重なっていた細胞が広がって，見やすくなる。

(4)　酢酸カーミン溶液や酢酸オルセイン溶液で，核や染色体を赤色に染めてから顕微鏡で観察する。

> **入試メモ**　植物のからだで，細胞分裂がさかんに行われている場所としてよく出題されるのは成長点と形成層である。
> 成長点…根の先端の少し上。
> 形成層…被子植物の道管と師管の間にある層。

031　(1) 細胞間の結合をゆるめて，離れやすくするため。

(2) ウ

(3) （A）→D→C→B→E→F

(4) ①E　②C　③B　④D

(5) 12分

解説　(1)　タマネギの根をうすい塩酸につけると，1つ1つの細胞が離れやすくなる。

(2)　タマネギの根の細胞分裂のようすは，400倍〜600倍で観察する。

(4)　①2個の核ができ，細胞質が2つに分かれる時期には，その境にしきりができ始める。

(5)　60分×24時間＝1440分
　　Bの周期の長さをx〔分〕とすると，
　　1440：x＝600：5　　x＝12分

032　(1) 13本　(2) 4個　(3) 26本

解説　(1)(3)　精子や卵などの生殖細胞ができるときは減数分裂が行われ，染色体の数が体細胞の中の染色体の数の半分になる。体細胞の中の染色体の数は，受精卵の中の染色体の数と等しい。

(2)　4個の細胞が同時に分裂して8個の細胞となる。

033　(1) a…花粉　b…柱頭　c…精細胞
　　　　　d…卵細胞　e…胚珠　f…がく
　　　　　g…子房

(2) cとd

(3) ア…b　ウ…e　エ…g　オ…f

(4) 受粉　　(5) 遺伝子〔DNA〕

(6) C　　(7) 無性生殖〔栄養生殖〕

解説　(2)(3)　花粉管が伸びて胚珠までとどくと，cの精細胞とdの卵細胞が受精して受精卵をつくる。受精卵は細胞分裂をくり返して，イの胚になる。このとき，eの胚珠はウの種子になり，gの子房はエの果実となる。また，アとオについては，オは図1のfのがくが変化したもので，アは図1のbの柱頭であった部分である。

(4)　花粉がめしべの柱頭につくことを受粉という。

(5)　親の形質は，遺伝子（DNA）によって子に伝えられる。

(6)　dの卵細胞やcの精細胞などの生殖細胞がつくられるとき，減数分裂が行われて，細胞内の染色体の数が半分になる。イの細胞は体細胞なので，染色体の数はdの卵細胞の中の染色体の数の2倍である。

(7)　雌雄に関係なく，受精が行われない生殖方法を無性生殖という。特に植物が茎や根などのからだの一部から新しい個体をつくる無性生殖を栄養生殖という。

034　(1) ①オ　②コ　　(2) 再生

(3) ①A→D→C→B
　　②体積…小さくなる。
　　　染色体の数…同じになる。

(4) 体積…同じになる。
　　染色体の数…同じになる。

解説　(1)　①胚性幹細胞は英語で，Embryonic Stem cellといい，その頭文字を取ってES細胞（ES cell）と呼ばれる。

②人工多能性幹細胞は英語でInduced Pluripotent Stem cellといい，その頭文字を取って，iPS細胞（iPS cell）と呼ばれる。

(2)　損傷を受けた臓器を，幹細胞などを用いて復元させる医療を再生医療という。これにより，移植による拒絶反応や，臓器提供者の不足も解決できる。

(3)　①分裂するたびに細胞の数がふえていく。

②受精卵から胚盤胞に至るまでは全体の大きさは変化しないので，細胞が分裂するにつれて細胞1つあたりの体積は小さくなっていく。また，同じ生物の細胞内の染色体の数は，生殖細胞以外ではすべて同じである（分裂しても変わらない）。

(4)　胚盤胞になってからは，分裂後の細胞は分裂前の細胞とほぼ同じ大きさまで成長する。よって，

全体は大きく成長していく。また，同じ生物の体細胞内の染色体の数は，すべて同じである。

---

035 (1) 減数分裂

(2) **30本**　(3) **エ**

(4) Ⅰ…**ア**　Ⅱ…**エ**

(5) ①Ⅰ…**ア**　Ⅱ…**キ**

　　②**オ**　③Ⅰ…**ア**　Ⅱ…**ク**

解説 (1)(3) 染色体の数が体細胞の半分になる。

(2) $60 \div 2 = 30$ 本

(4) 対立遺伝子をもつ純系どうしのかけ合わせで，子に現れるほうの形質が顕性形質である。

(5) ①毛の色も角の有無も顕性形質をもつ純系とかけ合わせているので，子には顕性形質しか現れない。

②bDとBdがそれぞれ同じ染色体にある。

③雌の子ウシから遺伝する染色体はbDまたはBd，精子から遺伝する染色体はBdである。よって生まれた個体の体細胞に含まれる染色体はbDとBdまたはBdとBdの組み合わせとなる。毛の色は，どちらの場合も顕性形質を示す遺伝子Bが含まれているため全て黒となる。角の有無はbDとBdの場合のみ角なしとなるため，角あり：角なし＝1：1。

---

036 (1) ①**受精卵**　③**減数**　⑤**有性**

(2) **イ**

(3) **遺伝子の組み合わせに多様性を生じるから。**

(4) Ⅰ…**50%**　ⅠとⅢとⅤとⅦ…**6.25%**

解説 (1) ②は受精，④は無性である。

(2) 体外受精をする動物は水中に殻のない卵を産む。ア，エは虫類，ウ，オは昆虫類でともに殻のある卵を産む。

(3) 無性生殖では遺伝子の組み合わせが同じなので形質が変化せず，自然環境が大きく変化し，新たな環境に適さない場合，絶滅してしまうおそれがある。

(4) Ⅰ…ⅠとⅡが対になっているので50%である。

ⅠとⅢとⅤとⅦ…$0.5 \times 0.5 \times 0.5 \times 0.5 \times 100$

　　　　　　　　$= 6.25$ より，6.25%

---

037 (1) 対立形質　(2) 黄色

(3) 黄色の親…**AA**

　　緑色の親…**aa**　子…**Aa**

(4) **A，a**

(5) 黄色の種子…**AA，Aa**

　　緑色の種子…**aa**

(6) 黄色：緑色＝**3：1**

(7) 生殖細胞形成時，対になっている遺伝子が分かれてそれぞれ別々の生殖細胞に入るという法則。

(8) **DNA[デオキシリボ核酸]**

解説 (2) 子の子葉がすべて黄色になったので，黄色が顕性形質である。

(5)(6) 子(Aa)どうしの交配では，右の表のように，孫の遺伝子の組み合わせが，

	A	a
A	AA	Aa
a	Aa	aa

AA：Aa：aa＝1：2：1　となる。

AAとAaの子葉は黄色，aaは緑色となるので，黄色：緑色＝1＋2：1＝3：1　となる。

(8) 遺伝子の本体はデオキシリボ核酸という物質である。英語で，**d**eoxyribo**n**ucleic **a**cidと書かれ，一般には，この頭文字を取って，**DNA**と表される。

---

038 (1) **B型**　(2) **40人**

解説 (2) A型とB型の人の合計は $100 - 40 = 60$ 人

AB型の人は $(55 + 35 - 60) \div 2 = 15$ 人

O型の人は $40 - 15 = 25$ 人

A型の人はO型でなく，B物質をもたない人なので

$100 - 25 - 35 = 40$ 人

---

039 (1)「黄色の子葉」：「緑色の子葉」＝**3：1**

　　　YY：Yy：yy＝1：2：1

(2) 遺伝子の組み合わせ…**YyRr**

　　子葉の色…**黄色**　花の色…**ピンク**

(3) **YR，Yr，yR，yr**

(4) **3：6：3：1：2：1**

解説 (1)右の表のように，

YY：Yy：yy＝1：2：1となる。YYとYyは黄色でyyは緑色の子葉なので，

	Y	y
Y	YY	Yy
y	Yy	yy

黄色：緑色＝1＋2：1＝3：1

(2)(3)　アサガオの花の色で，純系の赤色と純系の白色の交配で得られる子の花はすべて赤色とはならず，子の花の色はすべてピンク色となる。よって，RRは赤色，rrは白色，Rrはピンク色になる。

(4)　右表参照。Rr は 花 の 色がピンク色になることに注意すること。

	YR	Yr	yR	yr
YR	YYRR	YYRr	YyRR	YyRr
Yr	YYRr	YYrr	YyRr	Yyrr
yR	YyRR	YyRr	yyRR	yyRr
yr	YyRr	Yyrr	yyRr	yyrr

4　生物どうしのつながり

040　(1) オ　　(2) **10 kg**　　(3) **6 kg**
　　　　(4) **3 ppm**　　(5) **12 ppm**

解説　(1)　クロレラ，フナムシ，ゴカイは動物プランクトンではない。サバ，カツオは海水魚である。

(2)　魚Cが食べた魚Aの重量は，

$$100 \text{ g} \div 0.1 = 1000 \text{ g} = 1 \text{ kg}$$

魚Aが1kg増加するために食べる動物プランクトンの重量は，$1 \text{ kg} \div 0.1 = 10 \text{ kg}$

(3)　魚Bが直接食べた魚Aの重量をx〔kg〕とすると，次の式が成立する。

$$2x \times 0.05 + x \times 0.1 = 100 \qquad x = 500 \text{ g}$$

よって，魚Bが直接食べた動物プランクトンの重量は，$500 \text{ g} \times 2 = 1000 \text{ g}$

また，魚Bが魚Aを通して間接的に食べた動物プランクトンの重量は，$500 \text{ g} \div 0.1 = 5000 \text{ g}$

したがって，$1000 + 5000 = 6000 \text{ g} = 6 \text{ kg}$

(4)　体重100gの魚Cが間接的に食べた動物プランクトンの重量は，$100 \div 0.1 \div 0.1 = 10000 \text{ g}$

したがって，$0.03 \text{ ppm} \times \dfrac{10000}{100} = 3 \text{ ppm}$

(5)　魚Dの体重が100g増加したときに食べた魚Bと魚Cの重量をx〔g〕とすると，次の式が成立する。

$$x \times 0.2 + x \times 0.2 = 100 \qquad x = 250 \text{ g}$$

よって，魚Dが間接的に食べた動物プランクトンの重量は，魚Bからは(3)より，$6000 \times \dfrac{250}{100} = 15000 \text{ g}$

魚Cからは(4)より，$10000 \times \dfrac{250}{100} = 25000 \text{ g}$

よって，$15000 + 25000 = 40000 \text{ g}$

したがって，$0.03 \text{ ppm} \times \dfrac{40000}{100} = 12 \text{ ppm}$

041　(1) 生産者
　　　　(2) A…エ　B…イ　C…ウ　D…オ
　　　　(3) 分解者
　　　　(4) ①光合成　②呼吸
　　　　(5) **c，d，f**
　　　　(6) ①あ…**b**　い…**h**　②イ

解説　(1)　図でAは食物連鎖の始まりとなる生物なので植物があてはまる。植物は光合成によって無機物から有機物をつくり出すので，生態系において生産者と呼ばれる。

(2)　図でBは他の生物に食べられないので肉食動物，Cはすべての生物の死がい，ふんなどから矢印が出ているので菌類，細菌類があてはまる。Dの化石燃料は，生物の死がいやふんなどが堆積して長い年月の間に変化したものである。

(3)　菌類，細菌類は死がいやふんなどの有機物を無機物に分解しているので，生態系において分解者と呼ばれる。

(4)　①植物から大気中に酸素が放出されるのは，光合成を行っているときである。
②炭素は二酸化炭素として，生物から呼吸によって放出される。植物も他の生物と同様に呼吸を行っている。

(5)　Bは肉食動物なので，草食動物を食べることで有機物として炭素を取り入れる（矢印c）。また，死がいやふんなどにもそれらの有機物は含まれる（矢印f）。さらに，呼吸によって二酸化炭素として炭素を大気中に放出している（矢印d）。

(6)　植物は光合成を行うときに二酸化炭素を吸収している（矢印b）。熱帯雨林などの減少により，植物が吸収する二酸化炭素の量が減少している。また，化石燃料を燃焼させると二酸化炭素が発生する（矢印h）。火力発電などで大量の化石燃料を燃焼させると，大気中の二酸化炭素の量は増加する。

042　(1) **イ，オ**　　(2) **分解者**

解説　(1)　ムカデは生きた動物，シデムシは動物の死がい，センチコガネは動物の排出物を食べる。

043　(1) **ウ**　　(2) **イ**　　(3) **オ**　　(4) **エ**

解説　(1)(2)　ヨウ素液はデンプンと反応して青紫色になる。麦芽糖などにベネジクト液を加えて加熱すると黄褐色（赤褐色）になる。

(4)　対照実験である。

044 (1) エ　　(2) カ
　　(3) 現象…生物濃縮　生物…肉食動物

解説 (3)　食物連鎖の上位の生物ほど, 生物濃縮における体内の濃度が高くなる。

045 (1) ①オゾン　②紫外線　③酸性
　　　④温室　　⑤温暖化
　　(2) エ　　(3) イ
　　(4) バイオマス燃料の燃焼で放出される二酸化炭素は, 燃料となる植物が光合成で吸収した二酸化炭素に由来するから。

解説 (1)(2)　①②オゾン層には有害な紫外線の多くをさえぎるはたらきがある。
③工場などから出た硫黄酸化物や窒素酸化物が雨に溶けると硫酸や硝酸となる。
④⑤二酸化炭素には温室効果がある。

046 (1) イ
　　(2) 植物の種類が 1 種類になったとき。
　　(3) 0.7　　(4) 例 人間による乱獲。

解説 (1)　たとえば, 植物 E が絶滅したとすると,
$1-(0.25^2+0.25^2+0.25^2+0.25^2)=0.75$　となる。
(2)　$1-(1^2)=0$　となる。
(3)　$1-(0.1^2+0.1^2+0.1^2+0.1^2+0.1^2+0.5^2)=0.7$

047 (1) A…イ　B…ア　C…エ
　　(2) (C の増加にともなって)水に溶けている酸素の濃度が増加しているから。
　　　(22字)
　　(3) A　　(4) 分解者

解説 (1)(2)　A は汚水が流入したと同時に急増しているので細菌類, そのあとに増加している B は細菌類を食べるゾウリムシである。また, C の増加にともなって水に溶けている酸素濃度が増加していることから, C は光合成を行う植物プランクトンである。
(3)(4)　グラフ 1 の A とグラフ 2 の水に溶けている有機物のグラフの変化はほぼ重なっている。よって, 水に溶けている有機物を A の細菌類が分解しているとわかる。このような細菌類などを分解者という。

地学 分野

5 火山と地層

048 (1) R　　(2) ウ
　　(3) 長石, 輝石, カンラン石
　　(4) 斑晶　　(5) 斑状

解説 (1)　雲仙普賢岳をつくっているマグマのねばりけは大きいので, R のように火口付近に溶岩ドームをつくることが多く, 圧力の高い水蒸気がふき出すことによって激しい爆発をともなう噴火が起こる。また, ふき出した高温高圧の水蒸気がまわりの火山灰とともに高速で斜面を滑り落ちる火砕流という現象が起こりやすい。
(2)　P のような傾斜のゆるやかな火山は, ねばりけの小さいマグマが火口から流れ出て, すそ野まで広がることによって形成される。このとき, 水蒸気などもマグマとともに火口から出続けるため大きな圧力がかかることはなく, 比較的おだやかな噴火となる。
(3)　P のような傾斜のゆるやかな火山をつくるねばりけの小さいマグマが固まってできた火成岩(玄武岩, 斑れい岩など)では, 輝石やカンラン石という有色鉱物が約 3 分の 2 を占め, 無色鉱物である長石が約 3 分の 1 を占める。
(4)(5)　図 2 の a のような, 比較的大きな結晶となった「斑晶」と呼ばれる部分と, そのまわりの結晶となることができなかった小さい粒からできている「石基」と呼ばれる部分からなる火成岩のつくりを斑状組織という。斑状組織は, マグマが地表または地表付近で急速に冷やされて固まってできた火山岩のつくりの特徴である。斑晶は, マグマが地下深くにあったときにゆっくり冷やされて結晶となった部分で, 石基は, 大きな結晶になることができなかった部分である。

入試メモ 火成岩は，火山岩と深成岩に分類される。

	火山岩	深成岩
つくり	斑状組織	等粒状組織
でき方	マグマが地表または地表付近で急に冷やされた。	マグマが地下深くでゆっくり冷やされた。
例	流紋岩 安山岩 玄武岩	花こう岩 せん緑岩 斑れい岩

火山岩や深成岩の例もしっかり覚えておくこと。

---

049 (1) エ　　(2) ア

解説 (1) Aは石英，Bは黒雲母，Cは長石，Dは角セン石である。角セン石の色は，緑黒色または暗褐色と表されることが多い。

(2) Aの石英やCの長石などの無色鉱物を多く含む火成岩は，花こう岩や流紋岩などの白っぽい火成岩で，これらはねばりけの大きいマグマが冷やされて固まってできたものである。

---

050 (1) エ　　(2) ア　　(3) ア

解説 (1) （　　）に入る語句は「火山灰」である。火山灰は，イの木などの有機物が燃やされてできた灰ではなく，火口の岩石の破片やマグマが冷やされて固まった鉱物の粒である。アは石灰岩，ウは二酸化マンガンである。エのガラスのかけらのようなものとは鉱物の1つである石英で，その他の色のついたものというのはさまざまな有色鉱物であると考えられる。

(2) マグマが冷えて固まってできた溶岩には，水蒸気が出ていったあとが細かい穴となって残っている。

---

051 (1) 水蒸気

(2) ①火成　②火山　③深成

(3) 安山岩…②　花こう岩…③

解説 (1) 火山ガスの大部分は水蒸気で，その他に二酸化炭素や硫化水素などが含まれている。

(2)(3) 火山岩には流紋岩，安山岩，玄武岩などがあり，深成岩には花こう岩，せん緑岩，斑れい岩などがある。

---

052 (1) エ　　(2) ウ　　(3) ウ

解説 (1) 図1，図2より，A地点の標高は100 m，B，C地点の標高は200 mなので，bの層の上端の標高は，A地点では0 m，B地点およびC地点では100 mとなる。よって，bの層はB，C地点からA地点に向かって低くなっているので，bの層はXのほうに向かって低くなっている。

(2) 地層の上下の逆転がないとき，下の地層ほど古い時代に堆積している。(1)より，地層が下にある順に，b→a→cとなる。

(3) 海底で堆積した地層が隆起して地上に出ると，侵食されたり，風化されたりして表面が凸凹になる。その地層が再び海底に沈降すると，凸凹の面の上に元の岩石がけずられてできたれきが堆積し，さらにその上に新たな地層が堆積する。

---

053 (1) しゅう曲

(2) ①CO_2
　　②凝灰岩

(3) ①ウ
　　②右図

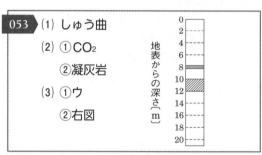

解説 (2) ①石灰岩(主成分は炭酸カルシウム)にうすい塩酸をかけると二酸化炭素(CO_2)が発生する。②火山灰などの火山噴出物が堆積してできた堆積岩を凝灰岩という。

(3) ②地点Aでの火山灰の層の標高は，

　　$356 + 8 = 364$ m

地点Cでの火山灰の層の標高は，

　　$348 + 16 = 364$ m

よって，地点Aと地点Cの間で地層の傾きがないことがわかる。地点Dは地点Aと地点Cの間の地点なので，地点Dの火山灰の層の標高も364 mであると考えられる。地点Dの標高は372 mなので，地点Dをボーリングしたときに現れる火山灰の層の深さは，$372 - 364 = 8$ mとなる。

---

054 (1) しゅう曲　　(2) 地層を押す力

(3) 断層[逆断層]　　(4) d，e

(5) フズリナ…古生代
　　ビカリア…新生代

(6) ア→ウ→イ

解説 (1)(2)　長い間，大きな力で押し続けられることによって曲げられた地層をしゅう曲という。

(3)　地層に大きな力がはたらいて生じた土地のずれを断層という。

(4)(5)　bの地層から古生代の示準化石であるフズリナが，cの地層から中生代の示準化石であるアンモナイトが発見されているので，a→eに向けて新しい地層であることがわかる。よって，中生代より新しい新生代を示す示準化石であるビカリアの化石は，cの層より新しいdやeの層から見つかる可能性がある。

(6)　dの地層が曲げられているので，dの地層が堆積したあとに地層が押し曲げられたと考えられる。また，X－Y面が曲がっていないことから，地層が押し曲げられたあとにX－Yの地層のずれが起こったと考えられる。

入試メモ

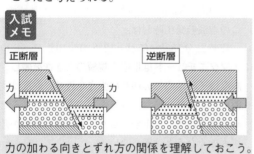

正断層	逆断層
力　　力	力　　力

力の加わる向きとずれ方の関係を理解しておこう。

055 (1) 特徴…イ　成分…キ　　(2) イ，オ

解説 (1)　チャートとは，ホウサンチュウなどのプランクトンの死がいが堆積して押し固められてできたもので，主成分は二酸化ケイ素である。粒は目に見えないほど小さくてかたい。石灰岩と異なりうすい塩酸をかけても反応しない。

(2)　サンヨウチュウとフズリナは古生代，恐竜とアンモナイトは中生代，ビカリアとナウマンゾウは新生代を示す示準化石である。

056 (1) 示準化石

(2) 広範囲にすんでいて，短い期間に栄えて絶滅した生物。

(3) 中生代　　(4) イ　　(5) イ

解説 (1)(2)　どの地域でも，同じ年代に堆積した地層から発見された生物の化石が示準化石となる。

(5)　サンヨウチュウは，古生代の最初の頃に出現した生物である。古生代が始まったのが5.4億年前なので，

$$12\text{か月} \times \frac{5.4\text{億年}}{46\text{億年}} = 約1.4\text{か月}$$

したがって，12月31日の約1.4か月前である11月中旬が古生代の始まりとなる。

057 (1) エ　　(2) ア　　(3) ア

解説 (1)　斑状組織は火山岩の特徴である。

(2)　マグマが速く冷やされるほど，石基の部分の粒が小さくなる。

(3)　図1のような円筒形で，周辺部ほど石基の部分の粒が小さいので，周辺部ほどマグマが冷やされる速さが速かったと推定される。このような状況は，海底火山から出てきたマグマが海水で急冷されたときであると考えられる。鍾乳洞は石灰岩の侵食，扇状地は土砂の堆積によってできたもので，いずれも火成岩のでき方ではない。

6　地震とその伝わり方

058 (1) **A**　　(2) 初期微動　　(3) **10階級**

解説 (1)　Bのように，地震が発生した地下の場所を震源という。Aのように，震源の真上の地表の位置を震央という。

(2)　最初に起こる小さなゆれを初期微動といい，初期微動に続いて起こる大きなゆれを主要動という。

(3)　震度は，0，1，2，3，4，**5弱**，**5強**，**6弱**，**6強**，7の**10階級**に分けられている。

059 (1) ①初期微動　②主要動

(2) イ　　(3) イ，エ，オ

(4) 液状化(現象)　　(5) **102km**

解説 (2)　地震が起こっても，イの部分がほとんど力を受けないようになっていて，慣性によって静止した状態となっている。それに対して，アの部分は地震のゆれとともに動くので，アの部分の記録用紙に地震のゆれが記録される。

(3)　ア…マグニチュードは地震の規模(エネルギー)の大きさを表す。地震による各地点のゆれの大きさを表すのは震度である。→×

イ…地震が発生すると，震源で初期微動を起こすP波と主要動を起こすS波が同時に発生するが，P波のほうがS波より伝わる速さが速いため，各地点ではP波のほうが先に届いて初期微動が起こり，あとからS波が届いて主要動が起こる。→○

ウ…ゆれの大きさは震源からの距離や土地のようすなどさまざまな条件が関係するので，地震のエ

ネルギーに比例するとはいえない。→×

エ…地球の内部を通る際にその岩石の性質によって地震波の伝わり方が変化するので，地震波の届き方を調べることによって地球の内部構造を調べることができる。→○

オ…日本の太平洋側に海洋プレートと大陸プレートの境界があり，そこで地震が発生しやすい。→○

(4)　液状化(現象)は，埋め立て地などで見られることが多い。

(5)　初期微動を起こすP波が伝わる速さは，

$$\frac{24\,\text{km}}{8\text{時}50\text{分}02\text{秒}-8\text{時}49\text{分}58\text{秒}}=6\,\text{km/s}$$

求める地点の震源からの距離は，

$6\,\text{km/s}\times(8\text{時}50\text{分}15\text{秒}-8\text{時}49\text{分}58\text{秒})$

$=102\,\text{km}$

(別解1)　主要動を起こすS波が伝わる速さは，

$$\frac{24\,\text{km}}{8\text{時}50\text{分}02\text{秒}+4\text{秒}-8\text{時}49\text{分}58\text{秒}}=3\,\text{km/s}$$

求める地点の震源からの距離は，

$3\,\text{km/s}\times(8\text{時}50\text{分}32\text{秒}-8\text{時}49\text{分}58\text{秒})$

$=102\,\text{km}$

(別解2)　初期微動継続時間は震源からの距離に比例するので，求める地点の震源からの距離は，

$$24\,\text{km}\times\frac{8\text{時}50\text{分}32\text{秒}-8\text{時}50\text{分}15\text{秒}}{4\text{秒}}$$

$=102\,\text{km}$

060　(1)　①**26秒**

②a…**135**　b…**50**　c…**20**

d…**10**　e…**3**

(2)　イ　　(3)　イ

解説　(1)　①図で，Xは初期微動，Yは主要動であり，Xのゆれが始まった時刻からYのゆれが始まった時刻までの時間が初期微動継続時間となる。

A地点における初期微動継続時間は，

12時21分15秒－12時20分49秒＝26秒

②震源の深さが180 km，地点Aの震央からの距離(震央距離)が75 kmなので，三平方の定理より，地点Aの震源からの距離(震源距離)は，

$\sqrt{180^2+75^2}=195\,\text{km}$

震源からの距離と，初期微動継続時間は比例する。

地点Bにおける初期微動継続時間は，

12時21分25秒－12時20分55秒＝30秒

地点Bの震源からの距離は，

$$195\,\text{km}\times\frac{30\text{秒}}{26\text{秒}}=225\,\text{km}$$

よって，地点Bの震央からの距離は，

$\sqrt{225^2-180^2}=135\,\text{km}$　…a

地点Cの震央からの距離は240 kmなので，地点Cの震源からの距離は，

$\sqrt{180^2+240^2}=300\,\text{km}$

地点Cでの初期微動継続時間は，

$$26\text{秒}\times\frac{300\,\text{km}}{195\,\text{km}}=40\text{秒}$$

地点CでYのゆれが始まった時刻は，

12時21分10秒＋40秒＝12時21分50秒　…b

地点AとCの震源からの距離とYのゆれが始まった時刻のそれぞれの差から，Yの波の速さを求めると，

(300 km－195 km)÷(12時21分50秒－12時21分15秒)＝3 km/s　…e

地点AまでYの波が伝わるのにかかった時間は，

195 km÷3 km/s＝65秒

この地震の発生時刻は，

12時21分15秒－65秒＝12時20分10秒　…c d

(2)　マグニチュードは地震の規模の大きさを表し，震度はその地点でのゆれの強さを表す。震度は震源からの距離や地盤の性質などにも影響されるため，マグニチュードが大きくても，最大震度が必ず大きくなるとは限らない。

(3)　緊急地震速報は，P波とS波の速さの違いを利用して，先に伝わるP波を検知した段階で震源や各地の予想震度を分析し，S波が伝わってくる前に危険がせまっていることを知らせるしくみである。

061　(1)　A…**8 km/s**　B…**4 km/s**

(2)　**40 km**

解説　(1)　Aは80 km伝わるのに10秒かかっているので，$\frac{80\,\text{km}}{10\,\text{s}}=8\,\text{km/s}$

Bは40 km伝わるのに10秒かかっているので，

$$\frac{40\,\text{km}}{10\,\text{s}}=4\,\text{km/s}$$

(2)　地震波Aと地震波Bの到達時間の差が5秒となる地点の震源からの距離をグラフから読み取ると，40 kmであることがわかる。

062 (1) ①**14時31分5秒**

②**8 km/s**　③**エ，オ**

(2) ① a …北アメリカ(北米)

b …ユーラシア

c …フィリピン海

d …太平洋

②**日本海溝**

解説 (1) ①下図のように，図1の点線を延長すると，震源までの距離が0kmで地震波の到達時刻が14時31分5秒の点で交わる。よって，地震が発生した時刻が14時31分5秒であることがわかる。

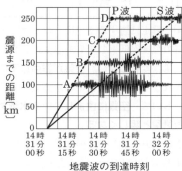
地震波の到達時刻

②震源までの距離が200kmの地点に地震波が到達した時刻が14時31分30秒となっているので，

$$\frac{200\,km}{14時31分30秒-14時31分5秒}=8\,km/s$$

③マグニチュードが変化しても，P波やS波の速さはほとんど変わらないため，同じ地点での初期微動継続時間もほとんど変わらない。マグニチュードが大きくなると，初期微動や主要動の振幅(ゆれ)は大きくなる。

(2) ②太平洋プレートが北アメリカプレートの下に沈み込んでいる部分の海底に深い溝ができている。この溝を日本海溝という。これに対して，フィリピン海プレートがユーラシアプレートの下に沈み込んでいる部分の海底に見られる深い溝を南海トラフという。海溝とトラフは最も深い部分の深さによって分類され，最深部が水深6000m以上のものを海溝，最深部が水深6000m未満のものをトラフという。

063 (1) ①**震源**　②**マグニチュード**　③**震度**

(2) a …**プレート**　b …**海溝**　(3) **オ**

(4) ④**津波**　⑤**液状化**　⑥**沈下**

解説 (1) ①②地震が発生した地下の場所を震源といい，地震の規模はマグニチュード(M)で表され

る。

③各地点のゆれの大きさは震度で表される。

(2)(3) 太平洋プレートが北アメリカプレートの下に沈み込んでいる部分に日本海溝ができている。

064 (1) **プレート**　(2) **イ**　(3) **ウ**

(4) **ケ**　(5) **オ**　(6) **ウ**　(7) **イ**

解説 (4) マグニチュードが2大きくなると，地震のエネルギーは1000倍になる。また，マグニチュードが1大きくなると地震のエネルギーは約32倍になる。したがって，マグニチュードが3大きくなると地震のエネルギーは，およそ1000×32＝32000倍となる。

(5) 初期微動継続時間は震源からの距離に比例するので，震源G，震央O，E地点の関係は右図のように考えられる。直角三角形OGEで，GE：GO＝5：3となっているので，三平方の定理よりOEの比は，

$$5^2=3^2+OE^2\qquad OE=4$$

OE＝40kmなので，

GE：40＝5：4　　GE＝50km

(6) GO：40＝3：4　　GO＝30km

$$\frac{30\,km}{5\,s}=6\,km/s$$

(7) 地震が発生してからP波がE地点に到達するまでの時間は，

$$\frac{50\,km}{6\,km/s}≒8.3\,s$$

E地点での初期微動継続時間は6秒だったので，地震が発生してからS波がE地点に到達するまでの時間は，

8.3＋6＝14.3秒

入試メモ　初期微動継続時間が，震源からの距離に比例することを利用した計算問題が難関校では出題される。

065 (1) ①**津波**　②**液状化**

③**プレート**　④**海溝**

(2) **雲仙普賢岳**(うんぜんふげんだけ)　(3) **ウ**

(4) **8 km/s**　(5) **104 km**

(6) **8時59分42秒**　(7) **ア**

解説 (1)　④大陸のプレートに海洋のプレートがも
ぐり込んでできる，海底で深く溝のようになった
地形を海溝という。

(2)　雲仙普賢岳では，1990年代の噴火にともなっ
て大規模な火砕流（かさいりゅう）が発生し，大きな被害を出した。

(3)　横波より縦波のほうが伝わるのが速い。

(4)　初期微動継続時間は震源からの距離に比例する
ので，地点Cの震源からの距離を x 〔km〕とすると，

$$x : 320 = 30 : 40 \qquad x = 240\ \mathrm{km}$$

地点Aでは，地点Cより10秒遅れて初期微動が始
まっているので，初期微動を起こすP波の速さは，

$$\frac{320\ \mathrm{km} - 240\ \mathrm{km}}{10\ \mathrm{s}} = 8\ \mathrm{km/s}$$

(5)　地点Aで主要動が始まったのは9時01分02秒，
地点Cで主要動が始まったのは9時00分42秒な
ので，地点Aでは，地点Cより20秒遅れて主要
動が始まっていることがわかる。よって，主要動
を起こすS波の速さは，

$$\frac{320\ \mathrm{km} - 240\ \mathrm{km}}{20\ \mathrm{s}} = 4\ \mathrm{km/s}$$

地点Bでは地点Cより34秒前の9時00分08秒に
主要動が始まっているので，地点Bの震源からの
距離は，

$$240\ \mathrm{km} - 4\ \mathrm{km/s} \times 34\ \mathrm{s} = 104\ \mathrm{km}$$

(6)　地点Aの初期微動が始まった時刻と震源から
の距離，および初期微動を起こすP波の速さより，

$$9\ 時\ 00\ 分\ 22\ 秒 - \frac{320\ \mathrm{km}}{8\ \mathrm{km/s}} = 8\ 時\ 59\ 分\ 42\ 秒$$

(7)　図1のグラフが地点Dで折れ曲がっていること
から，地点Dより震源に近い地点と遠い地点とで，
はじめに伝わる地震波が異なっていると考えられ
る。図1より，D地点より近い地点ではじめに伝
わる地震波（P$_1$）とD地点より遠い地点ではじめに
伝わる地震波（P$_2$）とではP$_2$のほうが速いことが
わかる。また，図2より，屈折波のほうが長い距
離を進んできたことから，P$_1$とP$_2$が同時に伝わ
る地点Dにおいて，屈折波のほうが速いことがわ
かる。よって，速さの速いP$_2$が屈折波であると
考えられる。

7　天気とその変化

066 ▶ (1) **65%** 　　 (2) **ウ**

解説 (1)　高い温度を示している左側の温度計が乾
球温度計，低い温度を示している右側の温度計が

湿球温度計である。乾球温度計の示度は26.0℃，
湿球温度計の示度は21.5℃と読み取ることができ
る。よって，湿度表の縦軸である乾球温度計の示
度が26℃，湿度表の横軸である乾球温度計と湿
球温度計の示度の差が4.5℃の数値を読み取ると
65％となっている。

(2)　晴れの日の午前中は気温が上がるので飽和水蒸
気量が大きくなり，湿球をおおっているしめった
ガーゼからの水の蒸発量が大きくなる。そのため，
気温が上がっても水が蒸発するときに湿球から奪
っていく気化熱も大きくなるため，湿球の温度上
昇は乾球の温度上昇に比べて小さくなる。

067 ▶ (1) **エ** 　　 (2) **55%**

解説 (1)　露点に達するまでは，コップの表面近く
の空気の温度が低下しても，空気に含まれている
水蒸気量は変化しない。空気が露点以下になると，
含みきれなくなった空気中の水蒸気が凝結して水
滴となるので，空気に含まれている水蒸気量は飽
和水蒸気量と等しくなる。

(2)　露点は15.0℃なので，表より，空気に含まれて
いる水蒸気量は12.8 g/m³である。また，室温は
25.0℃なので，飽和水蒸気量は23.1 g/cm³である。
湿度は，

$$\frac{12.8\ \mathrm{g/m^3}}{23.1\ \mathrm{g/m^3}} \times 100 = 55.4\cdots \quad より\ 55\%$$

068 ▶
(1) **27.2 g**	(2) **28℃**	(3) **17.2 g**
(4) **露点**	(5) **30.4%**	(6) **309.4 g**
(7) **500 m**	(8) **8℃**	(9) **27℃**
(10) **フェーン現象**		

解説 (1)　グラフより，31℃の空気の飽和水蒸気量
は32 g/m³なので，求める値は，

$$32\ \mathrm{g/m^3} \times \frac{85}{100} = 27.2\ \mathrm{g}$$

(2)　グラフより，飽和水蒸気量が27.2 g/m³の気温
を読み取ると，約28℃である。

(3)　グラフより，11℃の空気の飽和水蒸気量は
10 g/m³なので，求める値は，

$$27.2 - 10 = 17.2\ \mathrm{g}$$

(5)　11℃の空気の飽和水蒸気量は10 g/m³なので，
湿度70％の空気1 m³あたりに含まれている水蒸
気量は，$10 \times \dfrac{70}{100} = 7\ \mathrm{g/m^3}$

グラフより，25℃の空気の飽和水蒸気量は23 g/m³
なので，求める値は，

$$\frac{7\,g/m^3}{23\,g/m^3}\times100=30.43\cdots より\ 30.4\%$$

(6) 25℃の空気の飽和水蒸気量は23 g/m³なので，湿度70％の空気1 m³あたりに含まれている水蒸気量は，$23\times\dfrac{70}{100}=16.1\,g/m^3$

したがって，求める値は，

$(16.1-7)\,g/m^3\times34\,m^3=309.4\,g$

(7) グラフより，20℃の空気の飽和水蒸気量は約17.3 g/m³なので，20℃で湿度75％の空気1 m³中に含まれる水蒸気の量は，

$$17.3\times\frac{75}{100}=12.975\fallingdotseq13\,g/m^3$$

グラフより，飽和水蒸気量が13 g/m³である気温は15℃である。雲がないときは100 m上昇するにつれて1℃ずつ温度が下がるので，雲が発生し始める標高は，

$$100\,m\times\frac{20℃-15℃}{1℃}=500\,m$$

(8) 雲ができ始めてからは100 m上昇するにつれて0.5℃ずつ温度が下がるので，山頂での温度は，

$$15℃-0.5℃\times\frac{1900\,m-500\,m}{100\,m}=8℃$$

(9) 山頂で雲が消えたので，100 m下降するにつれて1℃ずつ温度が上昇する。したがって，山頂を越して標高0 mに下降してきた空気の温度は，

$$8℃+1℃\times\frac{1900\,m}{100\,m}=27℃$$

(10) フェーン現象は日本海側で発生しやすいが，太平洋側でも発生することがある。

入試メモ　フェーン現象…ふつう，空気は100 m上昇するにつれて約1℃ずつ温度が下がっていくが，雲ができ始めると100 m上昇するにつれて約0.5〜0.6℃ずつしか下がらなくなり，山に雨を降らせながら上昇する。山を越えたあとの空気は雨を降らせたあとで乾燥しているので，100 m下降するにつれて1℃ずつ温度が上がっていく。そのため，風上の山のふもとの気温に比べて風下の山のふもとの気温がかなり高くなることがある。入試では，**068**の(7)〜(9)のような計算問題がよく出題されるので，しっかり理解しておくこと。

069 (1) **10.13 m** (2) **11気圧** (3) **ウ**

解説 (1) 1013 cm＝10.13 m

(2) 求める値をx〔気圧〕とすると，

$1:x=10.13:111.4$　　$x=10.9\cdots\fallingdotseq11$気圧

(3) 図2より，水の蒸気圧が474 mmHgのときの温度を読み取ると，約90℃である。このように，気圧の低い地点ほど沸点が低くなる。

070 (1) ウ　(2) 閉塞（へいそく）前線　(3) ア，エ　(4) イ　(5) ア　(6) C

解説 (1) 低気圧の中心から南東へのびた前線は温暖前線である。

(2) 前線Xの温暖前線と前線Yの寒冷前線は，低気圧とともにおよそ東へ移動していくが，温暖前線より寒冷前線のほうが移動の速さが速いため，しだいに低気圧の中心から寒冷前線が温暖前線に追いついて，閉塞前線が生じる。

(3) ア…地点Aは寒冷前線付近なので，積乱雲が観測されやすい。→○

イ，ウ…地点Bは暖気におおわれていて，天気がよい。また，地点Cは寒気におおわれている。→×

エ…地点Aより地点Bのほうが低気圧の中心に近いので，地点Bのほうが気圧が低い。→○

オ…地点Aは寒冷前線付近なので，積乱雲が発達して激しい雨が降っているが，地点Cは温暖前線が通過する直前なので，乱層雲が観測され，おだやかな雨が降っている。→×

カ…低気圧の中心に向かって反時計回りに風が吹き込むので，地点Bの風向は南寄りである。→×

(4) 雨が降っていた16日の17時から22時の間，②のみ数値が大きくなっているので，②は湿度であると考えられる。次に，①は②とほぼ反対の変化を示しているので，①は気温であると考えられる。したがって③は気圧である。

(5) 16日の22時から24時にかけて，①の気温が急激に上がり，②の湿度が急激に下がっているので，温暖前線が通過して暖気におおわれたと考えられる。17日の8時から10時にかけて，①の気温が急激に下がり，②の湿度が急激に上がっているので，寒冷前線が通過して寒気におおわれたと考えられる。

(6) 図1は，16日18時の天気図である。16日18時は観測地点を温暖前線が通過していない。前線は低気圧とともにおよそ西から東へ移動するので，温暖前線である前線Xがまだ通過していない（前線Xの東側の地点である）地点Cだと考えられる。

071 (1) ア　(2) ア

解説 (1) 図1で，低気圧の中心から南西にのびているのが寒冷前線，南東にのびているのが温暖前

線である。図2で，Aは左側の寒気が右側の暖気を押し上げながら進んでいるので，図1の寒冷前線を①の向きから見た断面図である。Bは右側の暖気が左側の寒気の上に乗り上がりながら進んでいるので，図1の温暖前線を③の向きから見た断面図である。

(2) 前線をともなった温帯低気圧はおよそ東から西へ移動するので，地点(あ)は，このあと寒冷前線が通過すると考えられる。寒冷前線付近では積乱雲が発達していて短い時間に強い雨を降らせる。また，寒冷前線の通過後は寒気におおわれるため，気温が下がる。

---

072 (1) ①低気圧

　　　②ア…温暖　イ…寒冷

　　　　ウ…停滞　エ…閉塞（へいそく）

(2) ①25℃　②75.9%

　　　③17.2 g/m³　④43.4%

(3) a…シベリア　b…小笠原

　　　c…オホーツク海

(4) a…ウ　b…ア　c…オ

解説 (1) 低気圧では，まわりから中心付近に向かって風が吹き込んでくる。高気圧では，中心付近からまわりに向かって風が吹き出していく。

(2) ①図2で，B地点(水蒸気が凝結して雨が降り出した地点)の温度を読み取ると25℃である。
②表より，この空気の露点である25℃の飽和水蒸気量は23.0 g/m³である。また，A地点の気温である30℃の飽和水蒸気量は30.3 g/m³である。したがって，A地点の湿度は，

$$\frac{23.0 \text{ g/m}^3}{30.3 \text{ g/m}^3} \times 100 = 75.90\cdots \quad より75.9\%$$

③C地点の空気の温度は20℃で，C地点の空気は飽和しているので，水蒸気量は表より，17.2 g/m³。
④D地点の気温である35℃の飽和水蒸気量は39.6 g/m³である。したがって，D地点の湿度は，

$$\frac{17.2 \text{ g/m}^3}{39.6 \text{ g/m}^3} \times 100 = 43.43\cdots \quad より43.4\%$$

(4) aのように大陸上の気団は乾燥していて，bやcのように海洋上の気団はしめっている。また，aやcのように日本より北の気団は冷たくて，bのように日本より南の気団は暖かい。

---

073 (1) ⊗

(2) 冷たく乾燥したシベリア気団から吹く北西の季節風は，日本海上で大量の水蒸気を含み，日本海側に雪を降らせる。

解説 (2) この風は，日本列島の中心付近の高い山やまを越えるまで水分を雪や雨として放出するので，太平洋側では乾燥した晴れの日が多くなる。

---

074 (1) ア　　(2) ウ　　(3) エ

解説 (1) 図1 aは，日本の西側に高気圧，東側に低気圧があるので，西高東低の冬型の気圧配置となっている。冬には，冷たくて乾燥したシベリア気団が高気圧となって発達している。図1 bは，日本の南側に高気圧，北側に低気圧があるので，南高北低の夏型の気圧配置である。夏には，暖かくてしめっている小笠原気団が高気圧となって発達している。

(2) 図2の風向から考えて，図2は低気圧であることがわかる。低気圧の中心付近では上昇気流が生じているため，雲が発生しやすく，天気がくずれやすい。また，等圧線の間隔が狭いということは，気圧の差が大きいということなので，強い風が吹きやすい。

(3) 偏西風の影響で，日本上空では1年中西寄りの風が吹いている。よって，移動性高気圧や低気圧は西から東へ移動しやすく，北上してきた台風も日本付近で進路を北東に変えることが多い。冬や夏の季節風は偏西風に関係なく，大陸上と海洋上の空気の温度の差や気圧の差などによって生じる風である。

入試メモ　日本の各季節の天気の特徴は次のとおり。

冬…気圧配置は西高東低。南北にのびた等圧線が密になっている。日本海側では雪が多く，太平洋側では乾燥した晴れの日が多い。

夏…気圧配置は南高北低。全国的に蒸し暑い日が多い。

春・秋…温帯低気圧と高気圧が東西に交互に並んでいる。周期的に天気が変化しやすい。

梅雨・秋雨…日本付近に東西にのびた停滞前線が見られる。ぐずついた天気が続く。

台風…前線をともなわない同心円状の密な等圧線が見られる。暴風雨をともなう。

075 (1) ①右図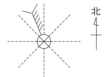

②地球が自転し
ているため。

(2) 小笠原気団

(3) A点…**1020 hPa**　B点…**1016 hPa**

(4) 図1…西高東低　図2…南高北低

(5) ア→エ→イ→ウ

解説 (1) ①風力6までは棒の右側(時計回りの方向)だけに羽をかき，7からは左側に羽を加える。②地球の自転の影響(コリオリの力)を受けるため，北半球の風は等圧線に対して垂直より少し右にそれて吹く。

(2)(4) 図1は西高東低の気圧配置なので冬，図2は南高北低の気圧配置なので夏の天気図である。冬はシベリア気団，夏は小笠原気団が発達する。

(5) アの北海道の北西にある前線をともなった低気圧が東へ移動していく順に並べればよい。

8 地球の動きと天体

076 (1) ベテルギウス　(2) ウ　(3) ア

(4) **74°**

解説 (1) 冬の大三角は，オリオン座のベテルギウス，おおいぬ座のシリウス，こいぬ座のプロキオンを結んでできる。夏の大三角は，こと座のベガ，わし座のアルタイル，はくちょう座のデネブを結んでできる。

(2) 南の空に見られる星は，時計回りに1時間に約15°ずつ移動する。ベテルギウスが地平線から出てから南中するまで約90°移動しているので，移動した時間は，90°÷15°＝6時間
午前0時の6時間前は午後6時である。

(3) オリオン座は天の赤道近くにあるので，およそ真東から出て南中し，真西に沈むことから，春分・秋分の日の太陽の動きに似ている。観察した日のシリウスはオリオン座よりも低い位置を移動しているので，冬至の日の太陽の動きに近くなる。よって，真東より南寄りから出て，真西より南よりに沈む。

(4) 赤道は札幌よりも43°南にあるので，シリウスの南中高度は43°高くなる。よって，
31°＋43°＝74°

077 (1) 夏至の日…**78.4°**　冬至の日…**31.6°**

(2) 日没する方角…ウ

南中する時刻…オ

(3) オ　(4) オ

解説 (1) 夏至の日と冬至の日の太陽の南中高度は，次のような式によって求めることができる。

夏至の日＝**90°**－その土地の緯度＋地軸の傾き
＝90°－35°＋23.4°＝78.4°

冬至の日＝**90°**－その土地の緯度－地軸の傾き
＝90°－35°－23.4°＝31.6°

(2) 真東から昇り始めた太陽は南の空を通って，約**12時間**後に真西の地平線に沈む。よって，南中する時刻は日の出の時刻の約6時間後なので，
午前5時50分＋6時間＝午前11時50分

(3) 真北の空で，その土地の緯度と同じ高度の位置とほぼ同じ位置に北極星があり，この位置は北極側の地軸の延長線上にあたる。よって，高度**35°**の恒星はほとんど動かない。

(4) 北緯35°の地点は，赤道上より35°北にあるので，南の空の星の南中高度は35°低く見える。よって，恒星Aの南中高度は，55°－35°＝20°となる。しかし，恒星Bでは，20°－35°＝－15°となるため，北緯35°の地点から恒星Bは観測できない。

入試メモ　春分・秋分・夏至・冬至の太陽の南中高度の求め方は覚えておこう。ただし，地軸は公転面に立てた垂線より**23.4°**傾いているものとする。

春分・秋分＝**90°**－その土地の緯度
夏至＝**90°**－その土地の緯度＋23.4°
冬至＝**90°**－その土地の緯度－23.4°

注：入試問題によっては，地軸の傾きを23°などとしているものもあるので，問題に合わせること。何も指定がないときは23.4°とする。

078 (1) 恒星　(2) 惑星

(3) ①

(4) A…夏至　B…秋分

C…冬至　D…春分

(5) A…**77.4°**　B…**54°**

解説 (3) 図2の前橋市の位置から，図1，図2は，北半球を上にした図であることがわかる。地球の北半球側から見ると，地球は太陽のまわりを反時計回りに公転している。

(4) Aは，地球の北半球側が太陽のほうへ最も傾いているので夏至である。地球の公転の向きが①なので，Bは秋分（地軸は，太陽に対しては傾いていない），Cは冬至（地球の北半球側が太陽と反対のほうへ最も傾いている），Dは春分（地軸は，太陽に対して傾いていない）である。

(5) A…夏至の太陽の南中高度＝90°－その土地の緯度＋地軸の傾き＝90°－36°＋23.4°＝77.4°
B…秋分の太陽の南中高度＝90°－その土地の緯度＝90°－36°＝54°

---

079 (1) ウ

(2) 右図

(3) ①**d** ②**カ**

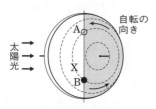

解説 (1) 図1より，地軸の北極側が太陽のほうに傾いているときが夏至の日なので，エが夏至の日の太陽から差し込む光である。地球は太陽のまわりを反時計回りに公転しているので，アが秋分の日，イが冬至の日，ウが春分の日の太陽から差し込む光となる。

(2) 図1のイが冬至の日に太陽から差し込む光なので，右図のように地球の左半分が昼の領域，右半分が夜の領域となる。日の出は地点Xが夜の領域から昼の領域に入る位置，同じく日の入りは夜の領域に入る位置で観測できるので，地球の自転の向きが北極側から見て反時計回りであることを考えると，図の点Aが日の出の位置，点Bが日の入りの位置となる。

(3) ①こと座は北の空に見られる星座なので，北極星を中心として反時計回りに動く。図2で，北極星は北のほうにあるので，ベガはdの方向に動く。
②星座は1時間につき約15°ずつ北極星を中心として反時計回りに動く。また，同じ時刻に観測し

た星座は1日に約1°ずつ北極星を中心として反時計回りに動く。午後10時は午前1時の3時間前なので，夏至の日の午後10時のベガは，15°×3時間＝45°天頂から時計回りに動いた位置にある。よって，45日後の午後10時に観測すると，ベガを天頂に見ることができる。夏至の日を6月21日とすると，45日後は8月5日頃となる。

---

080 (1) **O** (2) **30°** (3) **ア** (4) **ア**

(5) **イ**

(6) ①○ ②○ ③明け方 ④○

⑤**35°**

解説 (1) 透明半球の底面の中心であるOが観測地点を示している。

(2) 24時間で360°動くので，2時間あたりでは，
$$360° × \frac{2時間}{24時間} = 30°$$

(3) 春分の日や秋分の日は，世界中のどの地点でも太陽が真東から昇り，真西に沈む。また，北半球の北緯23.4°より北の地点では，緯度が高くなるほど太陽の南中高度が低くなるので，札幌での秋分の日の太陽の動きはアのようになる。

(5) 東の地点ほど太陽の南中時刻は早いので，明石市より西の地点で太陽が南中する時刻は12時よりあとになる。

(6) ①図4は，地球の自転や公転の向きが反時計回りとなっているので，北半球を上にした図であることがわかる。Aは，北半球が太陽に向かって傾いているので夏至である。よって，Bは秋分，Cは冬至，Dは春分である。
②Bの地球の位置から見て，太陽と同じ方向に見える星座はおとめ座である。
③Bの地球の位置から見て，おうし座は真夜中頃に地平線から出てきて，明け方に南中して（この頃には明るくなって見えなくなる），正午頃に沈む。
④冬至であるCの地球の位置から夕方に空の星を観察すると，西の空にいて座，南の空にペガスス座，東の空におうし座が見られる。
⑤北極星の高度は，その土地の緯度に等しい。図1の観測を行ったグラウンドは北緯35°の地点である。

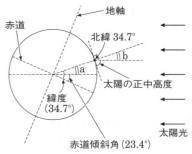

081
(1) 日周運動

(2) 地球が自転しているから。

(3) イ　　(4) **22時10分**

(5) **23時10分**

(6) **東経45°**

解説 (1)(2)　天体の1日の動きを日周運動という。これは，地球が自転していることによって起こる見かけの動きである。

(3)　真東から昇り始めた星は南の空を通って真西に沈む。これは，春分の日や秋分の日の太陽の動きと同じである。明石市の緯度は北緯35°なので，

南中高度 = 90° - その土地の緯度
　　　　　= 90° - 35° = 55°

アとイで，南中高度が55°に近いのは，イである。

(4)　90° - 35° = 55°

ベテルギウスが55°動くのにかかる時間は，

$$1\text{時間} \times \frac{55°}{15°} = 3\frac{2}{3}\text{時間} = 3\text{時間}40\text{分}$$

したがって，求める時刻は，

18時30分 + 3時間40分 = 22時10分

(5)　明石天文台より15°西の地点なので，同じ星の南中時刻は明石天文台より1時間遅くなる。

(6)　天の赤道を通る同じ天体が90°東に見えるということは，経度が90°西の地点であるということなので，東経135° - 90° = 東経45°の地点である。

082
(1) **水星**　　(2) **78.7°**　　(3) **イ，ウ**

(4) **66.6°**　　(5) **56.1°**

(6) **南緯23.4°の地点**

解説 (1)　天体が公転しても正中高度が変化しないということは，地軸が公転面に対して垂直であるということである。これは，赤道傾斜角が0°であることを示す。

(2)　公式を使って求めることもできるが，ここでは問題文の図（次の図）を使って求めることとする。

∠a = その土地の緯度 - 赤道傾斜角
　　 = 34.7° - 23.4° = 11.3°

∠a = ∠bなので，∠b = 11.3°

太陽の正中高度 = 90° - ∠b
　　　　　　　 = 90° - 11.3° = 78.7°

（別解）　公式によって求めると，

90° - その土地の緯度 + 23.4°
　= 90° - 34.7° + 23.4° = 78.7°

(3)　北緯23.4°から南緯23.4°の間にある地点では，太陽の南中と北中のどちらも観測できる。また，北緯23.4°より北の地点では，太陽の南中しか観測できず，南緯23.4°より南の地点では，太陽の北中しか観測できない。

(4)(6)　日本の冬至の日には，南緯23.4°の地点で太陽の正中高度が90°となる。したがって，このときの赤道直下での正中高度（この場合は南中高度）は，

90° - 23.4° = 66.6°

(5)　日本の春分の日には，赤道直下で太陽の正中高度が90°となる。したがって，このときのシドニーでの正中高度（この場合は北中高度）は，

90° - 33.9° = 56.1°

9　太陽系と宇宙

083
(1) A…黒点

　　B…プロミネンス[紅炎]

(2) 周囲に比べて温度が低いため。

(3) ウ　　(4) オ　　(5) エ

(6) ①太陽　②自転　　(7) ウ　　(8) ア

解説 (1)～(3)　Aのように黒い斑点のように見える部分を黒点という。黒点は，まわりより温度が低いため黒く見える（太陽の表面は約6000℃，黒点部分は約4000℃）。Bのように炎のように見える部分をプロミネンス（紅炎）という。ただし，これは炎ではなく，ガスの動きである。

(4)　太陽の中心部分は約1600万℃，コロナ部分は100万℃以上である。

(5)　太陽をつくっている気体は，おもに水素である。

(6)(7)　黒点が移動していることから，太陽が自転していることがわかる。太陽は，約25日周期で自転している。

(8)　太陽―月―地球の順に一直線上に並んだとき，太陽が月によって隠される現象を日食という。

> **入試メモ**　次のような太陽の特徴は，しっかり覚えておくこと。また，日食のとき，プロミネンス(紅炎)やコロナが見られることも重要である。
> (1)気体(おもに水素)でできていて，球形である。
> (2)表面のようす
> 　①黒点…まわりより温度が低く黒い斑点のように見える部分。
> 　②プロミネンス(紅炎)…炎のように見えるガスの動き。
> 　③コロナ…太陽のまわりの大気の層。
> (3)各部分の温度
> 　①表面…約6000℃
> 　②黒点…約4000℃
> 　③コロナ…100万℃以上
> 　④中心付近…約1600万℃
> (4)自転周期は約25日である。
> (5)地球からの距離…約1億5000万km
> (6)直径…約140万km(地球の約109倍)

084　(1)　①カ　②ア，オ　③ク　④イ
　　　　(2)　①オ，キ　②皆既日食

解説　(1)　キは新月，クは三日月に近い月，アは上弦の月，ウは満月，オは下弦の月である。

①オの下弦の月は，真夜中に地平線から出てきて，夜明けまでの約6時間ほど見られる。キの新月は，夜明け頃に地平線から出てくるので，夜には見られない。よって，夜明け前の2～3時間だけ観測できるのはオとキの間のカの月である。

②アの上弦の月は，夕方頃に南中しているところが見え始め，真夜中頃に沈むので，約6時間だけ観測できる。①の解説より，オの下弦の月も約6時間だけ観測できる。

③日没直後，西の空に観測できるということは，太陽が沈んだ後,追うようにして2～3時間後に沈むということなので，クの三日月に近い月である。

④アの上弦の月は午後6時頃に南中し，ウの満月は真夜中頃に南中するので，午後9時頃に南中するのはアとウの間のイの月である。

(2)　①ア…皆既月食は，月が地球の影にすべて入ることによって起こるので，月と太陽の見かけの大きさが同じということは関係ない。これは，皆既日食や全環日食が起こる原因の1つである。

イ…月食は，月の東側(左側)から欠け始めるが，明るくなり始めるのも東側(左側)からである。

ウ…地球の影の直径は月の直径の約4倍なので，皆既月食は，長いときは3～4時間続くこともある。

エ…月の公転面が地球の公転面に対してわずかに傾いているため，太陽―地球―月の順に一直線上に並ぶことが1年に2回程度しかないためである。

オ，キ…月食では，下図(皆既月食の例)のように，地球の影に月が入ることによって満月が欠けていくので，図2のような両側がふくらんだ形になることはない。

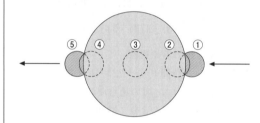

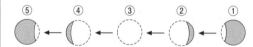

カ…皆既月食は，満月のときに起こる(皆既月食や満月のときは太陽―地球―月の順，新月のときは太陽―月―地球の順に並んでいる)。

ク…皆既月食のときは，地球のふちを通って散らばったわずかな光が月に当たり，これが月の表面で反射して赤銅色に見える。

②下図のように，皆既月食のとき，月は地球の本影に入っているため，月から太陽を見ることはできない。

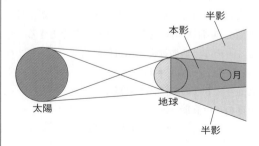

　代表的な月の動きは覚えておくこと。

①新月…明け方頃に出てきて，正午頃に南中し，夕方頃に沈む。太陽と同じ方向にあるので見えない。

②三日月…午前8時頃に出てきて，午後2時頃に南中し，午後8時頃に沈む。

③上弦の月…正午頃に出てきて，夕方頃に南中し，真夜中頃に沈む。

④満月…夕方頃に出てきて，真夜中頃に南中し，明け方頃に沈む。

⑤下弦の月…真夜中頃に出てきて，明け方頃に南中し，正午頃に沈む。

注：月が明るく光って見えるのは，夕方頃から明け方頃の間だけであることに注意すること。

085　イ

解説　地球から月を見たときに欠けて見える部分と同じ形の部分が，同じときに月から地球を見たときに明るく見える。向きは，月面上の地点によって異なるので，考えなくてよい。

086　(1) 407倍

(2) 日食の種類…皆既日食

赤い突起物…プロミネンス[紅炎]

(3) オ　(4) ウ　(5) エ

解説　(1)　地球から見たときの太陽と月はほぼ同じ大きさなので，太陽までの距離：月までの距離＝太陽の直径：月の直径と考えることができる。よって，110÷0.27＝407.4…　より407倍

(2)　日食は新月のときに起こり，スーパームーンのときの新月は大きく見えるので，太陽をすべて隠す皆既日食となる。

(3)　皆既月食のとき，太陽，地球，月はこの順で一直線上に並ぶ。よって，太陽が冬至の位置にあるとすると，月は太陽の夏至の位置にあると考えることができる。月の南中高度は夏至の日の太陽の南中高度と同じになるので，

90°−35°＋23.4°＝78.4°

(4)　日食は地球と太陽を結ぶ直線上に月が右（西）のほうから入ってくることで起こるので，太陽は向かって右（西）のほうから欠け始める。

(5)　放送衛星は赤道の上空にあるので，太陽が地球をはさんで反対側にあるとき，放送衛星に日光が

当たらなくなる。赤道付近で太陽が真上を通過するのは春分または秋分の日で，放送衛星に日光が当たらないのは真夜中である。

　日食は新月のとき（並び方…太陽─月─地球）にしか見られないこと，月食は満月のとき（並び方…太陽─地球─月）にしか見られないことは，しっかり確認しておこう。また，下図のように皆既日食，部分日食，金環日食，皆既月食，部分月食が起こっている場所や状況を理解しておこう（月食が起こっているときは，地球が夜である地域のどこからでも観測できる）。

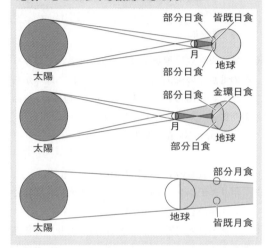

087　(1) X…ブラックホール

Y…クレーター

(2) オ　(3) 16分40秒後

(4) 惑星1…火星　惑星2…木星

(5) 水によって侵食を受けるから。

[地球には大気があるから。]

(6) オ　(7) ア，カ　(8) イ，ウ，オ

解説　(2)　銀河系はレンズのような形をしており，太陽系はその中心から約2.8万光年離れた周辺部に位置する（次ページの図）。

(3)　3億km÷30万km/s＝1000s より，16分40秒後。

(4)　火星と木星の軌道間には，小惑星が集まっている小惑星帯がある。

(5)　地球には大気があるので，隕石が落下したとしても，大気圏内で燃え尽きることがある。また，地球には水が存在するので，クレーターができたとしても，侵食などによって風化し，なくなってしまうことが多いと考えられる。

銀河系を上から見た想像図

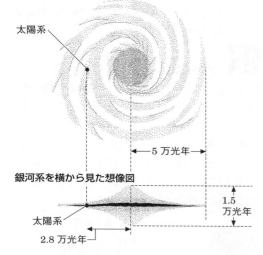

太陽系

←─ 5 万光年 ─→

銀河系を横から見た想像図

太陽系

2.8 万光年

1.5 万光年

(6) リュウグウは地球から約 3 億 km 離れており，その地点での 900 m の範囲に到達した。地球から月までの距離は約 38 万 km なので，地球の x m の範囲にボールを落とすと考えると，

3 億 km：900 m ＝ 38 万 km：x〔m〕

$$x = 1.14\ \text{m}$$

よって，教室の扉 1 枚分の範囲となる。

(7) ポリエチレン，木材，食パン，鶏肉は有機物であり，炭素を含む物質である。

(8) 玄武岩は火成岩のなかの火山岩であり，有色鉱物を多く含んでいる。有色鉱物を多く含む火成岩は，とけたマグマの状態でのねばりけは弱い。

---

088 (1) **h**　(2) **エ**

(3) 観測できるとき…**エ**　方角…**イ**

(4) **オ**　(5) **水星**

解説 (1)(2) 金星は地球に近づくほど大きく欠けるが，金星は大きく見える。また，太陽のある側が光って見えるのでアのように見えるのは金星が h の位置にあるときである。さらに，太陽—金星—地球のなす角が **90°** のとき，金星の半分が光って見えるので b の位置にあるときエのように見える。

(3) 地球の自転の向きから，e，f，g，h は夕方の西の空に見られ，太陽を追いかけるように沈んでいく。このような金星を「宵（よい）の明星」という。また，a，b，c，d は明け方の東の空に見られ，太陽より少し早く昇ってくる。このような金星を「明けの明星」という。

(4) 火星などの外惑星は，ほとんど満ち欠けをしない。

---

(5) 太陽に近い惑星から，水星，金星，地球，火星，木星，土星，天王星，海王星の順となる。

---

089 (1) ①**ウ**　②**ア**　(2) **30**　(3) **0.33**

(4) **37.5**　(5) **ア**　(6) **79.4**

(7) **オ**

解説 (1) ①360° 公転するのに 240 日かかるので，1 日あたりの回転角は，$\dfrac{360°}{240\ \text{日}} = \left(\dfrac{360}{240}\right)°$

②360° 公転するのに 360 日かかるので，1 日あたりの回転角は，$\dfrac{360°}{360\ \text{日}} = 1°$

(2) $\left(\dfrac{360}{240} - 1\right)° \times 60\ \text{日} = 30°$

(3) $0.67 \times 2 \times 3 \times \dfrac{30°}{360°} = 0.335$

(4) 図 2 で，三角形 SOV は二等辺三角形なので，

∠VOS ＝（180° － 30°）÷ 2 ＝ 75°

よって，∠VOE ＝ 180° － 75° ＝ 105°

また，(3)より，OV ＝ 0.33 なので，三角形 OVE は二等辺三角形である。したがって，

∠VES ＝ ∠VEO ＝（180° － 105°）÷ 2 ＝ 37.5°

(5) 地球の自転の向きは公転の向きと等しいので，8 月の位置関係のとき，金星は夜明け前の東の空に見られる。

(6) 90° － 34° ＋ 23.4° ＝ 79.4°

(7) 夏至の日なので，地平線と黄道との角度は春分や秋分の日の 56° より 23.4° 大きくなるのでイかオである。また，(4)より，金星の中心と太陽の中心との角度は 37.5° である。図 3 は，太陽の中心が地平線より少し低い位置にあるので，金星の高度もその分だけ 37.5° より低い。したがって，金星はオの位置に見られる。

化学分野

10 物質の分類と気体の性質

090 (1) **26.5 cm³**　(2) **イ，オ**

解説 (1)メスシリンダーで液体の体積を測定するときは，1目盛りの10分の1まで目分量で読み取る。図2の液面の目盛りを読み取ると76.5 mL（＝76.5 cm³）となっているので，物体Xの体積は，

76.5 − 50.0 ＝ 26.5 cm³

(2) 密度とは，物質 **1 cm³** あたりの質量のことで，物質ごとに決まった値なので，物質を区別するときの手がかりとなる。また，同じ体積あたりの質量が小さいほど密度は小さく，同じ質量あたりの体積が大きいほど密度は小さい。

091 (1) **4.05 g**　(2) **1.2 g/cm³**

(3) **次郎君の消しゴムのほうが大きい。**

(4) **一定体積あたりの質量**

解説 (1)　1 mg ＝ 0.001 g なので 50 mg ＝ 0.05 g である。よって，2 ＋ 2 ＋ 0.05 ＝ 4.05 g

(2)　$密度 ＝ \dfrac{質量}{体積} ＝ \dfrac{9.95\,g}{8.0\,cm^3} ＝ 1.24\cdots ≒ 1.2\,g/cm^3$

(3)　次郎君の消しゴムの密度を求めると，

$密度 ＝ \dfrac{質量}{体積} ＝ \dfrac{4.05\,g}{3.0\,cm^3} ＝ 1.35\,g/cm^3$

したがって，太郎君の消しゴムの密度より次郎君の消しゴムの密度のほうが大きい。

092 (1) **たたくと(うすく)広がる**

[引っ張ると伸びる]

(2) **ナトリウム，亜鉛，銀，カルシウム**

解説 (1)　金属には，たたくと(うすく)広がる性質(展性)や引っ張ると伸びる性質(延性)がある。なお，磁石につくというのは，鉄やニッケル，コバルトなどの一部の金属だけに見られる性質である。

(2)　酸素，硫黄，水素，塩素は非金属に分類される。

093 (1) **ア**　(2) **ウ**　(3) **二酸化炭素**

(4) **エ**

解説 (1)　Aは砂糖，Bはかたくり粉，Cは炭酸水素ナトリウム，Dは食塩である。

(2)　Aの砂糖が溶けた水溶液は中性なので変化しない。Bのかたくり粉は水に溶けないので変化しない。Cの炭酸水素ナトリウムの水溶液(上澄み液)は弱いアルカリ性を示すので，フェノールフタレイン溶液を加えるとうすい赤色になる。Dの食塩の水溶液は中性なので変化しない。

(3)　炭酸水素ナトリウムが，ゆっくり二酸化炭素と水と炭酸ナトリウムに分解されるため，二酸化炭素の泡が見られた。

(4)　豆電球が点灯したCとDが電解質である。また，DよりCのほうが暗かったので，溶液中のイオンの数はCよりDのほうが多いと考えられる。

094 W…鉄くず　X…おがくず

Y…砂　Z…塩

解説 この問題での塩とは食塩(塩化ナトリウム)のことである。まず，手順1で磁石にくっついたWは鉄くずである。次に，手順2で水に浮き上がったXはおがくずである。次に，手順3でろ過によってろ紙の上に残ったYは砂である。最後に残った塩水から手順4で水を蒸発させるとZの塩のみが残る。

095 (1) **オ**　(2) **ウ**

解説 (1)　気体aは二酸化炭素，気体bは水素，気体cは酸素，気体dはアンモニア，気体eは塩素である。また，気体aの二酸化炭素は無色無臭で，石灰水に通すと石灰水が白くにごる。また，気体eの塩素には脱色作用(漂白作用)があるので，水でしめらせたリトマス紙を近づけると，リトマス紙の色が消える。

(2)　$\dfrac{(60.72 - 60.00)\,g}{600\,cm^3} ＝ 0.00120\,g/cm^3$

096 (1) a…⑤　b…④　c…②

(2) ①，③　(3) ④　(4) ①イ ②ウ

解説 (1)　①は酸素，②とcは二酸化炭素，③は水素，④とbはアンモニア，⑤とaは二酸化硫黄である。

(2)　水素と酸素の混合気体に火花で点火すると，水素が爆発するように燃え，水素と酸素が結びついて水ができる。

(3) アンモニアは非常に水に溶けやすいので，問題文の図のような装置のフラスコにアンモニアを入れてピペットでフラスコ内に少量の水を入れると，その水にフラスコ内のアンモニアが大量に溶けるため，フラスコ内の圧力が下がり，ビーカー内の水を噴水のように勢いよく吸い上げる。また，アンモニアが水に溶けると，その水溶液はアルカリ性を示すため，フラスコ内に吸い上げたフェノールフタレイン溶液を加えた水は赤色に変化する。

(4) アでは水素，イでは酸素，ウでは二酸化炭素，エでは塩素，カでは硫化水素が発生する。オでは気体は発生しない。

> **入試メモ** 塩素に脱色作用があることはよく知られているが，二酸化硫黄にも脱色作用があるので，しっかり覚えておくこと。
> アンモニアの噴水実験は入試でよく出題されるので，よく復習しておくこと。

---

097 (1) A…ク　B…a, bのどちらか1つ
　　　　C…①
　　(2) A…イ, エ　B…d　C…①
　　(3) A…イ, オ　B…d
　　　　C…①, ⑤のどちらか1つ
　　(4) A…カ, キ　B…a　C…②

解説 (1) 酸化銀を加熱しても液体は発生しないので，発生装置はaとbのどちらでもよい。また，酸素は水に溶けにくいので水上置換法で集める。

(2)(3) 固体に液体を加える装置がcのようになっていると，フラスコ内の液体が発生した気体の圧力によって送り出されてしまうので，必ずdのようにろうと管が長く，気体を送り出すガラス管が短くなっていなければならない。また，水素は水に溶けにくいので水上置換法で集める。二酸化炭素は水に少し溶けるが水上置換法で集めることができる。さらに，空気より密度が大きいので，下方置換法で集めることもできる。

(4) この実験では，アンモニア以外に塩化カルシウムと水が発生する。発生した水が加熱部分に流れ込み試験管が割れるのを防ぐため，aのように試験管の口を少し下げる。また，アンモニアは非常に水に溶けやすく空気より密度が小さいため，上方置換法で集める。

---

098 (1) 化学反応式…
$$2H_2O_2 \longrightarrow 2H_2O + O_2$$
　　　　名称…二酸化マンガン
　　(2) $2H_2 + O_2 \longrightarrow 2H_2O$
　　(3) イ　　(4) 腐卵臭　　(5) ウ

解説 ①窒素　②酸素　③二酸化炭素　④硫化水素　⑤アンモニア　⑥水素　⑦塩素　である。
実験3より有色なのは塩素のみで⑦と確定する。実験4より②酸素，実験6より③二酸化炭素がそれぞれ確定する。実験2，5より，臭いのある気体のうち⑦塩素は確定しており，空気より軽い⑤アンモニアが確定し，④硫化水素が確定する。最後に，実験2より，同温同圧の下で同じ質量の体積を比較すると，密度の小さい気体ほど体積は大きくなるため，最も軽い（密度の小さい）⑥水素が確定し，①窒素が確定する。

(1) 名称の通り，「過酸化水素」とは，通常，水素が酸化すれば水になるところ，より多くの酸素が水素と結びついた物質である。その化学式はH_2O_2で，常温で放置すれば，水と酸素とに分解する。二酸化マンガンはこの分解を促進する触媒（自身は化学変化せず反応を促進する物質の総称）である。したがって，化学反応式に二酸化マンガンを書かないよう注意すること。

(2) ②酸素と⑥水素を混ぜて点火したときに水ができる化学反応式を書けばよい。

(3) 実験1，2より⑤アンモニアは水に溶け，空気より軽いため，上方置換法を用いる。

(4) ④硫化水素は，硫化鉄に塩酸を加えると発生する気体で，卵の腐ったような臭いがする。

(5) 塩素は黄緑色の気体である。有色の気体として有名なので，「漂白作用」や「プールでのにおい」といった特徴とともに覚えておくこと。

---

099 (1) O_2　　(2) ア　　(3) オ
　　(4) アンモニア　　(5) ウ　　(6) B

解説 (1)〜(4) 気体Aは酸素（O_2），気体Bは水素（H_2），気体Cは二酸化炭素（CO_2），気体Dは塩化水素（HCl），気体Eはアンモニア（NH_3）である。水素は水に溶けにくいので水上置換法で集める。また，塩化水素の水溶液を塩酸という。

(5) 1分子の質量が大きいということは，同体積あたりの質量が大きいということなので，密度が大きい順に並べればよい。

(6) 同じ質量あたりの体積が大きいということは，密度が小さいということである。

11 水溶液

100 (1) A…溶液　B…溶質　C…溶媒

(2) 結晶

(3) 20℃…**23.1%**　60℃…**52.4%**

(4) **17.5g**　(5) **20**

解説 (3)質量パーセント濃度 $=\dfrac{溶質}{溶媒＋溶質}\times 100$

20℃… $\dfrac{30}{100＋30}\times 100＝23.07\cdots$ より，23.1%

60℃… $\dfrac{110}{100＋110}\times 100＝52.38\cdots$ より，52.4%

(4) 加えた50℃の水25gに溶かすことのできる硝酸カリウムの量を求めればよい。したがって，

$70\times\dfrac{25}{100}＝17.5g$

(5) $30\times 5＝150g$　$170－150＝20g$

101 (1) イ　(2) イ　(3) ア　(4) ウ
(5) ア

解説 (1) ①より，20℃の水100gに溶かすことができる硝酸カリウムの質量は90gより少ないことがわかるので，Eではない。②より，60℃の水100gに溶かすことができる硝酸カリウムの質量は90g以上であることがわかるので，A，C，Dではない。

(2) 温度を上げるにつれて溶ける量が増加し，a℃ですべて溶けたと考えられる。

(3) 結晶が生じ始めるまでは，水10gに硝酸カリウム9.0gがすべて溶けている状態なので，濃度は変化しない。

(4) 表より，20℃の飽和水溶液の濃度を求めればよいので，

$\dfrac{31.6}{100＋31.6}\times 100＝24.0\cdots$ より，24%

(5) **20℃の硝酸カリウムの飽和水溶液の濃度は水の質量に関係なく一定である。**

入試メモ 溶質と温度が同じ飽和水溶液は，水の質量（水溶液の質量）に関係なく，質量パーセント濃度が等しいことを理解しておこう。

102 (1) 溶媒　(2) **33g**　(3) **B，C，D**

(4) **C，D**　(5) **C**

(6) 温度による溶解度の変化が小さいから。

(7) カ　(8) B

解説 (2) グラフより，60℃の水100gにBは110g溶けて，飽和水溶液210gになる。したがって，60℃の飽和水溶液63gに溶けているBの質量は，

$110\times\dfrac{63}{210}＝33g$

(3) グラフより，10℃の水100gに50gまで溶かすことのできない物質はBとCとDである。

(4) グラフより，40℃の水100gに50gまで溶かすことのできない物質はCとDである。

(7) 実験2の80℃で飽和したBの水溶液に溶けていたBの質量を x〔g〕とすると，

$\dfrac{x}{50＋x}\times 100＝63$　　$x＝85.1\cdots≒85g$

グラフより，20℃の水100gに溶けるBの質量は32gと読み取れるので，20℃の水50gに溶けるBの質量は16gであると考えられる。したがって，実験2で出てきたBの結晶の質量は，$85－16＝69g$

(8) (7)の解説より，実験2で出てきた結晶の質量が69gになるのはBである。

103 (1) イ　(2) ウ　(3) ア

解説 (1) 溶質の量は2倍になるが，溶液の量も増えるので，質量パーセント濃度は2倍より小さい。

(2) 同じ物質の同じ温度での飽和水溶液なので，水の量に関係なく濃度は等しい。

(3) 水 y〔cm³〕の質量は x〔%〕の水酸化ナトリウム水溶液 y〔cm³〕の質量より小さいので，水 y〔cm³〕を加えても質量パーセント濃度は $\dfrac{x}{2}$〔%〕まではうすくならない。

104 (1) 溶解度　(2) ウ　(3) **16.7%**

(4) ア　(5) コ　(6) ア　(7) カ

解説 (2) 水の温度が変化しても溶解度があまり変化しない物質である。

(3) グラフより，10℃の水100gに物質Aは20gまで溶けることがわかる。したがって，10℃における物質Aの飽和水溶液の質量パーセント濃度は，

$\dfrac{20}{20+100} \times 100 = 16.66\cdots$ より，16.7%

(4) $80 \times \dfrac{100}{150} = 53.33\cdots \fallingdotseq 53\,\mathrm{g}$

グラフより，物質Bの溶解度が53gになっている温度は約70℃である。

(5) 水の質量は，$70-20 = 50\,\mathrm{g}$

物質Aの溶けている質量を水100gあたりで考えると，$20 \times \dfrac{100}{50} = 40\,\mathrm{g}$

グラフより，物質Aの溶解度が40gになっている温度は約26℃である。

(6) グラフより，40℃の水100gに溶けることのできる物質Aの質量は60gで，飽和水溶液の質量は160gである。40℃の物質Aの飽和水溶液200g中の水の質量は，$100 \times \dfrac{200}{160} = 125\,\mathrm{g}$

したがって，40℃の物質Aの飽和水溶液200gを10℃に冷却したときに生じる物質Aの結晶の質量は，

$(60-20) \times \dfrac{125}{100} = 50\,\mathrm{g}$

(7) 物質Cの7%の水溶液200 cm³の質量は，

$1.1\,\mathrm{g/cm^3} \times 200\,\mathrm{cm^3} = 220\,\mathrm{g}$

この水溶液に溶けている物質Cの質量は，

$220 \times \dfrac{7}{100} = 15.4\,\mathrm{g}$

---

105 (1) **25%**　(2) **30 g**　(3) **50 g**

(4) $\dfrac{3}{20}x\,\mathbf{g}$ [**0.15 x g**]　(5) **120**

【解説】(1) $\dfrac{30}{30+90} \times 100 = 25$ より，25%

(2) $150 \times \dfrac{20}{100} = 30$ より，30 g

(3) (1)の砂糖水50gと(2)の砂糖水50gに含まれる砂糖の質量は，(1)が $50 \times \dfrac{25}{100} = 12.5\,\mathrm{g}$，(2)が $50 \times \dfrac{20}{100}$

$= 10\,\mathrm{g}$ である。よって，水ygを加え15%の砂糖水になったときの濃度を表す式は

$\dfrac{12.5+10}{50+50+y} \times 100 = 15$

これを解いて，$y=50$ より，加えた水の量は50 g。

(4) 溶質〔g〕＝溶液〔g〕$\times \dfrac{濃度〔\%〕}{100}$ である。

(5) (3)と同じようにして求める。なお，(1)の砂糖水120gは，問題文通り水90gに砂糖30gを溶かせば120gになるので，そのまま用いることができる。

$\dfrac{20}{100}(120+x) = 30 + \dfrac{3}{20}x$　$x=120$

---

106 (1) **25.6 g**　(2) **25 g**

【解説】(1) 40℃の飽和水溶液の水を蒸発させているので，蒸発させた水40gに溶けていた硝酸カリウムが結晶として生じる。グラフより，40℃の水100gに溶けることのできる硝酸カリウムの質量は64gなので，結晶として生じる硝酸カリウムの質量は，

$64 \times \dfrac{40}{100} = 25.6\,\mathrm{g}$

(2) 冷やして40℃にした硝酸カリウム水溶液に溶けている硝酸カリウムの質量は，$192-80 = 112\,\mathrm{g}$
硝酸カリウム112gを溶かすために必要な40℃の水の質量は，$100 \times \dfrac{112}{64} = 175\,\mathrm{g}$

したがって，蒸発した水の質量は，

$200-175 = 25\,\mathrm{g}$

---

107 (1) 再結晶

(2) ①低

②溶解度

③結晶

(3) 右図

(4) **39%**

(5) **51 g**

(6) 物質名…硝酸カリウム　記号…オ

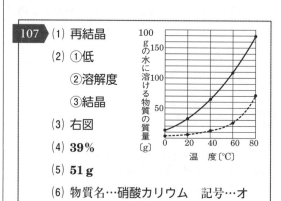

【解説】(1) 固体を水溶液に溶かしたあと，水溶液の温度を下げたり，水を蒸発させたりすることによって溶けていた固体を結晶として取り出すことを再結晶という。

(3) 各測定値を通るなめらかな曲線をかく。

(4) 表より，40℃の水100gに溶けることのできる硝酸カリウムの質量は64gなので，飽和水溶液の質量パーセント濃度は，

$\dfrac{64}{64+100} \times 100 = 39.0\cdots$ より，39%

(5) 80℃の水100gに硝酸カリウムは169gまで溶け，80℃の硝酸カリウムの飽和水溶液269gができる。よって，80℃の硝酸カリウムの飽和水溶液269gを20℃に冷やしたときに出てくる硝酸カリウムの結晶の質量は，$169-32 = 137\,\mathrm{g}$ である。したがって，80℃の硝酸カリウムの飽和水溶液100gを20℃に冷やしたときに得られる硝酸カリウムの質量は，$137 \times \dfrac{100}{269} = 50.9\cdots \fallingdotseq 51\,\mathrm{g}$

(6)　表より，60℃の水100gに溶けることのできる硝酸カリウムの質量は109g，60℃の水100gに溶けることのできるミョウバンの質量は25gである。したがって，60℃に下げてもミョウバン20gは溶けたままであるが，溶けきれなくなった硝酸カリウムが出てくる。その質量は，150－109＝41g
注：何も条件が書かれていなければ，異なる物質を同じ水に溶かしても，それぞれ別々に溶かしたときと溶け方(溶ける量)は同じであると考えること。

入試メモ　溶媒の質量を比較するのか，溶液の質量を比較するのか，しっかり区別できることが重要である。

108　①**0.79**x　②**0.21**x
③**100＋0.21**x　④**128.6**

解説　①　$x：① ＝ 100：79$　$① ＝ 0.79x$
②　$x：② ＝ 100：(100－79)$　$② ＝ 0.21x$
③　水100gに②の水の分が増加する。
④　$80：100 ＝ 0.79x：(100＋0.21x)$
　　$x ＝ 128.61 \cdots ≒ 128.6g$

---

12 物質の状態変化

109　(1) オ　　(2) エ　　(3) カ
　　(4) ドライアイス

解説　(2)　水に浮く物質は水より密度が小さい物質である。氷が水に浮くということは，氷の密度が水の密度より小さいということである。水から氷に状態が変化すると全体の質量は変わらないが密度は小さくなるので，体積が大きくなる。
(3)　水以外の物質では，ふつう液体が固体になると体積が小さくなり，密度が大きくなる。
(4)　二酸化炭素の固体をドライアイスという。気体の二酸化炭素は液体にならずに固体のドライアイスになり，固体のドライアイスは液体にならずに気体の二酸化炭素になる。

110　(1) **97.8 cm³**　　(2) ②

解説　(1)　質量〔g〕＝密度〔g/cm³〕×体積〔cm³〕である。混合物の体積をx〔cm³〕として，次の方程式が立つ。
　　$0.92x ＝ 1.0×50＋0.80×50$

$x ＝ 97.82 \cdots ≒ 97.8 cm³$

(2)　〔Ⅰ〕〔Ⅱ〕の実験では，いずれも体積10cm³の液体を，同様の加熱方法で一定のエネルギーを与えているため，水とエタノールの同体積(※厳密には質量比で考える)の混合物の温度上昇は，各物質の温度上昇の中間の値をとると考えられる。①は図1におけるエタノールの沸点に達するまでの温度上昇よりもはやく，③は水が沸点に達するまでの温度上昇よりもおそい。②は水とエタノールの温度上昇の中間の値をとり，150秒後以降，エタノールの沸騰により温度上昇の度合いがゆるやかになっていることからも妥当といえる。

入試メモ　水(氷)を加熱したときの温度変化を表したグラフはよく出題されるので，次の図に示したことは覚えておこう。

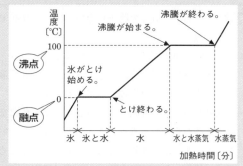

111　(1) 右図
(2) 蒸留
(3) 急に沸騰して，液が外に出たりフラスコがこわれることを防ぐため。
(4) エタノール　　(5) **0.8g/cm³**

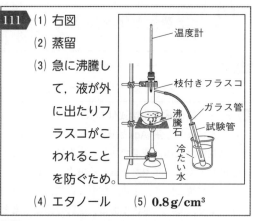

温度計
枝付きフラスコ
ガラス管
沸騰石
試験管
冷たい水

解説　(1)　温度計の球部(液だめ)が枝付きフラスコの枝の部分の高さにくるようにすること。これは，生じた蒸気(気体)の温度を測定するためである。
(2)　液体を加熱して，生じた気体を冷やして再び液体として取り出すことを蒸留という。2種類の液体の混合物の蒸留では，各物質の沸点の違いを利用することによって，それぞれの物質に分けることができる。
(3)　急に沸騰することを突沸というので「突沸を防

ぐため。」でもよい。

(4) エタノールの沸点は78℃，水の沸点は100℃なので，はじめは沸点の低いエタノールが多く含まれた蒸気が出てくる。

(5) 水70cm³の質量は，

$1 g/cm³ × 70 cm³ = 70 g$

よって，エタノール30cm³の質量は，

$94 - 70 = 24 g$

したがって，エタノールの密度は，

$密度 = \dfrac{質量}{体積} = \dfrac{24 g}{30 cm³} = 0.8 g/cm³$

---

112 (1) A…固体　B…液体　C…気体

(2) 番号…①，②　記号…イ

(3) ア　(4) 液体…イ　沸騰…**c**

(5) イ

解説 (3) 30℃で気体の物質がないので，−10℃で気体の物質はない。

(4) aまでは固体だけ，a～bは固体と液体，b～cは液体のみ，cで沸騰し始めるのでc～dは液体と気体，d～eは気体だけである。

(5) 純粋な物質は，沸騰し始めるとすべて気体になるまでは加熱しても沸点のまま温度が変化しない。これは，加えた熱が液体を気体に変化させるためだけに使われるからである。

---

13 化学変化と化学反応式

113 (1) $2 Ag_2O \longrightarrow 4 Ag + O_2$

(2) エ，オ　(3) ウ→ア→イ→エ

解説 (1) 酸化銀の化学式はAg_2Oである。酸化銀は加熱により，銀（Ag）と酸素（O_2）に分解する。

(2) 発生した気体は酸素である。酸素は，他の物質と酸化する際，光や熱を激しく出すことがあり，これを燃焼という。また，常温では気体で，分子からなり，また，単体である。燃料電池は水素と酸素が結びつく反応を利用して電気エネルギーを取り出す装置である。

しかし，酸素は空気の密度の約1.1倍であり，空気の密度よりわずかに大きい。また，食品は酸化が原因で変質するがこれを防ぐため封入されるのは窒素である。

(3) この実験の終了時，ガスバーナーを消火する前に，まず管を水槽から取り出す必要がある。これ

を怠ると，温度の下がった試験管内の気体の圧力が下がり，管内に水槽の水が逆流し，試験管が割れることがある。ガスバーナーの消火手順は点火手順の逆となる。つまり，空気調節ねじ→ガス調節ねじ→元栓の順で閉めていく。

---

114 (1) 化合物

(2) **例** 反応が早く進みすぎないようにするため。

(3) 化学式…CO_2

確認する方法…石灰水に通す。

結果…石灰水が白くにごる。

(4) 試験管内の空気が出てくるから。

(5) 岩石A…石灰岩

水溶液B…うすい塩酸

(6) 水槽の水が試験管内に逆流して，試験管が割れる。

(7) 残った固体と測定された気体以外に液体の水が生じるから。[生じた液体の水と水に溶けた二酸化炭素の量が実験後の質量に加えられていないから。]

(8) $2 H_2O \longrightarrow 2 H_2 + O_2$

解説 (1) 2種類以上の元素（原子）からできている物質を化合物という。

(2)(4) 最初に出てくる気体は試験管内の空気であるため，しばらくしてから集めるが，強く加熱すると，反応が速く進みすぎて，発生した二酸化炭素をうまく集められないおそれがある。

(6) 試験管内の水蒸気が水になったり，試験管内の気体が冷えて収縮したりすることにより試験管内の圧力が小さくなるため，水槽の水が試験管内に逆流する。よって，ガラス管を水槽の水から出してからガスバーナーの火を止める。

(8) 水を電気分解すると，水素と酸素が発生する。熱を加えることによって物質を分解することを熱分解といい，電流を流すことによって物質を分解することを電気分解という。

---

115 (1) $Fe + S \longrightarrow FeS$

(2) **36%**　(3) **8.8 g**

(4) C，H，O

解説 (1)　黒色の物質Aは硫化鉄(FeS)である。

(2)　$\dfrac{4}{7+4} \times 100 = 36.3\cdots$ より 36%

(3)　硫黄4gと過不足なく反応する鉄粉は7gなので，すべて反応するのは鉄粉5.6gである。したがって，鉄粉5.6gがすべて硫黄と結びついたときにできる硫化鉄の質量をx〔g〕とすると，
$$7:(4+7)=5.6:x \qquad x=8.8 \text{ g}$$

(4)　石灰水を白くにごらせる気体Cは二酸化炭素(CO_2)で，炭素(C)と酸素(O)の化合物である。水(H_2O)は水素(H)と酸素(O)の化合物である。このことから，白い粉末Bは炭酸水素ナトリウム，白い固体Dは炭酸ナトリウムであると考えられる。

---

116 (1)　$2Ag_2O \longrightarrow 4Ag + O_2$

(2)　$2CuO + C \longrightarrow 2Cu + CO_2$

(3)　炭素→銅→銀

解説 (2)　酸化銅が炭素により還元されて銅になり，炭素は酸化されて二酸化炭素になる。

(3)　実験1より，酸化銀は加熱により酸素と銀の結合が離れて分解したが，酸化銅は加熱により分解しなかった。このことから，銅は銀より酸素と結びつきやすいと考えられる。実験2より，酸化銅は炭素により酸素を奪われた。このことから炭素は銅より酸素と結びつきやすいと考えられる。

---

117 (1)　**b**　　(2)　**イ**

(3)　Cl^-　　(4)　**青色**　　(5)　**ア**

(6)　陽極の表面から気体が発生する。
（15字）

(7)　**13.0 g**　　(8)　**2.8%**

解説 (1)　電源装置の−極につながった炭素棒が陰極，＋極につながった炭素棒が陽極となる。

(2)　電流の向きは，電源装置の＋極から出て−極へ戻る向きである。

(3)　塩化銅の電離のようすを化学式で表すと，
$$CuCl_2 \longrightarrow Cu^{2+} + 2Cl^-$$

(4)　塩化銅水溶液は青色をしている。これは，銅イオン(Cu^{2+})の色である。

(5)　電気分解を続けていくと銅イオンの数が減少していく（銅イオンが電子を受け取って銅となるため）ので，青色はうすくなっていく。

(6)　陽極には陰イオンである塩化物イオン(Cl^-)が移動し，陽極へ電子を渡して塩素原子(Cl)となり，

これが2個結びついて塩素分子(Cl_2)となって，気体として発生する。

(7)　$200 \times \dfrac{6.5}{100} = 13.0 \text{ g}$

(8)　陰極に付着した赤褐色の物質は銅である。分解された塩化銅に含まれていた塩素の質量をx〔g〕とすると，$3.6:x=9:10 \quad x=4.0 \text{ g}$
よって，電気分解後にまだ溶けている塩化銅の質量は，$13.0-(3.6+4.0)=5.4 \text{ g}$
また，溶媒である水の質量は，$200-13=187 \text{ g}$
したがって，電気分解後の塩化銅水溶液の濃度は，
$$\dfrac{5.4}{5.4+187} \times 100 = 2.80\cdots \text{ より，} 2.8\%$$

---

118 (1)　①二酸化マンガン

②オキシドール（①，②は順不同）

(2)　気体のなかで最も密度が小さい。空気中で爆発するように燃えて水ができる。水に溶けにくい。などから2つ

(3)　純粋な水は電流が流れにくいから。

(4)　①電気　②音

(5)　$2H_2 + O_2 \longrightarrow 2H_2O$　　(6)　**ウ**

(7)　動く際に水を排出するだけで，二酸化炭素や窒素酸化物などの温室効果ガスや有害物質が排出されない。

解説 (1)(2)　うすい水酸化ナトリウム水溶液に電圧を加えると，水が酸素と水素に分解される。このとき，陽極のA極から酸素が発生し，陰極のB極から水素が発生する。

(5)　水素と酸素が結びついて水ができるときに生じるエネルギーを電気エネルギーとして取り出している。

(6)　(5)の化学反応式からもわかるように，水素2分子と酸素1分子が結びつくので，A極側の酸素とB極側の水素は1：2の体積比（気体の体積比は気体の分子の数の比に比例する）で減っていく。

(7)　自動車のガソリンエンジンからは，二酸化炭素や窒素酸化物などの温室効果ガスや有害物質が排出される。

入試メモ　温度と圧力が等しい場合，気体の体積は気体の分子の数に比例する。難関校では，このことを利用しないと解けない問題も出るので，しっかり理解しておくこと。

119 (1) エ　　(2) ア

解説 (1) 石灰水を白くにごらせる気体とは二酸化炭素である。炭酸水素ナトリウムを加熱すると，二酸化炭素と水と炭酸ナトリウムに分解される。

(2) 二酸化炭素は還元されて黒色の炭素となり，マグネシウムは二酸化炭素中の酸素で酸化されて白色の酸化マグネシウムとなる。

$$\overset{\text{還元}}{\overbrace{CO_2 + 2Mg \longrightarrow C}} + 2MgO$$
$$\underset{\text{酸化}}{\underbrace{\hspace{3cm}}}$$

120 (1) A…エ，キ　B…イ，ウ

(2) **1.5 cm³**　　(3) ウ

(4)（水酸化ナトリウム：塩化水素＝）

　　10：9

(5) **4.5%**

解説 (1) うすい水酸化ナトリウム水溶液に電圧を加えると，水が分解されて陰極（A）から水素が発生し，陽極（B）から酸素が発生する。

(2) 水の電気分解を化学反応式で示すと，

2H₂O ⟶ 2H₂ + O₂　となる。

この化学反応式から，水を電気分解したときに生じる水素と酸素の分子の数の比が2：1であることがわかる。よって，生じる水素と酸素の体積比も2：1となるので，電極棒Bから発生した気体の体積をx〔cm³〕とすると，

$$3 : x = 2 : 1 \quad x = 1.5 \text{ cm}^3$$

(3) 水が電気分解されるだけで，水酸化ナトリウムは変化しない。

(4) 2.5%の水酸化ナトリウム水溶液140gに溶けている水酸化ナトリウムの質量は，

$$140 \times \frac{2.5}{100} = 3.5 \text{ g}$$

7.0%の塩酸45gに溶けている塩化水素の質量は，

$$45 \times \frac{7}{100} = 3.15 \text{ g}$$

したがって，3.5：3.15＝10：9

(5) 7.0%の塩酸9.72 cm³の質量は，

$$1.0 \text{ g/cm}^3 \times 9.72 \text{ cm}^3 = 9.72 \text{ g}$$

この塩酸に溶けている塩化水素の質量は，

$$9.72 \times \frac{7}{100} = 0.6804 \text{ g}$$

この塩化水素とちょうど中和する水酸化ナトリウムの質量をx〔g〕とすると，

$$x : 0.6804 = 10 : 9 \quad x = 0.756 \text{ g}$$

また，16 cm³の水酸化ナトリウム水溶液の質量は，

$$1.05 \text{ g/cm}^3 \times 16 \text{ cm}^3 = 16.8 \text{ g}$$

したがって，この水酸化ナトリウム水溶液の質量パーセント濃度は，

$$\frac{0.756}{16.8} \times 100 = 4.5 \text{ より，} 4.5\%$$

（別解）　水酸化ナトリウム水溶液の濃度をx〔%〕とすると，

$$1.05 \times 16 \times \frac{x}{100} : 1.0 \times 9.72 \times \frac{7.0}{100} = 10 : 9$$

$$x = 4.5 \text{ より，} 4.5\%$$

121 (1) AgCl　　(2) O₂

(3) **2Ag₂O ⟶ 4Ag + O₂**

(4) エ

(5) 加熱を終了する前に，ガラス管を石灰水から出しておく。

(6) ① **2CuO + C ⟶ 2Cu + CO₂**

② **Ca(OH)₂ + CO₂**

　　⟶ CaCO₃ + H₂O

(7) ① 還元　② 酸化　　(8) ア，エ

解説 (1)　Yは酸化銀であったと考えられる。

(2)(3) 酸化銀を加熱すると酸素と銀に分解される。

(4) 加熱によって試験管内の空気が膨張し，試験管内やガラス管内の空気が少し出てくる。

(5) ガラス管を石灰水に入れたまま加熱を終了すると，試験管内の気体が冷やされて収縮し，圧力が下がるので，石灰水が試験管内に逆流して試験管が割れるおそれがある。

(6)(7) 実験4では，2つの黒色の物質XとZを混ぜ合わせて加熱すると二酸化炭素（石灰水が白くにごった）が発生し，水に沈んだ赤っぽい物質と水に浮かんだ黒っぽい物質が残っている。よって，2つの黒色の物質は酸化銅と炭素で，水に沈んだ赤っぽい物質は酸化銅が還元されてできた銅，発生した気体は炭素が酸化銅の中の酸素によって酸化されてできた二酸化炭素，水に浮かんだ黒っぽい物質は反応しきれずに残った炭素であると考えられる。また，実験2で，Xは水に溶けて青い溶液になるということから酸化銅と考えられ，Zが炭素であるといえる。発生した二酸化炭素によって石灰水が白くにごるのは，二酸化炭素と石灰水に溶けていた水酸化カルシウムが反応して水に溶けない白色の固体である炭酸カルシウムが生じるからである。このとき同時に水も生じる。

(8)　ア…二酸化炭素は還元されて炭素となり，マグネシウムは酸化されて酸化マグネシウムになる。
　　エ…酸化鉄は還元されて鉄になり，アルミニウムは酸化されて酸化アルミニウムになる。

14 化学変化の量的関係

---

122 (1) CO_2　　(2) ①**O** ②**O** ③**R**

　　(3) 酸化マグネシウム　　(4) ウ　　(5) ウ

　　(6) (a)**2**　(b)**1**　(c)**2**　(d)**1**

　　(7) Mg…**0.12 g**　CO_2…**0.11 g**

解説 (1)(2) ①炭素が酸素と結びついて二酸化炭素となる。

②マグネシウムが水の中の酸素と結びついて酸化マグネシウムになる。

③二酸化炭素がマグネシウムに酸素を奪われて（還元）炭素になる。

(6) 反応の前後で，全体の原子の種類と数が変化しないように係数をつける。

　(ⅲ)の化学反応式は次のようになる。

　　$2Mg + CO_2 \longrightarrow 2MgO + C$

(7) 原子の質量比が，$C : O : Mg = 3 : 4 : 6$ なので，

　　$2Mg : CO_2 : 2MgO = 12 : 11 : 20$

　したがって，MgO を 0.20 g を得るために必要な Mg の質量を x〔g〕，このとき反応する CO_2 の質量を y〔g〕とすると，

　　$x : 0.20 = 12 : 20$　　$x = 0.12$ g

　　$y : 0.20 = 11 : 20$　　$y = 0.11$ g

---

123 (1) （炭素原子：酸素原子＝）**3 : 4**

　　(2) （水素原子：酸素原子＝）**1 : 16**

　　(3) **21.6 g**　　(4) **0.8 L**　　(5) **0.6 L**

　　(6) （酸素：オゾン＝）**2 : 3**　　(7) **1.5 L**

解説 (1) 炭素が燃焼するときの化学変化を化学反応式で表すと，$C + O_2 \longrightarrow CO_2$ となる。

　よって，$C : O_2 = 2.4 : (8.8 - 2.4) = 2.4 : 6.4$

　したがって，$C : O = 2.4 : 3.2 = 3 : 4$

(2) 過酸化水素水が分解されるときの化学変化を化学反応式で表すと，$2H_2O_2 \longrightarrow 2H_2O + O_2$

　よって，$2H_2O : O_2 = 7.2 : 6.4$

　これを変形すると，

　　$(2O + 4H) : 2O = 7.2 : 6.4$

　　$4H : 2O = (7.2 - 6.4) : 6.4 = 0.8 : 6.4$

　したがって，$H : O = 0.2 : 3.2 = 1 : 16$

(3) メタンが燃焼するときの化学変化を化学反応式で表すと，$CH_4 + 2O_2 \longrightarrow 2H_2O + CO_2$

　また，(1)，(2)より，$H : C : O = 1 : 12 : 16$ なので，

　　$CH_4 : 2O_2 = (12 + 1 \times 4) : (2 \times 16 \times 2)$

　　　　　　$= 16 : 64 = 1 : 4$

　したがって，メタン 5.4 g を燃焼させるのに必要な酸素の質量を x〔g〕とすると，

　　$5.4 : x = 1 : 4$　　$x = 21.6$ g

(4) 酸素がオゾンに変化するときの化学変化を化学反応式で表すと，$3O_2 \longrightarrow 2O_3$

　したがって，酸素 1.2 L を反応させたときに生じるオゾンの体積を x〔L〕とすると，

　　$1.2 : x = 3 : 2$　　$x = 0.8$ L

(5) 反応した酸素の体積を x〔L〕とすると，

　　$1.0 - x + \dfrac{2x}{3} = 0.8$　　$x = 0.6$ L

(6) 混合気体中の酸素の体積は，

　　$1.0 - 0.6 = 0.4$ L

　したがって，

　　$0.4\, O_2 : (0.8 - 0.4) O_3 = O_2 : O_3 = 2 : 3$

(7) 空気 30.0 L 中の酸素の体積は 6.0 L，窒素の体積は 24.0 L である。反応後の混合気体 28.5 L 中の酸素とオゾンの体積の合計は，$28.5 - 24.0 = 4.5$ L。よって，酸素 6.0 L が酸素とオゾンの混合気体 4.5 L となったと考える。(4)より，反応した酸素の体積：生じたオゾンの体積＝ $3 : 2$ なので，混合気体中の酸素の体積（反応しなかった酸素の体積）を x〔L〕とすると，

　　$x + \dfrac{2}{3} \times (6.0 - x) = 4.5$　　$x = 1.5$ L

---

124 (1) **2.8 g**　　(2) **0.68 g 減少する。**

　　(3) （塩素原子：酸素原子＝）**9 : 4**

解説 (1) グラフより，0.4 g の銅は 0.1 g の酸素と結びついているので，このとき 0.5 g の酸化銅ができたと考えられる。したがって，酸化銅 3.5 g を得るために必要な銅の質量を x〔g〕とすると，

　　$x : 3.5 = 0.4 : 0.5$　　$x = 2.8$ g

(2) 発生した塩素の質量を x〔g〕とすると，

　　$0.32 : x = 8 : 9$　　$x = 0.36$ g

　したがって，分解された塩化銅の質量は，

　　$0.32 + 0.36 = 0.68$ g

　これは，溶質ではなくなっているので，この分だけ，溶液の質量が減少する。

(3)　$Cu : Cl_2 = 8 : 9$　なので，

　　$Cu : Cl = 16 : 9$　である。

　　また，銅が酸化するときの化学反応式は，

　　$2Cu + O_2 \longrightarrow 2CuO$　なので，グラフより，

　　$2Cu : O_2 = 0.4 : 0.1 = 4 : 1$　より，

　　$Cu : O = 4 : 1$　である。

　　したがって，

　　$Cu : Cl : O = 16 : 9 : 4$

入試メモ　質量保存の法則と定比例の法則は化学分野の計算問題ではよく利用されるので，しっかり理解しておこう。

質量保存の法則…化学変化の前後で，化学変化に関係した物質全体の質量は変化しない。

定比例の法則…化合物をつくる物質の質量比は，それぞれの化合物によって決まっている。

125　(1) $2Cu + O_2 \longrightarrow 2CuO$

　　(2) **エ**　　(3) **青色**

　　(4) ①**M**　②**○**　③**×**

　　(5) **エ，キ**　　(6) **3.2g**　　(7) **7.2g**

解説　(2)　酸化マグネシウムは白色である。

(3)　フェノールフタレイン溶液を加えたときに赤色になる溶液の性質は，アルカリ性である。**BTB**溶液はアルカリ性で青色，酸性で黄色，中性で緑色になる。

(6)　図1より，銅：酸化銅（酸化物）＝4：5，図2より，マグネシウム：酸化マグネシウム（酸化物）＝3：5　であることがわかる。Aの中に含まれていた銅の質量をx〔g〕とすると，

　　$\dfrac{5}{4}x + \dfrac{5}{3}(8.0 - x) = 12.0$　　$x = 3.2\,g$

(7)　炭素が酸化すると二酸化炭素となって空気中へ出ていくため，あとに残った物質はすべて酸化銅である。したがって，Bの中に含まれている銅の質量をx〔g〕とすると，

　　$x : 9.0 = 4 : 5$　　$x = 7.2\,g$

126　(1) $Mg > Fe > Ag$

　　(2) （炭素：酸素＝）**6：5**

　　(3) ①**2倍**　②**同じ**　③**2倍**

　　(4) **1.26g/L**　　(5) ④**60**　⑤**18**

解説　(1)　マグネシウムは二酸化炭素の中でも燃える。これは，マグネシウムが炭素より酸素と結びつきやすく，二酸化炭素の中の酸素と結びつくからである。鉄は炭素によって還元されるので，鉄より炭素のほうが酸素と結びつきやすい。また，酸化銀を加熱すると銀と酸素に分解するように，銀は鉄などよりも酸素と結びつきにくい。

(2)　$2Fe_2O_3 : 3C : 4Fe = 100 : 18 : 70$

　　よって，$3C : 2O_3 = 18 : (100 - 70) = 18 : 30$

　　したがって，$C : O = 6 : 5$

(3)　反応する酸化鉄の量を［Ⅰ］の式にそろえるために，［Ⅱ］の式の両辺を2倍にすると，

　　$2Fe_2O_3 + 6C \longrightarrow 4Fe + 6CO$

(4)　$1.98\,g/L \times \dfrac{3+4}{3+4+4} = 1.26\,g/L$

(5)　［Ⅰ］と［Ⅱ］で，

　　$2Fe_2O_3 + 3C \longrightarrow 4Fe + 3CO_2 \cdots$［Ⅰ］

　　$Fe_2O_3 + 3C \longrightarrow 2Fe + 3CO \cdots$［Ⅱ］

［Ⅱ］の反応でできたCOは空気中の酸素と反応して，

　　$2CO + O_2 \longrightarrow 2CO_2$ となるので，COの係数をそろえるために，［Ⅱ］を2倍，この式を3倍すると，

$$\begin{cases} 2Fe_2O_3 + 6C \longrightarrow 4Fe + 6CO \cdots[Ⅱ] \\ 6CO + 3O_2 \longrightarrow 6CO_2 \end{cases}$$

この2つの式をまとめると，

　　$2Fe_2O_3 + 6C + 3O_2 \longrightarrow 4Fe + 6CO_2 \cdots$［Ⅱ′］

となる。

下の［Ⅰ］と［Ⅱ′］で，

$$\begin{cases} 2Fe_2O_3 + 3C \longrightarrow 4Fe + 3CO_2 \cdots[Ⅰ] \\ 2Fe_2O_3 + 6C + 3O_2 \longrightarrow 4Fe + 6CO_2 \cdots[Ⅱ'] \end{cases}$$

100gの酸化鉄から70gの鉄が得られているので，酸化鉄（Fe_2O_3）の中の酸素原子（O）の質量は，

　　$100 - 70 = 30\,g$

反応したコークスの質量は18gなので，［Ⅰ］と［Ⅱ′］の起こる割合を，［Ⅰ］：［Ⅱ′］＝$x : y$として，酸化鉄の中の酸素原子の質量と反応した炭素原子の質量の比を示す式をつくると，

　　$(2O_3 \times x + 2O_3 \times y) : (3C \times x + 6C \times y) = 30 : 18$

となる。さらに，炭素原子（C）と酸素原子（O）の質量比が，$C : O = 3 : 4$なので，これをまとめると，

　　$(4 \times 6 \times x + 4 \times 6 \times y) : (3 \times 3 \times x + 3 \times 6 \times y) = 5 : 3$

　　$(24x + 24y) : (9x + 18y) = 5 : 3$

この式を整理すると，$x : y = 2 : 3$　となる。

したがって，

④　$100 \times \dfrac{3}{2+3} = 60$ g

また，［Ⅱ′］の反応では，酸化鉄の中の酸素原子の数と空気中から取り入れた酸素原子の数は等しいので，

⑤　$30 \times \dfrac{3}{2+3} = 18$ g

---

127 (1) **50分子**　　(2) **0.3 g**

解説 (1)　この反応を化学反応式で表すと，

$$CuO + H_2 \longrightarrow Cu + H_2O$$

より水素分子1個から水1分子が生じるから，水が50分子できるときに反応する水素分子の数は，50個。

(2)　減少した2.4 gが反応した酸化銅の中の酸素の質量なので，反応した水素の質量は，

$$2.7 - 2.4 = 0.3 \text{ g}$$

---

128 (1) 現象名…**燃焼**

　　　　化学反応式…**$2\,Mg + O_2 \longrightarrow 2\,MgO$**

(2) **CuO**

(3) **質量保存の法則(定比例の法則)**

(4) **右図**

(5) ①**4：1**

　　②**2：1**

　　③**25**

　　④**酸化**

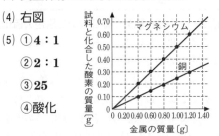

解説 (1)　物質が，光や熱を強く発しながら激しく酸化することを燃焼という。

(2)　銅が酸化すると酸化銅になる。化学反応式は，

$$2\,Cu + O_2 \longrightarrow 2\,CuO$$

(3)　質量保存の法則より，化学変化の前後では化学変化に関係した物質全体の質量は変化しない。よって，「結びついた酸素の質量＝化学変化後の物質の質量－化学変化前の物質の質量」という式によって，試料と結びついた酸素の質量を求めることができる。また，マグネシウムと銅の質量を変えても，マグネシウム：酸素＝2：1(実際には，マグネシウム：酸素は3：2の質量比で結びつくが，この問題では25％のマグネシウムがすでに

酸化していたので，2：1となっている)，銅：酸素＝4：1の質量比で結びついていることがわかるので，「化合物をつくる物質の質量比は，それぞれの化合物によって決まっている。」という定比例の法則を確認することもでき，どの班のデータを使っても計算できる。

(4)　5班のマグネシウムの質量変化は，

$$16.76 - 16.16 = 0.60 \text{ g}$$

10班の銅の質量変化は，

$$16.48 - 16.18 = 0.30 \text{ g}$$

なので，縦軸の最も大きい値が0.60 g以上となるように，目盛りをつける。

(5)　①$0.40 : 0.10 = 4 : 1$

②$0.40 : 0.20 = 2 : 1$

③④すでに酸化していたマグネシウムの割合を$x\,[\%]$とすると，

$$2 \times \dfrac{100 - x}{100} : 1 = 3 : 2 \qquad x = 25\%$$

入試メモ　質量保存の法則は，化学変化の量的関係を考える問題ではよく利用される基本的な法則なので，しっかり理解しておくことが必要である。

---

129 (1) **質量保存の法則**

(2) (銅原子：炭素原子＝)**16：3**

(3) **分子**

(4) モデル…**右図**

　　説明…**原子を**

　　分割すること

　　はできないのに，酸素原子を分割しないと水蒸気2体積ができない。

(5) **同数の分子を含んでいる。(12字)**

(6) モデル…**右図**

　　説明…**水素と**

　　酸素はそれぞ

　　れ2個の原子が結びついて分子をつくっていて，それらの原子の組み合わせが変わることによって水分子ができたと考えた。

解説 (2) 酸化銅の炭素による還元を化学反応式で表すと，$2CuO + C \longrightarrow 2Cu + CO_2$

よって，酸化銅60gと反応した炭素の質量は，

$48 + 16.5 - 60 = 4.5\,g$

したがって，

$Cu : C = 48 \times \dfrac{1}{2} : 4.5 = 24 : 4.5 = 16 : 3$

(5) 気体の種類によらず，同体積の気体の中には同数の分子が含まれている。

(6) 水の合成は，下の化学反応式のように示される。

$2H_2 + O_2 \longrightarrow 2H_2O$

---

130 (1)（マグネシウム：銅＝）**3：8**

(2)（マグネシウム：銅＝）**1：2**

(3) **125 cm³**

(4) $2H_2 + O_2 \longrightarrow 2H_2O$

(5) **62.5 cm³**

解説 (1) マグネシウムと酸素が結びつく反応を化学反応式で表すと，$2Mg + O_2 \longrightarrow 2MgO$

よって，MgとOの質量比は，

$Mg : O = \left(2.4 \times \dfrac{1}{2}\right) : \left\{(4.0 - 2.4) \times \dfrac{1}{2}\right\}$

$= 1.2 : 0.8 = 3 : 2$

銅と酸素が結びつく反応を化学反応式で表すと，

$2Cu + O_2 \longrightarrow 2CuO$

よって，CuとOの質量比は，

$Cu : O = \left(1.6 \times \dfrac{1}{2}\right) : \left\{(2.0 - 1.6) \times \dfrac{1}{2}\right\}$

$= 0.8 : 0.2 = 4 : 1$

したがって，

$Mg : O : Cu = 3 : 2 : 8$

(2) 混合物7.6g中のマグネシウム(Mg)の質量をx〔g〕とすると，

$x \times \dfrac{3+2}{3} + (7.6 - x) \times \dfrac{4+1}{4} = 10.0$

$x = 1.2\,g$

よって，混合物7.6g中の銅(Cu)の質量は，

$7.6 - 1.2 = 6.4\,g$

MgとCuの個数の比を，$Mg : Cu = y : 1$　とすると，

$3 \times y : 8 \times 1 = 1.2 : 6.4$　　$y = 0.5$

したがって，MgとCuの個数の比は，

$Mg : Cu = 0.5 : 1 = 1 : 2$

(3) 銅は塩酸と反応しない。また，混合物0.76g中のマグネシウムの質量は，

$1.2 \times \dfrac{0.76}{7.6} = 0.12\,g$

したがって，発生する気体の体積は，

$250 \times \dfrac{0.12}{0.24} = 125\,cm^3$

(4) マグネシウムと塩酸の反応によって発生した気体は水素(H_2)である。下線部bでメスシリンダーの中に集められた気体には，発生した水素の他にもフラスコ内にあった空気も存在している。よって，これに点火すると，空気中の酸素と発生した水素が結びついて水ができる。これを化学反応式で表すと，

$2H_2 + O_2 \longrightarrow 2H_2O$　　となる。

(5) 捕集された気体のうちの空気の体積をz〔cm³〕とすると，空気中の酸素の体積は，

$\dfrac{1}{4+1}z = \dfrac{1}{5}z$〔cm³〕，

酸素と反応した水素の体積は，

$\dfrac{1}{5}z \times 2 = \dfrac{2}{5}z$〔cm³〕　　となる。したがって，

$\dfrac{1}{5}z + \dfrac{2}{5}z = 125 - 87.5$　　$z = 62.5\,cm^3$

---

131 (1) 化学式…FeS　名称…硫化鉄

(2) ①物質…硫黄　質量…**5.6 g**

②（鉄：硫黄＝）**7：4**

(3) $\dfrac{3}{2}V$

解説 (1) 鉄と硫黄が結びついて黒色の硫化鉄ができる。化学反応式　$Fe + S \longrightarrow FeS$

(2) ①鉄の質量が4.2gのときと8.0gのときを比較する。鉄の質量が4.2gのときは鉄の質量が8.0gのときより硫黄の質量が多いが，鉄と硫黄が結びついてできた黒色の化合物（硫化鉄）の質量が少ないので，鉄4.2gはすべて反応したが，硫黄8.0gのうちの一部は反応せずに残ったと考えられる。したがって，反応せずに残った硫黄の質量は，

$4.2 + 8.0 - 6.6 = 5.6\,g$

②鉄原子(Fe)1個と硫黄原子(S)1個が結びついて硫化鉄(FeS)1個ができるので，鉄原子1個と硫黄原子1個の質量比は，結びつく鉄と硫黄の質量比に等しい。4.2gの鉄と結びつく硫黄の質量は，$8.0 - 5.6 = 2.4\,g$なので，原子1個ずつの質量比は，

鉄：硫黄$= 4.2 : 2.4 = 7 : 4$

(3) 鉄と塩酸の反応を化学反応式で表すと，

$Fe + 2HCl \longrightarrow FeCl_2 + H_2$

黒色の化合物（硫化鉄）と塩酸の反応を化学反応式で表すと，

$$FeS + 2HCl \longrightarrow FeCl_2 + H_2S$$

0.14 g の鉄を含む硫化鉄（FeS）の質量は，

$$0.14 \times \frac{7+4}{7} = 0.22 \text{ g}$$

鉄と塩酸の反応の化学反応式では，鉄原子 **1** 個あたり水素分子 **1** 個ができていて，硫化鉄と塩酸の反応の化学反応式では硫化鉄 **1** 個あたり硫化水素 **1** 個ができている。したがって，硫化鉄 0.33 g をすべて塩酸と反応させたときに発生する硫化水素の体積は，

$$V \times \frac{0.33 \text{ g}}{0.22 \text{ g}} = \frac{3}{2} V \text{〔L〕}$$

---

132 (1) ア…還元　a…AlCl₃

(2) （アルミニウム：酸素＝）**27：16**

(3) **2.4 g**　　(4) **45 mL**

(5) **62500 層**

解説 (1)　ア…酸化アルミニウムなどの酸化物が酸素を奪われる反応を還元という。

a…反応の前後で，原子の種類と数は変化しない。

(2) Al の数をそろえるために，①×2 とすると，

$$2Al_2O_3 + 6C \longrightarrow 4Al + 6CO \quad \cdots ①'$$
$$2Al_2O_3 + 3C \longrightarrow 4Al + 3CO_2 \quad \cdots ②$$

①′と②で，4 Al ＝ 5.4 g とすると，

Al ＝ 5.4 ÷ 4 ＝ 1.35 g

また，6 CO ＝ 8.4 g，3 CO₂ ＝ 6.6 g なので，

6 CO − 3 CO₂ ＝ 3 C ＝ 8.4 − 6.6 ＝ 1.8 g

よって，

3 CO₂ − 3 C ＝ 6 O ＝ 6.6 − 1.8 ＝ 4.8 g

O ＝ 4.8 ÷ 6 ＝ 0.8 g

したがって，

Al : O ＝ 1.35 : 0.8 ＝ 27 : 16

(3) (2)の解説より，O ＝ 0.8 g としたとき，3 C ＝ 1.8 g なので，

C ＝ 1.8 ÷ 3 ＝ 0.6 g

よって，

CO : CO₂ ＝ 0.6 + 0.8 : 0.6 + 0.8×2
　　　　　＝ 1.4 : 2.2 ＝ 7 : 11

①と②で発生する CO と CO₂ の質量が等しいということから，①と②で反応する質量の比が 11 : 7 とわかる。また，①では 2 Al，②では 4 Al が得られるので，得られる Al の質量比は，

①：② ＝ 2×11 : 4×7 ＝ 11 : 14

したがって，①で得られるアルミニウムの質量は，

$$5.4 \times \frac{11}{11+14} = 2.376 \fallingdotseq 2.4 \text{ g}$$

（別解）　①で生成される Al の質量を x〔g〕とすると，

①で発生した CO の質量は，$\dfrac{8.4}{5.4} x$〔g〕

②で生成される Al の質量は，$(5.4 - x)$〔g〕より，

②で発生した CO₂ の質量は，$\dfrac{6.6}{5.4}(5.4 - x)$〔g〕

①で発生した CO の質量と②で発生した CO₂ の質量は等しいので，

$$\frac{8.4}{5.4} x = \frac{6.6}{5.4}(5.4 - x) \qquad x = 2.376 \fallingdotseq 2.4 \text{ g}$$

(4)　$\dfrac{1}{10^6} \text{ m} = \dfrac{1}{10^4} \text{ cm}$

実験で使用したアルミニウムはくの質量は，

$$2.7 \text{ g/cm}^3 \times \left(3 \times 3 \times \frac{14}{10^4}\right) = 0.03402 \text{ g}$$

発生する水素の体積を x〔mL〕とすると，

0.9 : 1200 ＝ 0.03402 : x

$x = 45.36 \fallingdotseq 45 \text{ mL}$

(5)　計算しやすいようにアルミニウム原子の半径を **1** として，接する **4** つの原子の中心を結んでできる正四面体の高さを求めることにする。底面の正三角形の高さを x とすると，三平方の定理より，

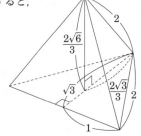

$$1^2 + x^2 = 2^2$$
$$x = \pm\sqrt{3}$$

三角形の高さは正の値なので，$x = \sqrt{3}$

底面の正三角形の高さを表す直線は正四面体の高さを表す直線によって **2 : 1** に分けられるので，長いほうの長さは，

$$\frac{2}{2+1}\sqrt{3} = \frac{2\sqrt{3}}{3}$$

となる。したがって，正四面体の高さを y〔g〕とすると，三平方の定理より，

$$\left(\frac{2\sqrt{3}}{3}\right)^2 + y^2 = 2^2 \qquad y = \pm \frac{2\sqrt{6}}{3}$$

高さは正の値なので，$y = \dfrac{2\sqrt{6}}{3}$

実際のアルミニウム原子の半径を 0.14 ナノメートルとしているので，実際の正四面体の高さは，

$$0.14 \times \frac{2\sqrt{6}}{3} = \frac{0.28\sqrt{6}}{3} \text{ ナノメートル}$$

$\sqrt{6} = 2.4$ とするので，

$$\frac{0.28\sqrt{6}}{3} = \frac{0.28 \times 2.4}{3} = 0.224 \text{ ナノメートル}$$

1 ナノメートル ＝ $\dfrac{1}{10^3}$ マイクロメートルなので，

14 マイクロメートル ＝ 14×10^3
　　　　　　　　　　　　＝ 14000 ナノメートル

したがって，厚さ14マイクロメートルのアルミニウムはくをつくっているアルミニウム原子の層の数は，

14000÷0.224＝62500層

> **入試メモ**　単位換算を間違えないように注意しよう。

$$\mu = \frac{1}{10^6}$$

$$n = \frac{1}{10^9}$$

したがって，

$$1\,nm = \frac{1}{10^3}\,\mu m$$

$$1\,\mu m = 10^3\,nm$$

15 水溶液とイオン

133 (1) ①電子　②陽子　③中性子

(2) 電気の量が等しい（8字）

(3) $Na_2S \longrightarrow 2\,Na^+ + S^{2-}$

(4) 同位体

> **解説** (1) 原子は中心に，陽子と中性子からなる原子核がある。そのまわりに電子がある。
>
> (2) 「電気的に中性で，電子と陽子の数が等しくなる」ことの前提を考える。－と＋のように対になる電気でないと同数であっても中性にならず，また，1つの粒子がもつ電気の量が異なれば同数でも中性にならない。
>
> (3) 「①（電子）の数が18，②（陽子）の数が16の原子Sのイオン」より，これは原子のとき，電子16，陽子16で，電離の際に電子2個（18－16＝2）を受け取った，S^{2-}とわかる。同様に考えてもう一方はNa^+とわかる。ところで，この電解質が電離する前は電気的に中性なので，Sが電子2個を受け取るには，電子を1個失うNaが2個必要になる。NaClなど水中でイオンに分かれる化合物は，陽イオンを先に表記するため，電離前の化合物はNa_2Sとなる。
>
> (4) 同じ元素で中性子の数が異なる原子どうしを互いに同位体という。水素や炭素のほか多くの元素に同位体は存在する。

> **入試メモ**　「AgO」「NaCO₃」などのミスは避けたい。そこで，イオンを覚えてしまえば，**133** (3)と同様「化合物も電気的に中性」の推理でミスは防げる。
>
> $H^+, Ag^+, Na^+, Mg^{2+}, Ca^{2+}, Cu^{2+}, C^{4+}(C^{4-}),$
> $Cl^-, O^{2-}, S^{2-}, N^{3-}$

134 (1) ウ　　(2) Cu^{2+}

(3) 塩化物イオン　　(4) イ，ク

> **解説** (1) 原子が－の電気をもつ電子を失うと陽イオンになり，電子を受け取ると陰イオンになる。
>
> (2)(3) 塩化銅は次のように電離する。
>
> $CuCl_2 \longrightarrow Cu^{2+} + 2\,Cl^-$
>
> Cu^{2+}を銅イオン，Cl^-を塩化物イオンという。
>
> (4) 電流を大きくするとイオンの移動がはやくなるので，塩素の発生も激しくなるが，水溶液中の塩化物イオンの数は変わらないので，発生する気体の総量は変わらない。また，塩化銅水溶液の青色は銅イオンの色であるが，電気分解が進むにつれて銅イオンが減少していくので色はうすくなっていき，イオンの総量も減少していくので流れる電流も小さくなっていく。

135 (1) $CuCl_2 \longrightarrow Cu + Cl_2$

(2) エ，オ

(3) 右図

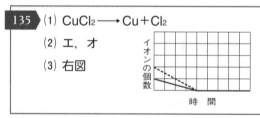

> **解説** (2) 塩化銅水溶液を電気分解すると，陽極から塩素が発生する。塩素は黄緑色で水に溶けやすく，プールの消毒薬のような刺激臭がする。腐卵臭がするのは硫化水素である。また，殺菌作用や漂白作用があり，空気より密度が大きい。
>
> (3) 塩化銅を水に溶かすと次のように電離する。
>
> $CuCl_2 \longrightarrow Cu^{2+} + 2\,Cl^-$
>
> はじめの銅イオンの数は塩化物イオンの数の半分で，電気分解が進むにつれて両方とも減少し，同時になくなる。

136 (1) ＋極…塩化物イオン

　　　－極…銅イオン

(2) $y = 0.6\,x$　　(3) $z = \dfrac{100}{x}$

(4) 0.25 A　　(5) 165 cm³　　(6) 55 cm³

解説 (1) 塩化銅($CuCl_2$)を水に溶かすと，銅イオン(Cu^{2+})と塩化物イオン(Cl^-)に電離する。＋極には陰イオンである塩化物イオンが引き寄せられ，－極には陽イオンである銅イオンが引き寄せられる。

(2) 1 Aの電流を20分間流したときに析出した銅の質量が0.4 gなので，x〔A〕の電流を30分間流したときに析出する銅の質量は，

$$0.4\ g \times \frac{x〔A〕}{1\ A} \times \frac{30分}{20分} = 0.6\ x〔g〕$$

(3) $0.4\ g \times \dfrac{x〔A〕}{1\ A} \times \dfrac{z〔分〕}{20分} = 2\ g$

この式をzについて整理すると，$z = \dfrac{100}{x}$

(4) 必要な電流の大きさをx〔A〕とすると，

$$0.4\ g \times \frac{x〔A〕}{1\ A} \times \frac{100分}{20分} = 0.5\ g$$

$x = 0.25\ A$

(5) 図2のような直列回路では，どの部分にも等しい大きさの電流が流れるので，塩化銅水溶液にも塩酸にも1.5 Aの電流が流れる。塩化銅水溶液から水素は発生しない。図2の塩酸から発生する水素の体積は，

$$220\ cm^3 \times \frac{1.5\ A}{1\ A} \times \frac{15分}{30分} = 165\ cm^3$$

(6) 塩化銅水溶液に流れた電流の大きさは，

$$1\ A \times \frac{0.3\ g}{0.4\ g} \times \frac{20分}{15分} = 1\ A$$

塩酸に流れた電流の大きさは，

$$1.5 - 1 = 0.5\ A$$

図3の塩酸から発生する水素の体積は，

$$220\ cm^3 \times \frac{0.5\ A}{1\ A} \times \frac{15分}{30分} = 55\ cm^3$$

---

137 (1) 緑色　(2) イ　(3) 水素イオン

(4) ①Mg^{2+}　②H^+　③H_2

(5) 塩酸中のH^+が水酸化ナトリウムの電離で生じるOH^-と反応してH_2Oになったから。

(6) ①Na^+　②OH^-

解説 (1) **pHが7のときが中性である。**

(2)(3) 塩酸などの酸性の性質は水素イオン(H^+)によるものである。水素イオンは陽イオンなので電圧を加えると陰極へ引かれていき，陰極側がpHの小さい色(だいだい色など)を示す(pHが7より小さいものは酸性，7より大きいものはアルカリ性)。

(5) マグネシウムは塩酸には溶けるが，水酸化ナト

リウム水溶液には溶けない。

(6) ①塩酸と水酸化ナトリウム水溶液の中和によってできる塩である塩化ナトリウムは電解質なので，塩酸に水酸化ナトリウム水溶液を加えるにつれてナトリウムイオン(Na^+)は増え続ける。

②H^+がなくなるまでOH^-はH^+と反応してH_2Oとなるため水酸化ナトリウム水溶液を加えてもOH^-は増えない。しかし，H^+がなくなると，水酸化ナトリウム水溶液を加えるにつれて増え続ける。

> **入試メモ**　pHはふつう0〜14の範囲内で，pHが7のとき中性であることをしっかり覚えておこう。pHが7より小さくなるにつれて酸性が強くなり，7より大きくなるにつれてアルカリ性が強くなる。

---

138 (1) ア　(2) **68 cm³**　(3) **204 cm³**

解説 (1) 実験1では，アルミニウムは0.1 gまでしか反応していないので，アルミニウム0.2 gを加えると，0.1 gのアルミニウムが反応できずに残る。実験2では，アルミニウムが0.3 gまで反応しているので，アルミニウム0.2 gを加えるとすべて溶けてしまう。

(2) 実験3より，XとYは体積が1：1のときに完全に中和することがわかる。よって，7.5 cm³のXと2.5 cm³のYを混合すると，XとYの2.5 cm³ずつが中和し，5.0 cm³のXが残る。X 10 cm³とアルミニウム0.1 gが過不足なく反応するので，X 5.0 cm³と加えたアルミニウムのうちの0.05 gが反応する。図1より，X 10 cm³とアルミニウム0.1 gが反応して水素136 cm³が発生しているので，X 5.0 cm³とアルミニウム0.05 gが反応したときに発生する水素の体積をx〔cm³〕とすると，

$$10 : 5.0 = 136 : x \qquad x = 68\ cm^3$$

($0.1 : 0.05 = 136 : x$　$x = 68\ cm^3$でもよい。)

(3) 2.5 cm³のXと7.5 cm³のYを混合すると，XとYの2.5 cm³ずつが中和し，5.0 cm³のYが残る。Y 10 cm³とアルミニウム0.3 gが過不足なく反応するので，Y 5.0 cm³と加えたアルミニウムのうちの0.15 gが反応する。図2より，Y 10 cm³とアルミニウム0.3 gが反応して水素408 cm³が発生しているので，Y 5.0 cm³とアルミニウム0.15 gが反応したときに発生する水素の体積をy〔cm³〕とすると，

$$10 : 5.0 = 408 : y \qquad y = 204\ cm^3$$

($0.3 : 0.15 = 408 : y$　$y = 204\ cm^3$でもよい。)

---

139 (1) ①水素　②硫酸バリウム

(2) イ　　(3) イ

(4) Ba(OH)₂ + H₂SO₄

　　$\longrightarrow$ BaSO₄ + 2 H₂O

解説 (1)　①うすい硫酸とマグネシウムが反応する
と水素が発生する。

②うすい硫酸とうすい水酸化バリウム水溶液が中
和すると，硫酸バリウムという塩が生じる。硫酸
バリウムは水に溶けない(水酸化バリウムにも硫
酸にも溶けない)白色の固体なので，白色の沈殿
が生じる。

(2)　Ba²⁺の右上にある2+とは，−の電気をもつ電
子を2個失って＋の電気を帯びた陽イオンである
ことを示している。電子を受け取ったり失ったり
することによってイオンになるのであって，陽子
が移動することはない。

(3)　はじめは水酸化バリウムによってアルカリ性に
なっているので，BTB溶液を加えたときの色は
青色である。また，水酸化バリウムとマグネシウ
ムは反応しないので，はじめは水素は発生してい
ない。硫酸を加えることによって完全に中和する
と，溶液の色は緑色(中性)になる。さらに硫酸を
加えると酸性になるので，溶液の色は黄色になる。
また，完全に中和したあとは，加えた硫酸とマグ
ネシウムが反応して水素が発生するようになる。

(4)　化学変化を物質名で表すと，

　　水酸化バリウム + 硫酸 $\longrightarrow$ 硫酸バリウム + 水

各物質を化学式にすると，

　　Ba(OH)₂ + H₂SO₄ $\longrightarrow$ BaSO₄ + H₂O

右辺で，水素原子(H)2個と酸素原子(O)1個が
足りないので，水の係数を2とすると，

　　Ba(OH)₂ + H₂SO₄ $\longrightarrow$ BaSO₄ + 2 H₂O

**入試
メモ**　　イオンとは，原子や原子団が−の電気を
もった電子を失ったり，受け取ったりすることに
よって電気を帯びたものである。

・陽イオン…原子(または原子団)が電子を失って
　できたイオン。

・陰イオン…原子(または原子団)が電子を受け取
　ってできたイオン。

---

140 (1) 黄

(2) HCl + NaOH $\longrightarrow$ NaCl + H₂O

(3) 中和　　(4) **2.5 倍**

(5) ①アルカリ性　②**12.5 cm³**

　　③**5 cm³**

解説 (1)　BTB溶液を加えたときに緑色になった
ものは，過不足なく反応して中性になったもので
ある。これよりCの体積が小さいものは酸性を示
すので，黄色となる。

(2)　塩酸(HCl)と水酸化ナトリウム水溶液(NaOH)
が中和すると塩化ナトリウム(NaCl)と水(H₂O)
ができる。

(3)　酸性の水溶液中の水素イオン(H⁺)とアルカリ
性の水溶液中の水酸化物イオン(OH⁻)が結びつ
いて水(H₂O)ができる反応を中和という。

(4)　塩酸A 10 cm³と水酸化ナトリウム水溶液C
10 cm³が過不足なく中和し，塩酸B 10 cm³と水酸
化ナトリウム水溶液C 25 cm³が過不足なく中和し
ている。

　　塩酸Aの濃度：塩酸Bの濃度 = 10：25 = 2：5

　　5 ÷ 2 = 2.5 倍

(5)　①水酸化ナトリウム水溶液D 5 cm³に溶けてい
た水酸化ナトリウムの量は，水酸化ナトリウム水
溶液C 20 cm³に溶けていた水酸化ナトリウムの量
に等しい。塩酸A 10 cm³と過不足なく中和する水
酸化ナトリウム水溶液Cの体積は10 cm³なので，
水酸化ナトリウム水溶液C 20 cm³と過不足なく中
和する塩酸Aの体積も20 cm³である。塩酸Aが
10 cm³しかないときはアルカリ性を示す。

②10 cm³の塩酸Bと過不足なく中和する水酸化
ナトリウム水溶液Cの体積は25 cm³なので，
20 cm³の塩酸Bと過不足なく中和する水酸化ナト
リウム水溶液Cの体積は50 cm³である。水酸化
ナトリウム水溶液Dの濃度は水酸化ナトリウム水
溶液Cの濃度の4倍なので，必要な体積は4分の
1になる。したがって，

　　50 ÷ 4 = 12.5 cm³

③塩酸A 10 cm³を中和するのに必要な水酸化ナト
リウム水溶液Cの体積は10 cm³である。塩酸B
5 cm³を中和するのに必要な水酸化ナトリウム水
溶液Cの体積は，

　　$25 \times \dfrac{5}{10} = 12.5 \text{ cm}^3$　　である。

水酸化ナトリウム水溶液Cは2.5 cm³あるので，

水酸化ナトリウム水溶液Cで中和する場合に，さらに必要な水酸化ナトリウム水溶液Cの体積は，

$10＋12.5－2.5＝20 cm^3$

水酸化ナトリウム水溶液C 20 cm³と同量の水酸化ナトリウムを含む水酸化ナトリウム水溶液Dの体積は，

$20÷4＝5 cm^3$

---

141 (1) $HCl＋NaOH \longrightarrow NaCl＋H_2O$

(2) ①電離　②電解質

(3) それぞれの水溶液に電圧を加え，電流が流れるかどうかを調べる。塩酸には電流が流れるが，砂糖水には電流が流れない。

(4) ①（A：B＝）**3：2**　②下図

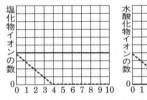
塩化物イオンの数
0 1 2 3 4 5 6 7 8 9 10
水酸化ナトリウム水溶液Cの滴下量〔cm³〕

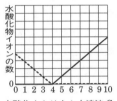
水酸化物イオンの数
0 1 2 3 4 5 6 7 8 9 10
水酸化ナトリウム水溶液Cの滴下量〔cm³〕

(5) **2.7%**　(6) **0.47 g**

解説 (1) 塩酸(HCl)に水酸化ナトリウム水溶液(NaOH)を加えると，塩化ナトリウム(NaCl)と水(H_2O)ができる。

(2) 水に溶けたときに陽イオンと陰イオンに電離して，その水溶液に電流が流れる物質を電解質という。

(3) 水溶液に電圧を加えたとき，塩酸中の塩化水素のように電流が流れる物質を電解質といい，砂糖水中の砂糖のように電流が流れない物質を非電解質という。

(4) ①塩酸A 10 cm³と水酸化ナトリウム水溶液C 6 cm³が過不足なく中和するのに対して，塩酸B 10 cm³と水酸化ナトリウム水溶液C 4 cm³が過不足なく中和する。塩酸の中に含まれる水素イオンの数は，過不足なく反応する水酸化ナトリウム水溶液Cの体積に比例するので，塩酸Aと塩酸Bの同体積中に含まれる水素イオンの数の比は，

塩酸A：塩酸B＝6：4＝3：2

②塩酸の中で塩化水素は水素イオンと塩化物イオンに電離していて，その数の比は1：1である。よって，塩酸B 10 cm³の中の塩化物イオンの数は，水素イオンの数と等しい。また，塩酸と水酸化ナトリウム水溶液の中和によってできる塩である塩化ナトリウムは電解質である。よって，塩酸B 10 cm³の中の塩化物イオンの数は，水酸化ナトリウム水溶液Cを加えても変化しない。水酸化物イオンは，水酸化ナトリウム水溶液Cを加えても水素イオンがあるうちは水素イオンと結びついて水になるため0のまま増加しない。また，水酸化ナトリウム水溶液C 4 cm³を加えて水素イオンがなくなったあとは水酸化ナトリウム水溶液Cを加えるにつれて水酸化物イオンは増加していく。水素イオンと水酸化物イオンは1：1の数の割合で結びつくので，水酸化物イオンの数が増加する割合は，図2で水素イオンの数が減少する割合と同じである。

(5) 塩酸A 10 cm³と水酸化ナトリウム水溶液D 15 cm³が過不足なく中和するので，塩酸A 20 cm³と水酸化ナトリウム水溶液D 30 cm³も過不足なく反応し，塩化ナトリウムの水溶液となっている。水溶液Xの密度は1.02 g/cm³なので，50 cm³の質量は，

$1.02 g/cm^3×50 cm^3＝51 g$

溶質の質量は1.4 gなので，質量パーセント濃度は，

$\dfrac{1.4}{51.0}×100＝2.74\cdots$より 2.7%

(6) 水酸化ナトリウム水溶液D 10 cm³はすべて反応するが，塩酸Aは一部が反応せずに残る。よって，水酸化ナトリウム水溶液D 30 cm³が反応したときに塩化ナトリウム1.4 gができるので，水酸化ナトリウム水溶液D 10 cm³が反応したときにできる塩化ナトリウムの質量をx〔g〕とすると，

$30：10＝1.4：x$　　$x＝0.466\cdots$より 0.47 g

---

142 (1) **オ**　(2) ①**カ**　②**イ**

解説 (1) 酸の水溶液とアルカリの水溶液を反応させたとき，酸の水素イオンとアルカリの水酸化物イオンが結びついて水になり，互いの性質を打ち消し合う化学変化を中和という。

(2) ①硫酸の体積はそのままで濃度が2倍になっているので，これと過不足なく反応する水酸化バリウム水溶液の体積は2倍になり，生成する沈殿(中和でできる硫酸バリウム)の質量も2倍になる。

②加える水酸化バリウム水溶液の濃度が2倍になったので，はじめの半分の体積である5 cm³を加えたときに過不足なく中和する。硫酸の濃度と体積は変わらないので，生成する沈殿の質量は変わらない。

16 化学変化と電池

---

143 (1) ア　　(2) $\dfrac{n}{2}$

(3) Mg→Zn→Cu

(4) X…ダニエル　Y…ア　Z…イ

(5) a…ウ　b…オ

解説 (1) 電解質の水溶液でないと，電池にならない。食塩水は，水中でNaCl──→Na$^+$＋Cl$^-$と電離するが，他は電離しない。

(2) ＋極では水素イオン(H$^+$)が電子1個を受け取り水素原子(H)となる。これが2個結びつき水素分子(H$_2$)となる。つまり，水素の場合，分子1個に対し，原子2個が必要で，イオン2個が原子2個になる際，電子2個を受け取っている。よって，水素分子は，＋極で受け取る電子の半数になる。

(3) 2種の金属のうち，陽イオンになりやすいほうが電子を失い，失った電子が金属板にたまっていくと，－の電気を帯びた－極になる。亜鉛と銅では，亜鉛のほうが陽イオンになりやすい。実験結果bとcで，同じ銅板に対し，プロペラの回転が速かったマグネシウム(Mg)のほうが，亜鉛(Zn)より陽イオンになりやすいとわかる。よって，マグネシウム(Mg)，亜鉛(Zn)，銅(Cu)の順で陽イオンになりやすいとわかる。

(4) 図2はダニエル電池と呼ばれ，銅板が＋極，亜鉛板が－極である。電子は－極から＋極に向かって移動し，電流の向きはその逆である。

(5) 電池が放電しているとき，亜鉛板では亜鉛がイオンとなってZn^{2+}が生じ，銅板ではCu^{2+}が電子を受け取り銅原子になるためCu^{2+}が減少する。よって，亜鉛板側が＋に，銅板側が－にかたよるため，そのかたよりがなくなる（電気的に中性を保つ）ように，Zn^{2+}が銅板側へ，SO$_4{}^{2-}$が亜鉛板側へセロハン膜を通って移動する。

---

144 (1) 2

(2) 2 Al＋6 HCl──→2 AlCl$_3$＋3 H$_2$

(3) 電池〔化学電池〕　　(4) ア

(5) (なりやすい)Zn＞Fe＞Sn＞Ag(なりにくい)

(6) 亜鉛のほうが鉄より陽イオンになりやすいから。(22字)

解説 (1) 水素分子は水素原子2個が結びついてできている。したがって，水素イオンや電子は2個ずつ必要である。また，亜鉛(Zn)が塩酸に溶けるとき2個の電子を失い亜鉛イオン(Zn^{2+})となる。

(4) 銅板と亜鉛では亜鉛のほうが陽イオンになりやすいため，銅板である電極Aは＋極になり，亜鉛板である電極Bは－極になる。電子は－極から＋極へ移動するが，電流は＋極から－極へ向かって流れるとされているので，電流はアの向きに流れる。

(5) 電極Aを亜鉛(Zn)，電極Bを銀(Ag)としたときイの向きに電流が流れている。よって，Znが－極，Agが＋極となっているので，AgよりZnのほうが陽イオンになりやすい。電極Aを銀(Ag)，電極Bをスズ(Sn)としたときアの向きに電流が流れている。よって，Agが＋極，Snが－極となっているので，AgよりSnのほうが陽イオンになりやすい。電極Aを亜鉛(Zn)，電極Bを鉄(Fe)としたときイの向きに電流が流れている。よって，Znが－極，Feが＋極となっているので，FeよりZnのほうが陽イオンになりやすい。電極Aをスズ(Sn)，電極Bを鉄(Fe)としたときアの向きに電流が流れている。よって，Snが＋極，Feが－極となっているので，SnよりFeのほうが陽イオンになりやすい。したがって，これらをまとめて陽イオンになりやすい順に並べると，Zn＞Fe＞Sn＞Agとなる。

---

145 (1) 亜鉛板　　(2) ア

(3) Zn──→Zn^{2+}＋2 e$^-$

(4) 715 kJ　　(5) 47%

(6) 空気中の二酸化炭素と反応する(14字)

解説 (1) 亜鉛は銅より陽イオンになりやすいため，亜鉛原子が陽イオンになるときに放出した電子が銅へ移動し，亜鉛板が－極になる。

(2) 電圧計が「＋」を示しているので，接続の通り，電流が＋端子から電圧計に入ったとわかる。

(3) 亜鉛板では，亜鉛原子(Zn)が亜鉛イオン(Zn^{2+})になるとき，電子(e$^-$)2個を放出する。

(4) 「気体の水素2gが完全燃焼すると，液体の水が18g生成するとともに286kJのエネルギーが生じる」とあるので，45gの水が生成したときに生じたエネルギーをx〔kJ〕とすると，

　　$18:45＝286:x$　　$x＝715$ kJ

(5)　1時間運転し，(5)より715kJの熱エネルギーとして得るかわりに，336kJの電気エネルギーを取り出すことができたので，エネルギー変換効率は，

$$\frac{336}{715} \times 100 = 46.9\cdots より，47\%$$

(6)　アルカリ型燃料電池では「水酸化カリウム（KOH）水溶液を用いている」と文章中にある。また，炭酸カリウム（K_2CO_3）が生成することから，空気中の二酸化炭素（CO_2）と反応してしまうことが推測できる。

---

146 (1) リチウムイオン電池

(2) 二次電池

(3) $Zn \longrightarrow Zn^{2+} + 2e^-$　　(4) キ

(5) A…×　B…○　C…○

　　D…×　E…○

解説 (1)　吉野彰博士はリチウムイオン電池開発の功績で，2019年ノーベル化学賞を受賞した。

(2)　充電できる電池を二次電池（蓄電池）という。

(3)　亜鉛（Zn）は銅（Cu）よりイオンになりやすいため，電池の−極になる。亜鉛原子はイオンになる際に電子2個を失って，亜鉛イオンとなる。

(4)　−極では，金属板の亜鉛原子が亜鉛イオンとなって，塩酸中に溶け出すので，質量が減る。
　　＋極では，塩酸中の水素イオンが電子1個を受け取り水素原子となり，その水素原子2個が過酸化水素水（オキシドール）の酸素原子1個と結びつき水になるため，銅板の質量は変化しない。

(5)　異なる2種類の金属板を，電解質の水溶液に浸すと電池（化学電池）になる。Aは砂糖が非電解質のため，Dは同じ銅板を用いているため，どちらも電池にならない。

物理 分野

17 光と音

147 (1) ウ　　(2) エ

解説 入射角と反射角が等しくなるように反射する。また，三角形の内角の和は180°である。

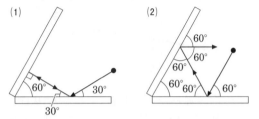

---

148 エ

解説 鏡Qが実線の位置にあるとき，光源Sから発したレーザー光の道筋は下の図の破線のようになる。鏡Qを点線の位置までずらすと，レーザー光の道筋は赤線のようにずれるので，鏡Pに2回目に当たる点は左側に，3回目に当たる点は右側に移動する。

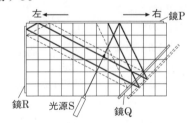

---

149 ア

解説 下図のように，青い光のほうが屈折する角度が大きいので，焦点距離が短い。

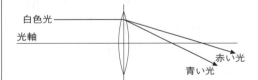

---

150 (1) ①キ　②ウ

(2) 理由…イ　性質…全反射

(3) ア　　(4) ウ

解説 (1) ①空気中から水中に光が入射するとき，入射角＞屈折角，となるように屈折する。

②光が反射するときは，必ず，入射角＝反射角となるように反射する。

(2) 光が水中から空気中へ入射しようとするとき，入射角がある角度（水中から空気中へ入射する場合は約49°）以上になると，下図のように，すべての光が境界面で反射する。光のこのような性質を**全反射**という。（ガラス中から空気中へ入射する場合は，入射角が約42°以上になると全反射する。）

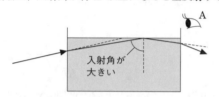

(3) ガラスを髪の毛のように細くしたガラス繊維の切り口に光を入れると，下図のように，内部で全反射をくり返しながら光が進む。このガラス繊維の外側をプラスチックでおおったものを光ファイバーといい，光通信や内視鏡などに利用されている。

(4) 右図の矢印のように，十円玉からの光は水面で屈折してから目に届くので，十円玉は目に届いた光の延長線上に見える。

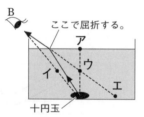

よって，イは不適。また，十円玉から真上に出た光は屈折せずに直進するので目に届かずアは不適。この実験ではエのように遠ざかって見えるのではなくウのように浮き上がって見える。

---

151 (1) 実像

(2) 右図

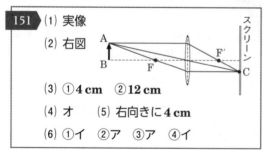

(3) ①4 cm　②12 cm

(4) オ　(5) 右向きに4 cm

(6) ①イ　②ア　③ア　④イ

解説 (1) 実像に対して，凸レンズをのぞいたときに見える実際には光が集まっていない像を虚像という。

(2) 光軸に平行に進む光は，凸レンズを通るときに屈折して焦点を通る。凸レンズの中心を通る光は直進する。凸レンズの焦点を通った光は，凸レンズを通るときに屈折して光軸に平行に進む。同じ点から出た光が交わる点に像ができる。

(3) ①下図のように，矢印AB：像CD＝3：2となる。したがって，像CDの長さをx〔cm〕とすると，

6：x＝3：2　　x＝4 cm

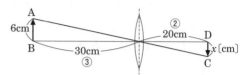

②下図のように，焦点距離をy〔cm〕とすると，矢印ABから焦点までの距離は$(30-y)$cmとなるので，

$30-y$：y＝6：4　　y＝12 cm

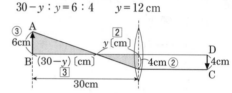

(4) 光の量が半分になるので像の明るさが暗くなるが，矢印ABのどこから出た光でも凸レンズの上半分を通り像CDを結ぶことができるので，像の大きさや形は変わらない。

(5) 下図のように，像CDの長さをx〔cm〕とすると，矢印ABから焦点までの距離が24 cmなので，

6：x＝2：1　　x＝3 cm

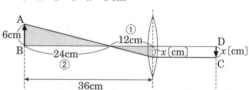

さらに下図の三角形の相似を考えるとスクリーンを動かした長さy〔cm〕は，

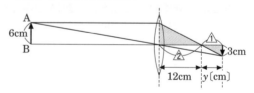

したがって，

$(36+12+6)-50=4$ cm

スクリーンを右に4 cm動かすと像がうつる。

(6) はじめは，矢印ABが焦点の外にあるので，さかさまに見える。矢印ABが焦点に近づくにつれて像が大きくなり，矢印ABが焦点の上にくると見えなくなる。その後，矢印ABが焦点の内側になると物体と同じ向きで物体より大きい像が見えるが，矢印ABをさらに凸レンズに近づけると，像は小さくなっていく。

152 (1) 方向…下，**7.5 cm**　(2) **12 cm**

　　(3) **20 cm**　(4) **ウ**　(5) **10 cm**

　　(6) ①**ア**　②**ウ**　(7) **15 cm**

【解説】(1)　下図より，点Qから赤色の光の像までの
　　　長さをx〔cm〕とすると，

　　　　　$5 : x = 20 : 30$　　$x = 7.5$ cm

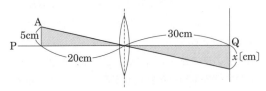

(2)　下図より，焦点距離をx〔cm〕とすると，

　　　　$x : 30 - x = 5 : 7.5$　　$x = 12$ cm

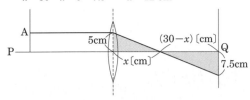

(3)　下図より，点Qから青色の光の像までの長さを
　　x〔cm〕とすると，

　　　　$2.5 : x = 20 : 30$　　　$x = 3.75$ cm

　　凸レンズの中心から光aが光軸と交わる点までの
　　長さをy〔cm〕とすると，

　　　　$y : 30 - y = 7.5 : 3.75$　　　$y = 20$ cm

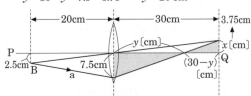

(4)　赤色の光も青色の光も凸レンズの下半分を通る
　　ことができるので，どちらの色の点もスクリーン
　　にうつる。

(5)　「物体から凸レンズまでの長さ」と「像から凸
　　レンズまでの長さ」が逆になったときも像ができ
　　る。よって，物体から凸レンズまでの長さが
　　30 cmで，像から凸レンズまでの長さが 20 cmの
　　ときも像ができる。したがって，凸レンズをスク
　　リーンのほうに10 cm動かせばよい。

(6)　凸レンズの焦点距離は 12 cmで，ろうそくを凸
　　レンズの焦点より内側に置いて，反対側から凸レ
　　ンズをのぞいているので，実物と同じ向き（光軸
　　から上向き）に実物より大きい虚像が見える。

(7)　鏡にうつった像から凸レンズまでの距離が
　　20 cmになれば，鏡にうつった像とスクリーンに

うつった像との関係が，図1の物体とスクリーン
にうつった像との関係と同じになる（下図参照）。

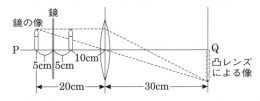

153 (1) ①**ア**　②**オ**　③**ク**　(2) **ア**

　　(3) $\dfrac{1}{n}$　　(4) ⑥**0.75**　⑦**1.33**

【解説】(1)　①右図の直角三角形で，
　　　三平方の定理より，

　　　　$a^2 + h^2 = 1^2$

　　　　$h^2 = 1 - a^2$

　　　　$h = \pm\sqrt{1 - a^2}$

　　hは正の値なので，$h = \sqrt{1 - a^2}$

　　②右図で，

　　　　$OP' : SO = OQ : SR$

　　よって

　　　　$OP' : 1 = a : b$

　　したがって，

　　　　$OP' = \dfrac{a}{b}$

　　③直角三角形OQP'で，三平方の定理より，

　　　　$OQ^2 + QP'^2 = OP'^2$

　　よって，$a^2 + h'^2 = \left(\dfrac{a}{b}\right)^2$　　$h' = \pm\sqrt{\dfrac{a^2}{b^2} - a^2}$

　　h'は正の値なので，$h' = \sqrt{\dfrac{a^2}{b^2} - a^2}$

(2)　$\dfrac{h'}{h} = \sqrt{\dfrac{a^2}{b^2} - a^2} \div \sqrt{1 - a^2}$

　　　　$= \dfrac{a\sqrt{1 - b^2}}{b} \div \sqrt{1 - a^2}$

　　　　$= \dfrac{a\sqrt{1 - b^2}}{b\sqrt{1 - a^2}}$

(3)　$\dfrac{h'}{h} = \dfrac{a\sqrt{1 - b^2}}{b\sqrt{1 - a^2}}$ に

　　$\sqrt{1 - a^2} = 1$，$\sqrt{1 - b^2} = 1$ を代入すると，

　　　　$\dfrac{h'}{h} = \dfrac{a}{b}$

　　これに，$\dfrac{b}{a} = n$を代入すると，

　　　　$\dfrac{h'}{h} = \dfrac{1}{n}$

(4) ⑥表より，$n=1.33$ なので，

$$\frac{h'}{h}=\frac{1}{n}=1\div1.33=0.751\cdots\text{より } 0.75\text{ 倍}$$

⑦これは，$\frac{h}{h'}$ に等しくなるので，

$$\frac{h}{h'}=\frac{n}{1}=1.33\div1=1.33\text{ より，} 1.33\text{ 倍}$$

---

154 (1) ②

(2) a…大きい　b…高い　(3) 3000回

解説 (1)　図1より，振動の中心と振動が最も高くなった位置の間が振幅となる。

(2)　Aに比べてBは振動数が同じで振幅が大きいので，大きい音である。また，Aに比べてCは振幅が同じで振動数が多いので，高い音である。

(3)　ハエの羽音の振動数を 200 Hz とすると，ハエが羽ばたく回数は1秒間に200回と考えられる。

したがって，200 回/s×15 s＝3000 回

---

155 (1) イ　　(2) エ　　(3) ウ　　(4) エ

解説 (1)　弦が短いほど軽くなるため，振動数は大きくなり，音は高くなる。

(2)　弦の太さが細くなるほど軽くなるため，振動数は大きくなり，音は高くなる。

(3)　調べたい条件以外の条件は，すべて同じものどうしを比較する。

(4)　弦の振動の幅を振幅という。振幅が大きいほど音が大きくなる。

---

156 (1) 17 m/s　　(2) 0.5 秒　　(3) 0.4 秒
　　　(4) 1.9 秒間　　(5) 2000 Hz　　(6) ア

解説 (1)　$\dfrac{61200\text{ m}}{3600\text{ s}}=17\text{ m/s}$

(2)　$\dfrac{170\text{ m}}{340\text{ m/s}}=0.5\text{ s}$

(3)　$170\text{ m}-17\text{ m/s}\times2\text{ s}=136\text{ m}$

$\dfrac{136\text{ m}}{340\text{ m/s}}=0.4\text{ s}$

(4)　$2+0.4-0.5=1.9\text{ s}$

(5)　3800 回÷1.9 s＝2000 Hz

(6)　止まったままだと 1900 Hz だった音が近づいてくるときBさんには 2000 Hz の音に聞こえる。このように，音源が近づいてくると振動数が大きくなり，音が高くなる。このような現象をドップラー効果という。

**入試
メモ**　音源が近づいてくる場合は，止まっているときより振動数が大きくなり，音が高くなる。音源が遠ざかっていく場合は，止まっているときより振動数が小さくなり，音が低くなる。このような現象をドップラー効果という。救急車が近づいているときはサイレンの音が止まっているときより高く聞こえ，通りすぎた瞬間にサイレンの音が低くなるのは，ドップラー効果によるものである。難関校の音の速さに関する問題には，ドップラー効果に関する問題が多く出るので，しっかり理解しておこう。

---

18 力と圧力

157 (1) A…10 N/m　　B…2.5 N/m

(2) 4.0 N

(3) 0.40 m

(4) 12.5 N/m

(5) 2.0 N/m

(6) C…40 N/m　　D…15 N/m

解説 (1)　A…10 N÷1.0 m＝10 N/m

B…1.0 N÷0.40 m＝2.5 N/m

(2)　図2より，同じだけばねが伸びるときにばねAとばねBにはたらく力の大きさの比は，

A：B＝4：1

よって，図3でばねAにはたらく力の大きさは，

$$5.0\text{ N}\times\frac{4}{4+1}=4.0\text{ N}$$

(3)　図2より，ばねAに 4.0 N の力がはたらいたとき，0.40 m 伸びている。

(4)　5.0 N で 0.40 m 伸びているので，ばね定数は，

5.0 N÷0.40 m＝12.5 N/m

(5)　ばねAとばねBの両方に 2.0 N の力がかかるので，ばねAは 0.20 m，ばねBは 0.80 m 伸びている。

よって，図4のばねAとばねBの伸びの合計は，

0.20＋0.80＝1.00 m

したがって，図4のばねA，Bを1本のばねとみなしたときのばね定数は，

2.0 N÷1.00 m＝2.0 N/m

(6)　右の図の三角形PQRと三角形STQは相似である。よって，ばねCにはたらいた力は4.0N，ばねDにはたらいた力は3.0Nである。また，

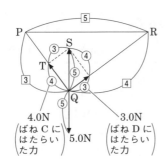

ばねCの伸びは，0.30 − 0.20 = 0.10 m，
ばねDの伸びは，0.40 − 0.20 = 0.20 m，
したがって，ばねCのばね定数は，
　4.0 N ÷ 0.10 m = 40 N/m
ばねDのばね定数は，
　3.0 N ÷ 0.20 m = 15 N/m

---

158 (1) **5 N**

(2) A…ばねが球を引く力

　　B…重力[地球が球を引く力]

(3) **ウ**

解説 (1)　8 cm ÷ 1.6 cm/N = 5 N

(2)　重力の作用点は物体の中心，向きは鉛直下向き。

(3)　球と木片の質量は等しいので，はじめに台ばかりが示していた値は，500 × 2 = 1000 g
ばねに1N(本問では100 gの物体にはたらく重力)の力がかかるにつれて1.6 cm伸びるので，図2では，ばねが1.6 cm伸びるにつれて台ばかりの目盛りは100 gずつ小さくなっていく(ばねが8.0 cm伸びたとき，台ばかりの目盛りは500 g小さくなる)。

---

159 (1) 重力，垂直抗力

(2) **16.7 g/cm³**　　(3) **50000 Pa**

(4) 面…**B面**　質量…**50 kg**

(5) **10000 Pa**

解説 (1)　地球上のすべての物体に重力がはたらいている。また，机が直方体を真上に押す垂直抗力がはたらいているが，これは，直方体が机を押す力の反作用である。

(2)　$\dfrac{100000\ g}{(10 \times 20 \times 30)\ cm^3} = 16.66\cdots \fallingdotseq 16.7\ g/cm^3$

(3)　100 kg = 1000 N

　$\dfrac{1000\ N}{(0.1 \times 0.2)\ m^2} = 50000\ Pa$

(4)　A面よりB面のほうが面積が大きいので，B面が机と接するときのほうが圧力が小さい。よって，B面が机と接するときにおもりをのせる。A面が机と接するときの圧力は50000 Paなので，B面が机と接するときにのせるおもりにはたらく重力の大きさをx[N]とすると，

　$\dfrac{1000\ N + x[N]}{(0.1 \times 0.3)\ m^2} = 50000\ Pa$　　$x = 500\ N$

したがって，おもりの質量は，50 kgである。

(別解)　B面の面積はA面の面積の1.5倍なので，B面に加わる力も1.5倍となればよい。よって，直方体とおもりの質量の和が直方体の質量の1.5倍となればよいので，おもりの質量は，

　$100 \times 1.5 - 100 = 50\ kg$

　$(100 \times 0.5 = 50\ kg$　でもよい。)

(5)　$\dfrac{(1000 - 400)\ N}{(0.2 \times 0.3)\ m^2} = 10000\ Pa$

---

160 (1) 重力　　(2) ③，④，⑤

(3) イ，オ　　(4) ア，カ　　(5) **9 N**

(6) ①，④

解説 (1)　力①は，直方体Bにはたらいている重力である。

(2)　③は，直方体Bが直方体Aを押す力。④は，直方体Aにはたらいている重力。⑤は，床が直方体Aを押す力(垂直抗力)。

(3)　互いにおよぼし合っている2力(作用・反作用の関係の2力)は，作用点の位置が同じで，向きが反対で，同一直線上ではたらき，大きさが等しい。

(4)　一直線上でつり合っている力は，向きが反対で，同一直線上ではたらき，各向きの力の合計が等しい。また，同じ物体にはたらく。

(5)　力③ = 力①(直方体Bにはたらく重力) = 5 N
力④(直方体Aにはたらく重力) = 4 N
(4)より，力⑤ = 力③ + 力④　なので，
力⑤ = 5 N + 4 N = 9 N

(6)　力①の直方体Bにはたらく重力の大きさは5 Nのまま変わらない。力③の直方体Bが直方体Aを押す力は直方体Cにはたらく重力の大きさの分だけ大きくなるので，その反作用である力②も直方体Cにはたらく重力の大きさの分だけ大きくなる。力④の直方体Aにはたらく重力の大きさは4 Nのまま変わらない。力⑥の直方体Aが床を押す力は直方体Cにはたらく重力の大きさの分だけ大きく

なるので，その反作用である力⑤も直方体Cにはたらく重力の大きさの分だけ大きくなる。

---

161 (1) A…**5 cm**　C…**80 cm**　D…**80 cm**

　　(2) 側面…**エ**　底面…**オ**

解説 (1)　水の密度を$1\,\text{g/cm}^3$とする。図より，Bは上面が水面に接したまま静止しているので，Bにはたらく重力の大きさとBにはたらく浮力の大きさは等しい。Bにはたらく浮力の大きさはBが押しのけた体積分の水にはたらく重力の大きさに等しいので，

　　$1\,\text{g/cm}^3 \times 10^3\,\text{cm}^3 = 1000\,\text{g}$

よって，Bの質量は1000 gであり，A，Cの質量は，

　　A…$1000 \times \dfrac{1}{2} = 500\,\text{g}$

　　C…$1000 \times \dfrac{4}{2} = 2000\,\text{g}$

Aにはたらく浮力の大きさが5Nとなるとき，Aは水に浮くので，Aの水に沈んでいる深さは，

　　$500\,\text{g} \div (1\,\text{g/cm}^3 \times 10^2\,\text{cm}^2) = 5\,\text{cm}$

Cの密度は，

　　$2000\,\text{g} \div 1000\,\text{cm}^3 = 2\,\text{g/cm}^3$

であり水の密度より大きいので，Cは底面まで沈む。DはCよりも質量が大きいので，Dも底面まで沈む。

(2)　水圧は水面から深いほど大きくなるので，ゴム膜にはたらく水圧は側面よりも底面のほうが大きくなり，へこみ方も大きくなる。

---

162 (1) **3 N**　(2) **ウ**　(3) **0.3 N**

　　(4) **ア**　(5) **30 cm³**　(6) **3.9 N**

解説 (1)　$20 + 280 = 300\,\text{g}$より 3 N

(2)　同じ物体にはたらく重力の大きさは，水に沈めても変わらない。

(3)　$3 - 2.7 = 0.3\,\text{N}$

(4)　水圧は水中にある物体のすべての面に対して垂直にはたらき，水の深さが深くなるほど大きくなる。

(5)　(3)より，物体が押しのけた体積分の水にはたらく重力の大きさは0.3 N。その水の質量は30 gだから，$30\,\text{g} \div 1\,\text{g/cm}^3 = 30\,\text{cm}^3$

(6)　$20 + 380 = 400\,\text{g}$

　　$1\,\text{g/cm}^3 \times (30\,\text{cm}^3 \div 2) = 15\,\text{g}$

　　$4 - 0.15 = 3.85\,\text{N} ≒ 3.9\,\text{N}$

---

163 (1) ①**1.5** ②**12.0** ③**48.0**

　　(2) **4.5 N**　(3) **0.5 N**

解説 (1)　①図2で，ばねPが球Bを引く力は，

　　$0.15\,\text{N} \times 30.0\,\text{cm} = 4.5\,\text{N}$

ばねQが球Bを引く力は，

　　$0.10\,\text{N} \times 30.0\,\text{cm} = 3.0\,\text{N}$

したがって，球Bにはたらく重力の大きさは，

　　$4.5 - 3.0 = 1.5\,\text{N}$

②③図3で，ばねPの伸びをx〔cm〕，ばねQの伸びをy〔cm〕とすると，次のような式が成立する。

　　$2.5 + (5.0 + x) + 5.0 + (5.0 + y) + 2.5 = 80$

この式を整理すると，$x + y = 60$ ……①

また，球A，棒，球Cは固定されているので，図2の装置にはたらく重力の大きさは，

　　$1.5 \times 2 = 3.0\,\text{N}$

ばねPは0.15 Nで1.0 cm伸びるので，ばねPが球Aを下向きに引く力は$0.15x$〔N〕，ばねQは0.10 Nで1.0 cm伸びるので，ばねQが球Cを上向きに引く力は$0.10y$〔N〕である。下向きの力と上向きの力がつり合うので，次の式が成立する。

　　$3.0 + 0.15x = 0.10y$

この式を整理すると，$3x - 2y = -60$ ……②

①式と②式を連立させて，この連立方程式を解くと，

　　$x = 12.0\,\text{cm}$　$y = 48.0\,\text{cm}$

(2)　図4でのばねP，Qの伸びは30.0 cmである。図3で，ばねPの伸びは12.0 cmだったので，ばねPの伸びを12.0 cmから30.0 cmにする力は，

　　$0.15\,\text{N} \times (30.0 - 12.0)\,\text{cm} = 2.7\,\text{N}$

図3で，ばねQの伸びは48.0 cmだったので，ばねQの伸びを48.0 cmから30.0 cmにする力は，

　　$0.10\,\text{N} \times (48.0 - 30.0)\,\text{cm} = 1.8\,\text{N}$

したがって，台ばかりが示す値は，

　　$2.7 + 1.8 = 4.5\,\text{N}$

(3)　図3で，ばねPの伸びは12.0 cmだったので，ばねPの伸びを12.0 cmから14.0 cmにする力は，

　　$0.15\,\text{N} \times (14.0 - 12.0)\,\text{cm} = 0.3\,\text{N}$

図3で，ばねQの伸びは48.0 cmだったので，ばねQの伸びを48.0 cmから46.0 cmにする力は，

　　$0.10\,\text{N} \times (48.0 - 46.0)\,\text{cm} = 0.2\,\text{N}$

したがって，装置が水から受ける浮力の大きさは，

　　$0.3 + 0.2 = 0.5\,\text{N}$

164 (1) 上向き　(2) **10 N**　(3) ウ, オ

解説 (1) 右図のような力が合成されるので, 合力(上向きの力)の大きさは,

$$20 \times \frac{8}{5} = 32\,\text{N}$$

物体Aにはたらく重力は16 Nなので, 上向きの力のほうが大きい。

(2) 右図のように, 物体Aが糸を引く力とつり合う力が分解されるので, 1つの分力の大きさは,

$$16 \times \frac{5}{8} = 10\,\text{N}$$

(3) 容器を下げるにつれて, 物体Bと物体Cが下がり, 物体Aが上昇する。物体Bと物体Cが水からすべて出たときは右図のような状態でつり合っている。このときは, 図1のときより物体Aが上昇しているので, 図中のx〔cm〕は40 cmより小さい。

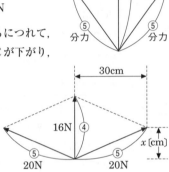

165 ロケットから気体を噴射する力の反作用によって速さを増すことができる。

解説 燃料を燃やしたときに発生する気体がロケットから押し出される(作用)と, 押し出された気体がロケットを押し返す(反作用)。ペットボトルロケットも同じようなしくみで, ペットボトルロケットが水を押し出す(作用)と, 押し出された水がペットボトルロケットを押し返す(反作用)。

19 電流の流れ

166 c, d

解説 aとbは反発し合っているので, aとbは同じ種類の電気を帯びている。また, cとdも反発し合っているので, cとdも同じ種類の電気を帯

びている。さらに, aとcは引き合っているので, aとcは異なる種類の電気を帯びている。

bの球を摩擦した布は, bと異なる種類の電気を帯びているので, この布と同じ種類の電気を帯びているのは, cとdである。

167 手にある－の電気をもった粒子がネオン管を通してパイプに移動した。

解説 －の電気をもった粒子は電子である。パイプは＋の電気を帯びているので, －の電気をもった電子がパイプへ移動する。

168 (1) ①ア　②ウ　③カ
　　　(2) ④イ　⑤ウ　⑥オ

解説 (1) 誘導コイルで高電圧をつくり出すと, 空間で放電が起きて電流が流れる。このとき, 気圧が低いほど電流が流れやすくなり, このような放電を真空放電という。電子は－極(電極P)から＋極(電極Q)へ移動するが, 電流は＋極から－極へ流れると定めてしまっているので, 電極Qから電極Pへ電流が流れるということになる。

(2) Y端子につながった十字形の電極の影ができていることから, X端子からY端子に向かって電子が飛んでいることがわかる。よって, X端子は－極, Y端子は＋極につながっているといえる。電子は負の電気(－の電気)をもっている。

169 ウ

解説 陰極線は電子線とも呼ばれるように, 電子の流れである。電子は－の電気をもっているので, 図1のような装置で上下の電極板に電圧を加えると, 陰極線は電極板の＋のほうに引かれて曲がる。図2のように, U字形磁石を近づけても陰極線は曲がる。

170 (1) A…放射線　B…遺伝子
　　　(2) シーベルト

解説 (1) 放射性物質には, 放射線を出す能力である放射能がある。細胞に放射線が当たると, 細胞内の遺伝子が傷つき, 異常な細胞(がん細胞)がつくられることがある。

(2) 放射線を受けることを被曝といい, 被爆量が多いと健康被害を生じることもある。放射線が人体

にどれくらい影響があるかを表す単位をシーベルト（記号Sv）という。

---

171 (1) オ　　(2) イ

解説 (1)　R_1を流れる電流（I_1）はR_2とR_3に分かれるのでR_2とR_3を流れる電流（I_2, I_3）より大きい。R_2とR_3の抵抗は同じなのでI_2とI_3は等しい。

(2)　1つの抵抗の大きさをR〔Ω〕，電源の電圧をV〔V〕とすると，R_2とR_3の並列部分全体の抵抗は$\dfrac{R}{2}$〔Ω〕となる。スイッチX，Yを閉じたときの回路全体の抵抗は，

$$R + \dfrac{R}{2} = \dfrac{3}{2}R \text{〔Ω〕}$$

抵抗R_1, R_2を流れる電流I_1, I_2はそれぞれ，

$$I_1 = V \div \dfrac{3}{2}R = \dfrac{2V}{3R} = \dfrac{V}{1.5R} \text{〔A〕}$$

$$I_2 = \dfrac{2V}{3R} \times \dfrac{1}{2} = \dfrac{V}{3R} \text{〔A〕}$$

スイッチYを開くと，回路全体の抵抗は$2R$〔Ω〕となるので，I_1, I_2は，

$$I_1 = I_2 = \dfrac{V}{2R} \text{〔A〕}$$

よって，I_1は小さくなり，I_2は大きくなる。

---

172 (1) **4.00 Ω**

(2) ①**1.50 V**　②**0.15 A**

(3) $\dfrac{2}{3}$**倍**

(4) ①**2.40 V**　②**1.00 A**

(5) $\dfrac{3}{2}$**倍**

解説 (1)　電気抵抗 $=\dfrac{\text{電圧}}{\text{電流}} = \dfrac{1.20\,\text{V}}{0.30\,\text{A}} = 4.00\,Ω$

(2)　グラフより，抵抗Aに0.60Vの電圧が加わったときに流れる電流は0.15Aである。また，抵抗Bに0.15Aの電流が流れているとき，抵抗Bに加わる電圧は0.90Vである。よって，図1の電源の電圧は，

$$0.60 + 0.90 = 1.50\,\text{V}$$

(3)　直列回路なので電流は等しいため，消費電力は電圧に比例する。よって，

$$\dfrac{\text{抵抗Aに加わる電圧}}{\text{抵抗Bに加わる電圧}} = \dfrac{0.60\,\text{V}}{0.90\,\text{V}} = \dfrac{2}{3}\text{倍}$$

(4)　①並列回路では，どの部分にも電源の電圧と等しい大きさの電圧が加わる。

②グラフより，抵抗Aに2.40Vの電圧を加えたと

きに流れる電流をx〔A〕とすると，

$$1.20\,\text{V} : 2.40\,\text{V} = 0.30\,\text{A} : x\text{〔A〕}$$

$$x = 0.60\,\text{A}$$

グラフより，抵抗Bに2.40Vの電圧を加えたときに流れる電流をy〔A〕とすると，

$$1.20\,\text{V} : 2.40\,\text{V} = 0.20\,\text{A} : y\text{〔A〕}$$

$$y = 0.40\,\text{A}$$

よって，電流計の測定値は，

$$0.60 + 0.40 = 1.00\,\text{A}$$

(5)　並列回路なので電圧は等しいため，消費電力は電流に比例する。よって，

$$\dfrac{\text{抵抗Aに流れる電流}}{\text{抵抗Bに流れる電流}} = \dfrac{0.60\,\text{A}}{0.40\,\text{A}} = \dfrac{3}{2}\text{倍}$$

---

173 (1) 電流の向き…ア　電流計…ウ

　　　電圧計…エ

(2) ①エ　②ウ　③ウ　④ア　⑤キ

(3) **8 Ω**　　(4) **5 種類**

(5) **F**　　(6) **1.5 Ω**

解説 (1)　電流は，電源の＋極から出て，－極へ戻ってくるような向きに流れる。また，電流計は電流を測定したい部分に対して直列につなぎ，電圧計は電圧を測定したい部分に対して並列につなぐ。

(2)　電流計に抵抗の値が大きな抵抗線を直列につなぐことにより，これら全体の抵抗は非常に大きくなる。電流計の示す値をオームの法則に入れることで電圧の大きさとして読みかえることができる。

(3)　抵抗 $=\dfrac{\text{電圧}}{\text{電流}} = \dfrac{1.2\,\text{V}}{0.15\,\text{A}} = 8\,Ω$

(4)　抵抗は長さに比例するので，原点と各点を直線で結んだとき，同じ線上の点は同じ断面積である。下図のように5本の直線が引けるので，断面積で5種類に分けられる。

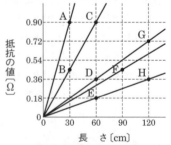

(5)　長さと断面積が同じ抵抗線を2本並列接続したものと，長さが同じで断面積が2倍の抵抗線1本は，抵抗の値が等しいということから，抵抗は断面積に反比例するといえる。Aと同じ長さ（30 cm）で断面積が$3\,mm^2$のニクロム線の抵抗は，

$$0.90\,Ω \times \dfrac{0.5\,mm^2}{3.0\,mm^2} = 0.15\,Ω$$

長さが60 cmで断面が3 mm²のニクロム線の抵抗
は，

$$0.15\,\Omega \times \frac{60\,\text{cm}}{30\,\text{cm}} = 0.30\,\Omega$$

長さが90 cmで断面が3 mm²のニクロム線の抵抗
は，

$$0.15\,\Omega \times \frac{90\,\text{cm}}{30\,\text{cm}} = 0.45\,\Omega \to F$$

長さが120 cmで断面が3 mm²のニクロム線の抵抗
は，

$$0.15\,\Omega \times \frac{120\,\text{cm}}{30\,\text{cm}} = 0.60\,\Omega$$

(6)　ニクロム線Fの値を基準にして考えると，

$$0.45\,\Omega \times \frac{100\,\text{cm}}{90\,\text{cm}} \times \frac{3\,\text{mm}^2}{1\,\text{mm}^2} = 1.5\,\Omega$$

---

174 (1) **4**　　(2) $\dfrac{V}{30}$　　(3) $\dfrac{15}{2}$

　　　(4) **7.5**　　(5) **1**　　(6) $I - 0.3$

　　　(7) **40**　　(8) **32**　　(9) **4**　　(10) **0.7**

解説 (1)　断面積は半径の**2**乗に比例するので，断
面積の比は，$R_1 : R_2 = 1 : 2$

抵抗は長さに比例し，断面積に反比例するので，

$$R_1[\Omega] : R_2[\Omega] = 2 \times 1 : 1 \times \frac{1}{2} = 4 : 1$$

したがって，

$$R_1[\Omega] = 4 \times R_2[\Omega] \quad \cdots\cdots ①$$

(2)　AB間の電圧が0 Vなので，30 Ωの抵抗線にも
電球と同じようにV[V]の電圧が加わる。よって，
30 Ωの抵抗線を流れる電流は，

$$電流 = \frac{電圧}{抵抗} = \frac{V[\text{V}]}{30\,\Omega}$$

(3)　AB間の電圧が0 Vなので，R_1とR_2に同じ大
きさの電圧が加わる。よって，

$$\frac{V}{30}[\text{A}] \times R_1[\Omega] = I[\text{A}] \times R_2[\Omega] \quad \cdots\cdots ②$$

②式に，①を代入すると，

$$\frac{V}{30}[\text{A}] \times 4 \times R_2[\Omega] = I[\text{A}] \times R_2[\Omega]$$

$$\frac{2}{15}VR_2 = IR_2 \qquad V = \frac{15}{2} \times I \quad \cdots\cdots ③$$

(4)(5)　③より，$I = \dfrac{2}{15}V$

この直線を図1上にかくと，次の図のようになる。
交点の座標は $(V, I) = (7.5, 1.0)$
したがって，$V = 7.5\,\text{V}$，$I = 1.0\,\text{A}$

(6)　電球1に流れた電流（$I[\text{A}]$）の一部がR_5を流れ
る（0.3 A）ので，R_4に流れた電流は，$I - 0.3\,\text{A}$
よって，R_4にかかる電圧は，

$40 \times (I - 0.3)[\text{V}]$となる。

(7)(8)　$V + 40 \times (I - 0.3) = 20$
$$V + 40 \times I = 32 \quad \cdots\cdots ④$$

(9)(10)　④より，$I = -\dfrac{1}{40}V + \dfrac{4}{5}$

この直線を図1上にかくと，下図のようになる。
交点の座標は $(V, I) = (4.0, 0.7)$
したがって，$V = 4.0\,\text{V}$，$I = 0.7\,\text{A}$

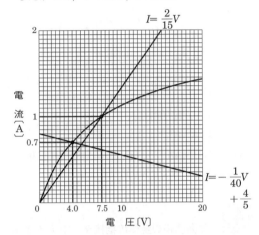

---

175 (1) ① $R_1 + R_2$　② $\dfrac{V}{R_1}$　③ $\dfrac{V}{R_2}$

　　　④ $\dfrac{V}{R_1} + \dfrac{V}{R_2}$　⑤ $\dfrac{R_1 R_2}{R_1 + R_2}$

　　　(2) $x + 1$　　(3) $x + \dfrac{2(x+1)}{x+3}$

　　　(4) **1 Ω**　　(5) ① **1 A**　② **8 V**

解説 (1)　⑤ $\dfrac{V}{R_1} + \dfrac{V}{R_2} = \dfrac{V(R_1 + R_2)}{R_1 R_2}$

$$V \div \frac{V(R_1 + R_2)}{R_1 R_2} = V \times \frac{R_1 R_2}{V(R_1 + R_2)}$$

$$= \frac{R_1 R_2}{R_1 + R_2}$$

(2)　$x + \dfrac{2 \times 2}{2 + 2} = x + 1$

(3)　$x + 1[\Omega]$の抵抗と2 Ωの抵抗が並列になってい
る部分全体の抵抗は，

$$\frac{(x+1) \times 2}{(x+1) + 2} = \frac{2(x+1)}{x+3}[\Omega]$$

これと，$x[\Omega]$の抵抗が直列になっているので，

$$回路全体の抵抗 = x + \frac{2(x+1)}{x+3}[\Omega]$$

(4)　$x + 1 = x + \dfrac{2(x+1)}{x+3}$ を解くと，

$$x = 1\,\Omega$$

(5)　①(4)より，$x = 1\,\Omega$のとき，ユニットをいくつ
つけ加えても回路全体の抵抗は2 Ωのまま変化し

ないことがわかるので，図4の回路全体の抵抗も2Ωである。よって，回路全体を流れる電流の大きさは，$\dfrac{64\,\text{V}}{2\,\Omega}=32\,\text{A}$

あるユニットの右側部分全体の抵抗は2Ωで，ユニット内の2Ωの抵抗と等しいので，x〔Ω〕の抵抗を流れる電流は1：1の割合で分かれる。したがって，下図のように電流が流れる。

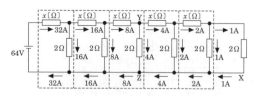

② 上図のYZ間の電圧は，

$2\,\Omega \times 4\,\text{A}=8\,\text{V}$

XZ間には抵抗がないので，XZ間の電圧は0Vである。したがって，XY間の電圧は，

$8-0=8\,\text{V}$

入試メモ 並列回路の全体の抵抗Rを求めるとき，ふつう，

$$\dfrac{1}{R}=\dfrac{1}{R_1}+\dfrac{1}{R_2}+\cdots\cdots+\dfrac{1}{R_n}$$

という式をつくって，Rを求めるが，抵抗の数が2個のとき，次のような式を使ってもよい。

$$R=\dfrac{R_1 R_2}{R_1+R_2}$$

20 電流のはたらき

176 (1) 電球**B**のほうが電球**A**よりも明るく，電球**B**のほうが電球**A**よりも大きな電流が流れる。

(2) 図2の**B**→図2の**A**→図1の**A**→図1の**B**

(3) **140 W**　(4) **1920 J**

(5) **42000 J**　(6) **28.6 W**

解説 (1) 電球Aに100Vの電圧を加えると0.4Aの電流が流れて40Wの電力が消費される。電球Bに100Vの電圧を加えると1.0Aの電流が流れて100Wの電力が消費される。同じしくみの電球

では，消費電力が大きい電球のほうが明るく点灯する。

(2) 図2では，電球Aと電球Bのどちらにも100Vの電圧が加わるので，(1)より，電球**B**のほうが電球**A**より明るく点灯する。図1では，電源の電圧が電球Aと電球Bに分かれて加わるので，図1の電球Aに加わる電圧は100Vより小さくなる。よって，図1の電球Aは図2の電球Aより暗く点灯する。また図1では，電流が一定なので，消費電力は電圧に比例する。直列回路では，電源の電圧が電球の抵抗の値に比例して配分されるので抵抗が小さいほど加わる電圧が小さく，消費電力も小さくなる。電球Aと電球Bでは100Vを加えたときに消費電力の大きい電球Bのほうが抵抗が小さいので，図1では，電球Aより電球Bに加わる電圧が小さく，消費電力も小さくなり，電球**B**のほうが電球**A**より暗く点灯する。

(3) $40+100=140\,\text{W}$

(4) $40\,\text{W} \times 0.80 \times 60\,\text{s}=1920\,\text{J}$

(5) $(40+100)\,\text{W} \times 300\,\text{s}=42000\,\text{J}$

(6) 電球Aの抵抗$=\dfrac{100\,\text{V}}{0.4\,\text{A}}=250\,\Omega$

電球Bの抵抗$=\dfrac{100\,\text{V}}{1.0\,\text{A}}=100\,\Omega$

図1の回路全体の抵抗は，

$250+100=350\,\Omega$

図1の回路全体に流れる電流は，

$\dfrac{100\,\text{V}}{350\,\Omega}=\dfrac{2}{7}\,\text{A}$

したがって，消費される電力は，

$100\,\text{V} \times \dfrac{2}{7}\,\text{A}=28.57\cdots \fallingdotseq 28.6\,\text{W}$

入試メモ 電流によって発生する熱量と電力量は，単位も求め方も同じである。

熱　量〔J〕＝電力〔W〕×時間〔s〕

電力量〔J〕＝電力〔W〕×時間〔s〕

また，仕事の単位もジュール〔J〕である。

仕　事〔J〕＝力〔N〕×移動距離〔m〕

※熱量，電力量，仕事は，どれも単位がジュール〔J〕であることを覚えておこう。

177 (1) **1 kW**　(2) **8円**

(3) 実験Ⅱ…**24分**　実験Ⅲ…**80分**

(4) 実験Ⅱ…**16円**　実験Ⅲ…**16円**

解説▶(1)　図1より，この電熱器に100Vの電圧が加わると10Aの電流が流れる。したがって，消費される電力は，

　　100 V×10 A=1000 W=1 kW

(2)　20円×$\frac{1}{1}$kW×$\frac{24}{60}$h=8円

(3)　実験Ⅱ…実験Ⅰと同じように各電熱線に100Vの電圧が加わるので，実験Ⅰと同じ24分である。実験Ⅲ…実験Ⅰと比べて1つの電熱線に加わる電圧は100Vの半分の50Vとなる。図1より，流れる電流は6Aとなるので，消費電力は，

　　50 V×6 A=300 W

発熱量は消費電力に比例し，同量の水が同じ温度だけ上昇するのにかかる時間は発熱量に反比例するので，実験Ⅲで水が沸騰するまでにかかる時間は，

　　24分×$\frac{1000 \text{ W}}{300 \text{ W}}$=80分

(4)　実験Ⅱ…実験Ⅰのときの2つ分なので，

　　8円×2=16円

実験Ⅲ…2本とも300Wの電力を80分消費したので，

　　20円×$\frac{0.3 \text{ kW}}{1 \text{ kW}}$×$\frac{80\text{分}}{60\text{分}}$×2=16円

178　(1)　エ　　(2)　時計回り　　(3)　**162 W**

解説▶(1)　棒磁石が近づいているときは，コイルの上側が棒磁石の下側の極と同じ極になるようにコイルに誘導電流が流れ，棒磁石が遠ざかっているときは，コイルの上側が棒磁石の下側の極と異なる極となるようにコイルに誘導電流が流れる。

(2)　導線のまわりに，電流が流れていく向きに向かって右回りの磁界ができる。また，磁石の磁界はN極からS極へ向かう。よって，右図のように，コイル

の右側は，上のほうが磁力を強め合い，下のほうが弱め合うので，下向きの力がはたらく。コイルの左側は，下のほうが磁力を強め合い，上のほうが弱め合うので，上向きの力がはたらく。したがって，整流子側から見てコイルは時計回りに回転する。

(別解)　フレミングの左手の法則を使うと，コイル

の右側には下向きの力がはたらき，コイルの左側には上向きの力がはたらくことがわかる。

(3)　並列につないでいるので，3つの電球すべてに100Vの電圧が加わる。したがって，

　　18+54+90=162 W

179　A　(1)　**12 Ω**　　(2)　**1 A**

　　(3)　①下図左　②**5.5 A**

　　(4)　①電流を流す時間

　　　　②①で答えた量の設定値…**例 10分**

　　　　　グラフ…**例 下図右**

　　　　③比例

　　(5)　**3600 J**

　　B　**13 kWh**

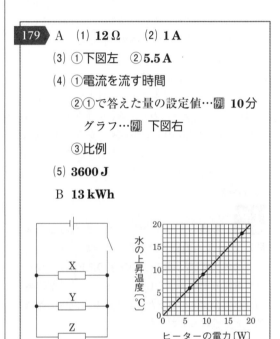

解説▶A(1)　$\frac{6 \text{ V}}{0.5 \text{ A}}$=12 Ω

(2)　6 W÷6 V=1 A

(3)　①すべての電熱線に6Vの電圧を加えればよいので，すべての電熱線を並列につなぐ。

　　②(2)より，電熱線Xには1Aの電流が流れる。電熱線Yに流れる電流の大きさは，

　　　9 W÷6 V=1.5 A

　　電熱線Zに流れる電流の大きさは，

　　　18 W÷6 V=3 A

　　この電流が合流する導線(電源の付近など)に一番大きな電流が流れるので，その大きさは，

　　　1+1.5+3=5.5 A

(4)　①②電流を流す時間が10分のとき，すべての電熱線での水の上昇温度がグラフの交点となっているので，データを読み取りやすい。

　　③②でかいたグラフが原点を通る直線となっている。

(5)　6 W×(60×10)s=3600 J

B　60×2-5.6×2=108.8 W

　　108.8 W×4 h×30 日÷1000=13.056

　　　　　　　　　　　　　　≒13 kWh

180 (1) **N極**　(2) 下図

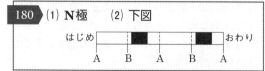

はじめ □ □ ■ □ □ ■ □ おわり
　　　　A　B　A　B　A

解説 (1)　図1で，点灯時の電流の向きから，発光
ダイオードが点灯しているとき，コイルの上端は
N極となる。これは磁石がコイルに近づいてくる
のをさまたげようとする磁界の向きなので，磁石
の下側はN極である。

(2)　(1)より，コイルの上端がN極となるような磁石
の動きのとき，発光ダイオードは点灯する。磁石
の向きが逆になったので，磁石の下側がS極であ
り，S極がコイルの上端から遠ざかるように動く
とき，コイルの上端がN極となる。図2より，発
光ダイオードが点灯したところは，Bに対して対
称の位置となる。

入試
メモ　　導線のまわりの磁界の向き（右ねじの法
則），コイル内の磁界の向き，導線が磁界から受
ける力の向き（フレミングの左手の法則）は，しっ
かり利用できるようにしておこう。また，誘導電
流が磁界の変化をさまたげようとする向きに流れ
ることを理解しておこう。

181 ①× ②○ ③○ ④×

解説 N極が近づくときは，コイル内の左向きの磁
界が強くなるのをさまたげる向きに誘導電流が流
れ，発光ダイオードが点灯していたが，発光ダイ
オードの＋と－を入れ替えて接続したので，コイ
ル内の右向きの磁界が強くなるのをさまたげる向
きか，左向きの磁界が弱くなるのをさまたげる向
きに誘導電流が流れると，発光ダイオードが点灯
する。
① 左向きの磁界が強くなるのをさまたげる向き
に誘導電流が流れるので点灯しない。
② 左向きの磁界が弱くなるのをさまたげる向き
に誘導電流が流れるので点灯する。
③ 右向きの磁界が強くなるのをさまたげる向き
に誘導電流が流れるので点灯する。
④ 右向きの磁界が弱くなるのをさまたげる向き
に誘導電流が流れるので点灯しない。

182 (1) ①検流計　②＋側　③電磁誘導
　　　　④ウ
　　(2) ①磁極…**N極**
　　　　　針がふれた向き…＋側
　　　　②ウ　③(i)ア　(ii)カ　(iii)オ

解説 (1)　②③S極を上から近づけることによっ
て，コイル内の上向きの磁界が強くなるのをさま
たげる向き，つまりコイル内に下向きの磁界がで
きるような向きに（検流計の＋端子に流れ込む向
き）電流が流れる。このような現象を電磁誘導と
いい，このとき流れる電流を誘導電流という。
④コイル内の磁界の変化をさまたげる向きに電流
が流れるので，はじめはコイル内に下向きの磁界
が発生するような向き（U字形磁石の間の導線の
手前側から向こう側への向き）に誘導電流が流れ，
導線はXの向きに力を受ける（フレミングの左手
の法則）。棒磁石の中心がコイルの中心を通過す
ると，コイル内に上向きの磁界が発生するような
向き（U字形磁石の間の導線の向こう側から手前
側への向き）に誘導電流が流れ，導線はYの向き
に力を受ける（フレミングの左手の法則）。

(2)　①スイッチを入れると，コイルAの中に下向き
の磁界が生じる。よって，コイルBの中に上向き
の磁界が生じるように誘導電流が流れるので，コ
イルBの北側はN極となり，装置G（検流計）の＋
端子へ電流が流れ込む向きに誘導電流が流れる。
②コイルBの中の磁界の状態が変化しないので，
誘導電流は流れない。
③スイッチを切ると，下向きの磁界が減少するの
でコイルBの中に下向きの磁界を生じさせるため，
コイルBの南側は**N極**となり，装置Gの－端子
へ流れ込む向きに誘導電流が流れる。再びスイッ
チを入れると，①と同じ状態になり，装置Gの
＋端子へ流れ込む向きに誘導電流が流れる。

183 (1) **b**　(2) **b**　(3) 速くなる。

解説 (1)　電流は，電源側から見て金属のパイプの
中を左から右に向かって流れる。磁石による磁界
の向きは下向きである。このことから，フレミング
の左手の法則を使って電流が受ける力の向きを求
める。

(2)　電流の向きを変えると，力の受ける向きは逆向
きになる。また，磁石による磁界の向きを変えて

も，力の受ける向きは逆向きになる。電流の向き
と磁石による磁界の向きを同時に変えると，逆の
逆になるので，はじめと同じ向きに力を受ける。

(3) 電流が大きくなると，金属のパイプが受ける力
も大きくなるので，動く速さが速くなる。

21 運動とエネルギー

184 ▶ a …ア　b …エ

解説 a …止まっているA君にバスの床から前向き
の力がはたらくが，止まっているA君は慣性によ
り静止し続けようとするため，後ろ向きに倒れそ
うになる。

b …動いているA君にバスの床から後ろ向きの力
がはたらくが，動いているA君は慣性によりその
速さで等速直線運動を続けようとするので，前向
きに倒れそうになる。

185 ▶ (1) **4 A**　　(2) ①**48 N**　②**6 秒**

(3) ①**6.4 N**　②**64 N**　③**0 J**

解説 (1) 1秒あたり40 Jの仕事をするということ
は，消費電力が40 Wであるということである。
したがって，この装置に流れる電流の大きさは，
　40 W ÷ 10 V = 4 A

(2) 右図のように，
直角三角形PQR
で，三平方の定理
より，
　PQ² = 3² + 4²
　PQ = 5 m
となる。

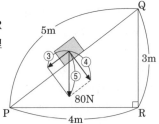

仕事の原理より，80 Nの物体をP点からQ点ま
で引き上げたときの仕事は，
　80 N × 3 m = 240 J
よって，ロープにかかる力の大きさは，
　240 J ÷ 5 m = 48 N
40 Wの仕事をするので，仕事にかかった時間は，
　240 J ÷ 40 W = 6 s

(別解) PQ = 5 mを求めたあと，次のように考える。
物体にはたらく重力も，図のように斜面に平行な

分力と斜面に垂直な分力に分解される。ロープに
かかる力は斜面に平行な分力とつり合うので，こ
れを x 〔N〕とすると，
　80 : x = 5 : 3　　x = 48 N
80 Nの物体をP点からQ点まで引き上げたとき
の仕事は，
　48 N × 5 m = 240 J
40 Wの仕事をするので，仕事にかかった時間は，
　240 J ÷ 40 J = 6 s

(3) ①物体にした仕事は，
　40 W × 6.8 s = 272 J
したがって，摩擦力の大きさは，
　(272 − 240) J ÷ 5 m = 6.4 N

②垂直抗力の大きさは摩擦力に関係ないので，垂
直抗力の大きさを y 〔N〕とすると，
　80 : y = 5 : 4　　y = 64 N

③垂直抗力の向きに物体が移動していないので，
垂直抗力は仕事をしていない。

入試メモ　下の図のように，斜面上に物体を置いた
とき，物体にはたらく重力 a：斜面方向の分力
b：斜面と垂直方向の分力 c = A : B : C，となる
ことを理解しておこう。

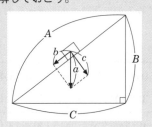

186 ▶ (1) **3 kg**　　(2) **力のつり合い**

(3) **0.3 秒後**

(4) **105 cm/s**　　(5) **11.76 J**

(6) 台車…**キ**　おもり…**ア**

解説 (1) 台車には
たらく重力の斜面
方向の分力とつり
合うので，この力
と等しい大きさの
重力がはたらくお
もりの質量を x
〔kg〕とすると，
　5 : x = 5 : 3　　x = 3 kg

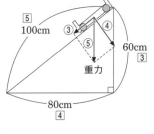

(2) ひもが台車を引く力と台車にはたらく重力の斜面方向の分力がつり合っている。

(3) 1枚目は0.7 cm，2枚目は2.1 cm，3枚目は3.5 cmで，ここまでの合計でちょうど6.3 cmである。したがって，台車が動き出してから0.3秒後に6.3 cm走り下りる。

(4) 0.7 + 2.1 + 3.5 + 4.9 + 6.3 + 7.7 + 9.1
    = 34.3 cm
よって，8枚目の5.7 cmの地点が40 cm走り下りた点である。この点の前の3打点目は8枚目のはじめの点(テープの一番下の端)で，この点のあとの3打点目は8枚目の最後の点(テープの一番上の端)となるので，8枚目のテープを記録したときの平均の速さを求めればよい。8枚目のテープの長さは10.5 cmなので，平均の速さは，

$$\frac{10.5 \text{ cm}}{0.1 \text{ s}} = 105 \text{ cm/s}$$

(5) 9.8 N × 3 kg = 29.4 N
    29.4 N × 0.4 m = 11.76 J

(6) 台車の高さが低くなるので位置エネルギーは小さくなり，台車の速さが速くなるので運動エネルギーは大きくなる。また，おもりの高さが高くなるので位置エネルギーは大きくなり，おもりの速さが速くなるので運動エネルギーも大きくなる。

---

187 (1) **9 N**   (2) **0.6 m**   (3) **5.4 J**
     (4) **3600 Pa**   (5) **4.5 N**   (6) **0.45 m**

解説 (1) 0.3 kg = 3 N   (15 + 3) ÷ 2 = 9 N
(2) 0.3 × 2 = 0.6 m
(3) 9 N × 0.6 m = 5.4 J
(別解) 仕事の原理より，
     (15 + 3) N × 0.3 m = 5.4 J
(4) ばねが立方体を引く力は，

$$4 \text{ N} \times \frac{(0.45 - 0.3) \text{ m}}{0.1 \text{ m}} = 6 \text{ N}$$

$$\frac{(15 - 6) \text{ N}}{(0.05 \times 0.05) \text{ m}^2} = 3600 \text{ Pa}$$

(5) (6 + 3) ÷ 2 = 4.5 N
(6) 立方体が床から浮いたときのばねの伸びは，

$$0.1 \text{ m} \times \frac{15 \text{ N}}{4 \text{ N}} = 0.375 \text{ m}$$

よって，ばねの全長が0.45 mの状態からの伸びは，
     0.375 m − (0.45 − 0.3) m = 0.225 m
したがって，さらにひもを引く長さは，
     0.225 × 2 = 0.45 m

---

188 (1) **イ**
     (2) A…**垂直抗力**   ①**ウ**   ②**カ**
     (3) ①**×**   ②**○**   ③**×**

解説 (1) 打点間の長さが0.1秒ごとに4 cmずつ長くなっているので，速さが一定の割合で大きくなっていることがわかる。

(2) A…台車にはたらく重力の斜面に対して垂直方向の分力が斜面にはたらくので，斜面から台車に対して，その分力の反作用の力がはたらく。この力を垂直抗力という。
①台車にはたらく重力の大きさは，地球上の同じ地点であればどのような状態でも変化しない。また，斜面の傾きが一定であれば，斜面に対して垂直方向の分力の大きさも変化しない。したがって，この2力の合力の大きさも変化しない。
②右図のように，重力と垂直抗力の合力は，重力の斜面方向の分力に等しい。これは，糸が台車を引く力とつり合っているので，ばねばかりの示す値に等しい。実験2と実験3で，糸を切る直前にばねばかりが示していた値はどちらともX Nだったので，重力と垂直抗力の合力の大きさはどちらもX Nで等しい。

(3) 摩擦や空気の抵抗を考えない場合，台車の速さの増え方は，台車にはたらく重力と垂直抗力の合力に比例し，台車の質量に反比例する。
①台車の質量が大きくなると，合力による力の増加分と質量による力の減少分で台車の速さの増え方は変わらない。
②合力が変わらないまま台車の質量が小さくなると，台車の速さの増え方は大きくなる。
③台車の質量が等しいので，斜面の傾きを変えても，台車にはたらく重力は変わらない。

---

189 (1) **だんだん大きくなる。**
     (2) **50 cm/s**   (3) **慣性の法則**
     (4) **0.2秒**   (5) **150 cm/s**

解説 (1) 高さが高くなるので位置エネルギーは大きくなる。

(2) $$\frac{150 \text{ cm}}{3 \text{ s}} = 50 \text{ cm/s}$$

(3) それまでの運動の状態を続ける。

(4)　$1\,\text{s} \times \dfrac{12\,\text{打点}}{60\,\text{打点}} = 0.2\,\text{s}$

(5)　$\dfrac{(26.5 - 11.5)\,\text{cm}}{0.1\,\text{s}} = 150\,\text{cm/s}$

---

190 (1) 右図

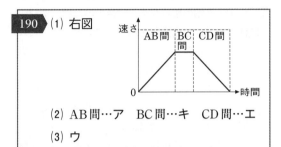

(2) AB間…ア　BC間…キ　CD間…エ

(3) ウ

解説 (1)　AB間は速さがだんだん大きくなる。BC間は等速直線運動を行う。CD間は速さがだんだん小さくなる。

(2)　AB間…斜面下向き(運動の向きと同じ向き)に一定の力がはたらくので速さが大きくなる。

BC間…小球にはたらく力がつり合っているので，B点を通過するときの速さで等速直線運動を行う。

CD間…斜面下向き(運動の向きと反対向き)に一定の力がはたらくので速さが小さくなる。

(3)　飛び出したあとの最上点でも運動エネルギーをもっているので，A点と同じ高さまでは上がらない。

---

191 (1) **1.4 N**

(2) W_1…**5.6 J**　W_2…**−4.8 J**

(3) ア

(4) ボールと同じ体積の液体が**4 m**下がるときに減少した位置エネルギーの分。

(5) **0.6 J**　　(6) **熱エネルギー**

解説 (1)　液体の中の物体は，物体がおしのけた液体にはたらく重力と等しい大きさの浮力を受ける(これをアルキメデスの原理という)。よって，

$1.4\,\text{g/cm}^3 \times 100\,\text{cm}^3 = 140\,\text{g}$ より，1.4 N

(2)　W_1…$1.4\,\text{N} \times 4\,\text{m} = 5.6\,\text{J}$

W_2…$1.2\,\text{N} \times (-4)\,\text{m} = -4.8\,\text{J}$

(3)　W_1 は上向き，W_2 は下向きである。

(4)　全体的に考えると，ボールが4 m上昇したときに，その位置にあった液体が，はじめにボールがあった位置に移動した(4 m下がった)とする。

(5)　(3)より，

$K = 5.6 + (-4.8) = 0.8\,\text{J}$

液体の抵抗や摩擦力の合計0.05 Nは，ボールの運動とは正反対の向きにはたらくので，

$0.8\,\text{J} - 0.05\,\text{N} \times 4\,\text{m} = 0.6\,\text{J}$

(6)　摩擦などによって熱が発生する。

---

192 (1) **5.0 N**　　(2) **4.0 cm**

(3) 右図

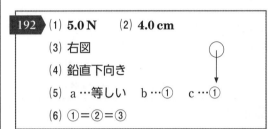

(4) 鉛直下向き

(5) a …等しい　　b …①　　c …①

(6) ①＝②＝③

解説 (1)　図1で，三平方の定理より，糸の長さは，

$\sqrt{0.30^2 + 0.40^2} = 0.50\,\text{m}$

物体にはたらいている力は，重力，糸が物体を引く力，ばねが物体を引く力の3つで，それらの力はつり合っている。よって，ばねが物体を引く力は重力と糸が物体を引く力の合力とつり合う。物体にはたらく重力の大きさ3.0 Nを，物体から鉛直下向きに0.30 mで表したとすると，重力と糸が物体を引く力の合力は図の直角三角形の0.40 mの辺と重なり，力の大きさは4.0 Nで右向きである。したがって，糸が物体を引く力は5.0 Nとなる。

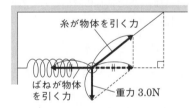

(2)　(1)より，ばねが物体を引く力と，重力と糸が物体を引く力の合力は同じ大きさなので4.0 Nである。よって，ばねの伸びは，

$1.0\,\text{cm/N} \times 4.0\,\text{N} = 4.0\,\text{cm}$

(3)　B点で糸が外れると，糸が物体を引く力がなくなるので，物体にはたらく力は重力だけになる。

(4)　ふり子はB点で一瞬静止するので，物体に重力だけがはたらくと鉛直下向きに落下する。

(5)　力学的エネルギー保存の法則より，糸の摩擦や空気抵抗がなければ，力学的エネルギーの大きさは変化しない。①はB点で一瞬静止したあと鉛直下向きに落下するので，糸が外れた瞬間の運動エネルギーが0であり，位置エネルギーが最大となる。②，③は糸が外れた瞬間も運動しているので

運動エネルギーをもち，その後も静止することはないので，最高点の位置エネルギーは①よりも小さくなる。

(6)　(5)より，①〜③の物体がもつ力学的エネルギーが等しく，地面に落下する直前の位置エネルギーはすべて 0 になると考えると，そのときの①〜③の物体がもつ運動エネルギーはすべて等しくなる。

193　(1) **0.5秒**　　(2) **1 m**　　(3) **3 m**

(4) 水平距離…**38.4 m**　高さ…**0 m**

(5) 時間…**1.2秒後**　高さ…**7.2 m**

解説　(1)　$h=5t^2$ に $h=1.25$ を代入する。

$1.25=5t^2$　　$t=\pm 0.5$

t は正の数なので，$t=0.5\,\mathrm{s}$

(2)　$2\,\mathrm{m/s}\times 0.5\,\mathrm{s}=1\,\mathrm{m}$

(3)　水平面と同様に考えればよい。

$h=5t^2$ に $h=1.8$ を代入する。

$1.8=5t^2$　　$t=\pm 0.6$

t は正の数なので，$t=0.6\,\mathrm{s}$

$5\,\mathrm{m/s}\times 0.6\,\mathrm{s}=3\,\mathrm{m}$

(4)　三平方の定理より，右図のようになる。よって，水平距離は，

$20\,\mathrm{m/s}\times 2.4\,\mathrm{s}\times \dfrac{4}{5}=38.4\,\mathrm{m}$

また，仮想的に(3)と同様の斜面を考えると，この位置の斜面の高さは，

$20\,\mathrm{m/s}\times 2.4\,\mathrm{s}\times \dfrac{3}{5}=28.8\,\mathrm{m}$

いっぽう，$h=5t^2$ に $t=2.4$ を代入すると，仮想的な斜面からの落下距離は，

$h=5\times 2.4^2$　　$h=28.8\,\mathrm{m}$

したがって，2.4 秒後の高さは 0 m。

(5)　t 秒後の高さは，$20\,t\times \dfrac{3}{5}-5t^2$ なので，

これを整理すると，$-5t^2+12t$ となる。

この式を平方完成すると，

$-5t^2+12t=-5(t-1.2)^2+7.2$

となる。$t>0$ なので，これが最大になるときは，$t=1.2\,\mathrm{s}$ で，$-5(t-1.2)^2+7.2$ に $t=1.2$ を代入すると，7.2 m となる。

22　エネルギーとその移り変わり／さまざまな物質の利用

194　(1) **ア**　　　(2) **エ**

解説　(1)　作物の残りかす，家畜のふん尿，廃材，間伐材などの生物資源をバイオマスという。これらは，食物連鎖をたどると，近年の植物が光合成によって合成した有機物がもとになっている。よって，バイオマスを燃焼したときに生じる二酸化炭素は，もとになっている植物が光合成によって吸収した分の二酸化炭素にあたるので，バイオマスを燃料として使用しても，トータルとして二酸化炭素を増やすことにはならないと考えられている。

(2)　一般的な燃料電池は，水素と酸素が結びついたときに生じるエネルギーを電気エネルギーとして取り出す装置である。酸素は空気中から取り入れるので，燃料電池の燃料は水素である。

195　(1) **エ**　(2) **セ**　(3) **カ**　(4) **ク**　(5) **キ**

(6) **オ**　(7) **タ**　(8) **ケ**　(9) **ソ**　(10) **ス**

(11) **ア**　(12) **ウ**　(13) **ツ**　(14) **サ**

((11)，(12)は順不同)

解説　水力発電では，高い位置にある水がもっている位置エネルギーがもとになっている。火力発電では，石油や石炭などの有機物がもっている化学エネルギーがもとになっている。原子力発電では，ウランなどがもっている核エネルギーがもとになっている。石油などの有機物を燃焼させると二酸化炭素が発生する。二酸化炭素は温室効果ガスである。

196　(1) ①**160 kJ**　②**30℃**

(2) ①**18 W**　②**347 kJ**

解説　(1)　①　$286\times 0.56=160.16$ より，160 kJ

②　$286-160=126\,\mathrm{kJ}$

$(286\times(1-0.56)=125.84$ より，126 kJ$)$

$126\,\mathrm{kJ}=126000\,\mathrm{J}$，$1\,\mathrm{kg}=1000\,\mathrm{g}$

$126000\,\mathrm{J}\div \dfrac{1000\,\mathrm{g}}{0.24}=30.24$ より，30℃

$\left(126\,\mathrm{kJ}\div \dfrac{1\,\mathrm{kg}}{0.24}=30.24 \text{ より},30℃\right)$

(2)　①電力〔W〕＝電圧〔V〕×電流〔A〕
　　　　　　＝1.8 V×10 A＝18 W
　　②電力量〔J〕＝電力〔W〕×時間〔s〕
　　　　　　＝18 W×19300 s
　　　　　　＝347400 J＝347.4 kJ より，347 kJ

197 (1) 化石燃料　　(2) **7 日**
　　　(3) **21 %**　　(4) イ

解説 (2)　表1より，日本において，1人が1日に
消費する電力量は21.0 kWhである。また，25 W
のLED蛍光灯5本をつけたときの電力は，
　25 W×5 本＝125 W
よって，21.0 kWh＝21000 Wh より，
　21000 Wh÷(25 W×5)＝168 h より，7 日
(3)　表2，表3より，2016年の日本の二酸化炭素排
出量を，
　10×33＋8×8＋6×39＝628
とすると，石炭を天然ガスに換えたときに削減さ
れる二酸化炭素の排出量は，
　(10－6)×33＝132
よって，削減された割合は，
　132÷628×100＝21.0 …より，21 %
(4)　再生可能エネルギーは，太陽光，風力などをエ
ネルギー源とし，永続的に利用できるものをいう。

198 ①(い)，イ　②(ろ)，エ
　　　③(い)，ア　④(ろ)，ウ

解説 ポリエチレンテレフタラートとポリ塩化ビニ
ルはどちらも燃えにくいが，透明で圧力に強いの
はポリエチレンテレフタラートなので，重ならな
いように1つずつ選ぶという条件から，②がエ，
④がウとなる。

199 オ

解説 ポリスチレン(PS)は燃えやすい。燃えると
きは，すすを出しながら燃える。

200 (1) 化学かいろ
　　　(2) 鉄粉が空気中の酸素と結びつく[酸
　　　　　化する]ときに熱が発生する。
　　　(3) 外袋は空気を通さず，内袋は空気を
　　　　　通す。
　　　(4)

酸化銅の粉末と炭素の粉末の混合物
石灰水
石灰水が白くにごれば，発生した気体
が二酸化炭素であると確認できる。

　　　(5) 対流
　　　(6) ①電気，光，音(順不同)
　　　　　②③④　例 電池，ろうそく，花火
　　　　　(順不同)

解説 (1)　鉄粉が入っていること，内袋と外袋から
なること，よくもむと温かくなることなどがポイ
ントである。
(2)　物質が酸化するときには熱が生じる。化学かい
ろは，鉄粉が酸化するときに生じる熱を利用して
いる。
(3)　内袋は，まわりから空気中の酸素を取り入れな
ければならないので，空気を通すような袋でなく
てはならない。また，使用するときまでは内部の
鉄粉が酸化しないように，空気を通さない外袋に
よって密閉していて，使用するときに外袋から出
して使うというしくみになっている。
(4)　内袋の中に炭素の粉末が入っていれば，炭素が
酸化銅の中の酸素と結びついて，二酸化炭素が発
生する。このとき，酸化銅は還元されて銅になる。
(5)　ふつうの液体だと対流が起き，外部から受け取
った熱が内部に伝わりやすくなり，冷却材が早く
温まってしまう。

第1回 模擬テスト

1

(1) **2.8 N**

(2) 縦軸…ア　横軸…エ

(3) **280 cm/s**

(4) ①ア　②ケ

解説 (1) 図1より，台車にはたらく重力の斜面に平行な分力の大きさは，

$$10 \times \frac{7}{25} = 2.8 \, \text{N}$$

台車が斜面上で静止しているとき，この力の大きさと同じ大きさの力を台車に加えている。

(2) 図2より，一定時間ごとの紙テープを貼っているので，横軸は時間と考えられる。縦軸は一定時間に台車が運動した距離となるので，速さを表している。

(3) 図2より，1枚目，2枚目の台車の平均の速さは，

1枚目…9.8 cm÷0.1 s＝98 cm/s
2枚目…12.6 cm÷0.1 s＝126 cm/s

よって，0.1秒間に台車の平均の速さは，

126－98＝28 cm/s

速くなっているので，1秒間に速くなる台車の平均の速さは10倍の280 cm/sとなる。

(4) ①図1より，斜面上の台車にはたらく力は，斜面上のどこでも同じである。

②A点で台車は運動しているので，A点での台車の運動エネルギーは0ではない。台車はA点からB点まで高さが一定の割合で低くなるにつれて，位置エネルギーが一定の割合で小さくなる。力学的エネルギーの保存より，位置エネルギーが一定の割合で小さくなるとき，運動エネルギーは一定の割合で大きくなる。

2

(1) **4**　　(2) 地球型惑星

(3) ①体積[質量，半径]

②密度

(4) ウ　　(5) ア

解説 (1) 太陽系の惑星のうち，木星，土星，天王星，海王星は環をもつ。

(2)(3) 表より，グループAは地球型惑星であり，岩石や金属が多く含まれるので密度は大きいが，そ

の体積や半径は小さい。グループBは木星型惑星であり，おもに気体でできているので密度は小さいが，その体積や半径は大きい。

(4) うるう年が4年に1回あるので，地球の公転周期の365日との誤差は，4年で1日分となる。1日＝24時間より，

24時間÷4年＝6時間

となり，地球の公転周期は約365日6時間である。

(5) イ…水よりも密度が小さい惑星は土星だけである。

ウ…公転周期は太陽に近いほど短いが，質量はばらばらである。

エ…金星，天王星の自転の向きは，地球の自転の向きとは異なる。

オ…水星，金星は衛星をもたない。

3

(1) **16倍**

(2) ①しゅう曲　②地震

(3) ア，ウ

解説 (1) 水素原子1個の質量をx，酸素原子1個の質量をyとすると，水分子1個の質量は$2x+y$となるので，

$$10(2x+y) = 100x \times 1.8$$

これを変形して，

$$\frac{y}{x} = 16$$

(3) イ…放射線にはα線，β線，γ線，X線などさまざまな種類がある。

エ…胸部レントゲン1回で照射される放射線量は約0.06ミリシーベルト，日本人が1年間に受ける自然放射線量は平均約2.1ミリシーベルトである。

オ…体内に入った放射性物質からも放射線は出る。

4

(1) オ，カ

(2) a…ウ　b…エ

(3) ①オ　②エ　③ウ

解説 (1) アイ…試験管Aにはだ液が含まれていないので，デンプンは分解されずに残る。試薬Xはデンプンと反応していないのでヨウ素液ではない。

ウエ…だ液に含まれる消化酵素はアミラーゼで，体温付近でよくはたらく。

(2) だ液と水を入れた試験管を40℃で10分間保ち，試験管内にデンプンができていないことを確認す

ると，だ液がデンプンに変化したのではないこと
が調べられる。

(3)　図より，アはだ液せん，イは肺，ウは肝臓，エ
は胆のう，オは胃，カはすい臓，キは小腸，クは
大腸である。

①ペプシンを含む酸性の消化液は胃液で，胃から
出される。

②消化酵素を含まないが，脂肪の消化を助ける液
は胆汁で，肝臓でつくられ胆のうに蓄えられたあ
と十二指腸へ出される。

③ブドウ糖をグリコーゲンに変えて蓄える器官は
肝臓である。

よって，酸素 $3.08\,g$ と結びついたマグネシウムの
質量を $y\,[g]$ とすると，

$$2.25 : 1.50 = y : 3.08 \qquad y = 4.62\,g$$

未反応のマグネシウムの質量は，

$$5.07 - 4.62 = 0.45\,g$$

---

5 (1) 水上置換法　　(2) オ

　 (3) 硫化鉄

　 (4) 反応によって熱が発生し，その熱
　　　で反応が進むから。

　 (5) $FeS + 2\,HCl \longrightarrow FeCl_2 + H_2S$

　 (6) ウ

　 (7) $2\,Mg + O_2 \longrightarrow 2\,MgO$

　 (8) **5.85**　　(9) **0.45 g**

解説 (1)　発生する気体は水素で水に溶けにくいの
で，水上置換法が捕集に適している。

(2)　アは気体が発生しない。イは酸素，ウは二酸化
炭素，エはアンモニアが発生する。

(3)　鉄と硫黄が反応すると，黒色の硫化鉄ができる。

(5)　試験管Aには硫化鉄があるので，塩酸と反応
して，塩化鉄と硫化水素ができる。

(6)　試験管Bには鉄が残っているので，塩酸と反応
して水素が発生する。アはアンモニア，イは二酸
化炭素，エは酸素，オは硫化水素の性質である。

(7)　マグネシウムと酸素が反応して酸化マグネシウ
ムができる。

(8)　表の2班の結果より，$2.25\,g$ のマグネシウムか
ら $3.75\,g$ の酸化マグネシウムができるので，
$3.51\,g$ のマグネシウムからできる酸化マグネシウ
ムを $x\,[g]$ とすると，

$$2.25 : 3.75 = 3.51 : x \qquad x = 5.85\,g$$

(9)　マグネシウムと結びついた酸素の質量は，

$$8.15 - 5.07 = 3.08\,g$$

表の2班の結果より，$2.25\,g$ のマグネシウムと結
びついた酸素の質量は，

$$3.75 - 2.25 = 1.50\,g$$

第2回　模擬テスト

---

1 (1) A…おしべ　B…めしべ
　　 C…やく　D…がく

(2) イ，ウ

(3) Yに花粉がつくこと…受粉
　　 Zは何になるか…果実

(4) a…対立形質　b…減数
　　 c…分離　d…メンデル

(5) ①P₁…**A**　P₂…**a**
　　 ②高い：低い＝**3：1**

解説 (2)　図で，Xは胚珠なので，胚珠がむき出しなっているのは裸子植物である。アブラナ，ツツジは被子植物，イヌワラビはシダ植物である。

(3)　図で，Yは柱頭，Zは子房である。

(5)　①P₁の遺伝子の組み合わせはAAなので，生殖細胞の遺伝子はAとなる。P₂の遺伝子の組み合わせはaaなので，生殖細胞の遺伝子はaとなる。②P₁の生殖細胞の遺伝子はA，P₂の生殖細胞の遺伝子はaなので，F₁の遺伝子の組み合わせはAaとなる。よって，F₁を自家受粉して得られる遺伝子の組み合わせは，AA：Aa：aa＝1：2：1となるので，草丈の高い個体と低い個体の個体数の比は，
　　 $(1+2)：1＝3：1$

---

2 (1) ①凝結［凝縮］　②露点

(2) **44.7%**　(3) **1.5 g**

(4) 気象要素

(5) **101300 N/m²**

(6) ③**16**　④**北西**
　　 ⑤**12**　⑥**13**

(7) 右図　(8) ウ

北

解説 (2)　表より，温度が30℃のときの飽和水蒸気量は30.4 g/m³である。また，空気1 m³中に含まれている水蒸気量は，
　　 $27.2 \text{ g} ÷ 2 \text{ m}^3 = 13.6 \text{ g/m}^3$
であるので，湿度は，
　　 $\dfrac{13.6}{30.4} × 100 = 44.73\cdots$ より，44.7 %

---

(3)　表より，14℃のときの飽和水蒸気量は12.1 g/m³なので，水蒸気から水滴に変化した水の量は，
　　 $13.6 - 12.1 = 1.5 \text{ g}$

(5)　1 hPa＝100 Pa，1 N/m²＝1 Paより，
　　 $1013 \text{ hPa} = 101300 \text{ N/m}^2$

(6)　風向は，風の吹いてくる方向を**16**方位で表し，風力は風速を風力階級表にあてはめて求める。

(8)　気象用語として，ある現象が断続的に発生し，その発生した時間が予報期間の**2**分の**1**未満であるときは「時々」，現象が切れ間なく発生し，その期間が予報期間の**4**分の**1**未満であるときには「一時」という。図より，雨は午前に3時間，午後に2時間で合計5時間となり，1時間以上の切れ間があるので「時々」となる。

---

3 (1) $HNO_3 + KOH \longrightarrow KNO_3 + H_2O$

(2) **キ**　(3) **イ**

(4) 硝酸カリウム

(5) A，B…**d**　C，D，E…**a**

(6) **d**

解説 (1)　硝酸と水酸化カリウム水溶液の反応では，硝酸カリウムと水ができる。

(2)　硝酸に含まれていた水素イオンは，水酸化カリウムに含まれる水酸化物イオンと反応して減少し，やがて0となる。

(3)　水酸化カリウム水溶液には，カリウムイオンと水酸化物イオンが含まれている。水酸化カリウム水溶液を加えていくと，水溶液が中性になるまでは，加えた水酸化物イオンと水素イオンが中和によってなくなり，水酸化カリウム水溶液に含まれるカリウムイオンの数が増加するので，水溶液中のイオンの総数は変化しない。中性になったあとは，水酸化カリウム水溶液中のカリウムイオンと水酸化物イオンが増加していく。

(4)　水溶液中にあるイオンは，水素イオン，硝酸イオン，カリウムイオン，水酸化物イオンのいずれかであり，水素イオンと水酸化物イオン以外のイオンについて調べるためには，硝酸イオンとカリウムイオンができる水溶液とする必要がある。

(5)　水溶液A，Bは酸性，水溶液C，D，Eはアルカリ性と考えられる。酸性の水溶液に含まれる水素イオンは陰極のほうに移動し，青色リトマス紙を赤色に変える。アルカリ性の水溶液に含まれる水酸化物イオンは陽極のほうに移動し，赤色リト

マス紙を青色に変える。

(6)　水溶液Aは硝酸と水酸化カリウム水溶液が5：1の割合となっているので，10mLの水溶液Aに含まれる硝酸と水酸化カリウム水溶液は，

硝酸…$10 \times \dfrac{5}{5+1} = \dfrac{50}{6}$mL

水酸化カリウム水溶液…$10 \times \dfrac{1}{5+1} = \dfrac{10}{6}$mL

水溶液Eは硝酸と水酸化カリウム水溶液が1：1の割合となっているので，5mLの水溶液Eに含まれる硝酸と水酸化カリウム水溶液は2.5mLずつである。よって，水溶液Fに含まれる硝酸と水酸化カリウムの割合は，

$\left(\dfrac{50}{6}+2.5\right) : \left(\dfrac{10}{6}+2.5\right) = 13 : 5 \fallingdotseq 10 : 3.8$

となり，水溶液Aと水溶液Bの間の割合となる。したがって，水溶液Fは酸性なのでリトマス紙dが赤色となる。

> **4**　(1)　**48 Ω**
>
>　　(2)　Ⅱ…**12 Ω**　　Ⅲ…**3 Ω**
>
>　　(3)　**0.75 W**
>
>　　(4)　抵抗器…**Ⅲ**　　時間…**10分30秒**
>
>　　(5)　①**オ**　　②**ウ**

解説　(1)　125mA＝0.125Aなので，オームの法則より，6V÷0.125＝48Ω

(2)　図3より，抵抗器Ⅱの長さは抵抗器Ⅰの$\dfrac{1}{2}$倍，断面積は抵抗器Ⅰの2倍なので，

$48\,\Omega \times \dfrac{1}{2} \div 2 = 12\,\Omega$

図4より，抵抗器Ⅲの長さは抵抗器Ⅰの$\dfrac{1}{4}$倍，断面積は抵抗器Ⅰの4倍なので，

$48\,\Omega \times \dfrac{1}{4} \div 4 = 3\,\Omega$

(3)　抵抗器Ⅰに6Vの電圧を加えると0.125Aの電流が流れるので，消費される電力は，

$0.125\,\text{A} \times 6\,\text{V} = 0.75\,\text{W}$

(4)　加える電圧が同じとき，電気抵抗が小さい抵抗器ほど消費される電力は大きくなり，水は温まりやすい。よって，使用する抵抗器はⅢとなる。10℃の水60gを40℃まで温めるために必要な熱量は，

$4.2\,\text{J} \times 60\,\text{g} \times (40℃ - 10℃) = 7560\,\text{J}$

抵抗器Ⅲに6Vの電圧を加えると，流れる電流は，

$6\,\text{V} \div 3\,\Omega = 2\,\text{A}$

抵抗器Ⅲで消費される電力は，

$2\,\text{A} \times 6\,\text{V} = 12\,\text{W}$

抵抗器Ⅲで1秒間に発生する熱量は12Jなので，水を40℃まで温めるために必要な時間は，

$7560\,\text{J} \div 12\,\text{J} = 630\,\text{s}$より，10分30秒。

(5)　①加える電圧が等しいので，全体の電気抵抗が小さいものを用いる。3つの抵抗器を並列につないだとき，全体の電気抵抗は最も小さくなる。

②1時間後に40℃となったとすると，水に与えられた熱量は7560Jとなるので，用いた抵抗器で消費される電力は，1時間＝3600秒より，

$7560\,\text{J} \div 3600\,\text{s} = 2.1\,\text{W}$

加える電圧は6Vなので，抵抗器に流れる電流は，

$2.1\,\text{W} \div 6\,\text{V} = 0.35\,\text{A}$

よって，用いる抵抗器の電気抵抗は，

$6\,\text{V} \div 0.35\,\text{A} \fallingdotseq 17.1\,\Omega$

ア～オの電気抵抗は，

ア…$48 + 12 + 3 = 63\,\Omega$

イ…$\dfrac{1}{12} + \dfrac{1}{3} = \dfrac{5}{12} = \dfrac{1}{2.4}$より，2.4Ω

　　$48\,\Omega + 2.4\,\Omega = 50.4\,\Omega$

ウ…$\dfrac{1}{48} + \dfrac{1}{3} = \dfrac{17}{48} \fallingdotseq \dfrac{1}{2.8}$より，2.8Ω

　　$12\,\Omega + 2.8\,\Omega = 14.8\,\Omega$

エ…$\dfrac{1}{48} + \dfrac{1}{12} = \dfrac{5}{48} = \dfrac{1}{9.6}$より，9.6Ω

　　$3\,\Omega + 9.6\,\Omega = 12.6\,\Omega$

オ…$\dfrac{1}{48} + \dfrac{1}{12} + \dfrac{1}{3} = \dfrac{21}{48} \fallingdotseq \dfrac{1}{2.3}$より，2.3Ω

したがって，17.1Ωに最も近い電気抵抗の接続はウとなる。